移动源排放清单测算方法

黄志辉　付明亮　马　冬　王燕军　王宏丽　等著

中国环境出版集团·北京

图书在版编目（CIP）数据

移动源排放清单测算方法/黄志辉等著．—北京：中国环境出版集团，2021.11
ISBN 978-7-5111-3916-0

Ⅰ．①移…　Ⅱ．①黄…　Ⅲ．①移动污染源—排污—测算　Ⅳ．①X501

中国版本图书馆 CIP 数据核字（2021）第 230773 号

出 版 人　武德凯
责任编辑　黄　颖
责任校对　任　丽
封面设计　宋　瑞

出版发行　中国环境出版集团
　　　　　（100062　北京市东城区广渠门内大街 16 号）
　　　　　网　　　址：http：//www.cesp.com.cn
　　　　　电子邮箱：bjgl@cesp.com.cn
　　　　　联系电话：010-67112765（编辑管理部）
　　　　　发行热线：010-67125803，010-67113405（传真）
印　　刷　北京中科印刷有限公司
经　　销　各地新华书店
版　　次　2021 年 11 月第 1 版
印　　次　2021 年 11 月第 1 次印刷
开　　本　787×1092　1/16
印　　张　21.75
字　　数　440 千字
定　　价　98.00 元

《移动源排放清单测算方法》

编委会

主　编：丁　焰　尹　航　宋国华

编写成员：黄志辉　付明亮　王燕军　马　冬　王宏丽

王金星　白艳英　谢　琼　何巍楠　王　锦

田玉军　郝利君　尹建坤　张学敏　彭　頔

序　言

近年来，我国移动源保有量快速增长，与 2015 年相比，2019 年机动车、汽车、工程机械和农业机械保有量分别增加 25%、56%、20% 和 10%，导致移动源排放量居高不下。据统计，2019 年，移动源排放 SO_2、HC、NO_x、PM 分别为 15.9 万 t、232.7 万 t、1 128.9 万 t、31.4 万 t，NO_x 和 VOCs 分别约占全国排放总量的 60% 和 20%，成为 NO_x 和 VOCs 的主要来源之一。

移动源排放的 NO_x 和 VOCs 是 $PM_{2.5}$ 和 O_3 的主要前体物，随着移动源排放占比的增加，移动源已经成为空气污染的重要来源。特别是北京、上海、深圳等大中型城市，移动源已经成为细颗粒物污染的首要来源。在重污染天气期间，贡献率会更高。同时，由于机动车大多行驶在人口密集区域，尾气排放会直接威胁群众健康。

移动源排放的定量表征是防治大气污染、改善城市空气质量的重要基础技术支撑。中国环境科学研究院机动车排污监控中心成立了移动源排放特征和排放清单研究团队，参与多项国家级重点研发项目、全国污染源普查、环境统计、主要污染物总量减排等工作，主持和参与编制《道路机动车大气污染物排放清单编制技术指南(试行)》《非道路移动源大气污染物排放清单编制技术指南(试行)》，为移动源排放清单编制方法研究奠定了良好的基础。

第二次全国污染源普查中，中国环境科学研究院承担了移动源普查的技术支撑工作，利用 500 余辆汽车、120 余台非道路移动机械、10 台船舶便携式排放测试数据，6 000 余台非道路移动机械、40 余台船舶发动机台架测试数据，结合机动车排放检验、维修保养、车载诊断系统（OBD）、发动机电子控制单元（ECU）、卫星定位、远程在线监控等数据，开发了涵盖机动车、工程机械、农业机械、船舶、飞机、铁路内燃机车、油品储运销等的移动源排放清单，推动了我国移动源排放清单和模型的发展及应用。

本书共 6 部分，主要包括机动车大气污染物排放量测算方法、非道路机械大气污染物排放量测算方法、船舶大气污染物排放量测算方法、铁路内燃机车和民航飞机大气污染物排放量测算方法、油品储运销过程挥发性有机物测算方法，以及总结和展望。

本书由丁焰、尹航、白艳英、黄志辉、付明亮、马冬、王燕军等策划并统稿。黄志辉、宋国华、何巍楠、彭颐等为本书第 1 部分提供了部分素材；付明亮、张学敏、王金星等为本书第 2 部分提供了部分素材；马冬、田玉军、郝利君等为本书第 3 部分提供了部分素材；王锦、尹建坤等为本书第 4 部分提供了部分素材；王燕军等为本书第 5 部分提供了部分素材；王宏丽为本书排放清单模型开发和应用提供了部分素材；谢琼参与了全书的文字整理工作，在此一并表示感谢。

由于研究条件和作者能力有限，书中不足和疏漏之处在所难免，敬请各位同行和各界读者不吝批评指正。

目 录

第 1 部分 机动车大气污染物排放量测算方法

第 4 部分　铁路内燃机车和民航飞机大气污染物排放量测算方法

第 5 部分　油品储运销过程挥发性有机物测算方法

第 6 部分　总结和展望

第 1 部分

机动车大气污染物排放量测算方法

1.1　概述

1.1.1　研究背景

当前，我国机动车污染问题日益突出，已成为空气污染的重要来源。根据我国已经完成的第一批城市大气 $PM_{2.5}$（细颗粒物）源解析结果，大多数城市 $PM_{2.5}$ 浓度的贡献仍以燃煤排放为主，部分城市机动车排放已成为 $PM_{2.5}$ 的首要来源。北京、上海、杭州、济南、广州和深圳的机动车排放为首要污染源，占比分别达到 45.0%、29.2%、28.0%、32.6%、21.7% 和 52.1%。南京、武汉、长沙和宁波的机动车排放为第二大污染源，分别占 24.6%、27.0%、24.8% 和 20.0%。石家庄、保定、衡水和沧州的机动车排放占比相对较小，分别为 15.0%、20.3%、13.5% 和 19.2%，在各类污染源的分担率中排第三或第四位。各地本地排放源中机动车对 $PM_{2.5}$ 浓度的贡献如图 1-1-1 所示。以上城市的 $PM_{2.5}$ 源解析结果为全年平均占比，在北方地区的冬季采暖期间，由于采暖造成的污染物排放显著增加，机动车排放分担率有所下降。但在重污染天气期间，机动车排放在本地污染积累过程中的作用明显，加大对机动车排放控制力度，有助于缓解污染的严重程度。

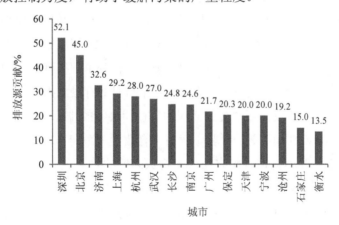

图 1-1-1　各地本地排放源中移动源对 $PM_{2.5}$ 浓度的贡献

机动车主要排放的 CO、HC、NO_x 和 PM，对人体健康具有重要的影响。其中，排放的 $PM_{2.5}$ 会破坏人体的呼吸系统和心脑血管，从而诱发哮喘病、肺癌等严重的心肺疾病；NO_x 和 O_3 等还会导致咳嗽、喉痛等呼吸道疾病。此外，移动源排放还会影响生态系统和全球气候变化。在生态系统方面，排放物 SO_2 和 NO_x 的沉积，会导致酸雨、富营养化和氮富集。在气候变化方面，移动源排放的 CO_2、以 BC（黑炭）为主的颗粒物和间接生成的 O_3 是航运导致全球变暖的主要因素；排放的其他污染物，如硫酸盐气溶胶、NO_x 和有机气溶胶则会导致气候变冷。

2013—2018 年，全国机动车保有量由 2.32 亿辆增加至 3.07 亿辆，年均增长率 5.7%，其中，汽车保有量由 1.26 亿辆增加至 2.31 亿辆，年均增长率 13.0%。我国汽车产销量已连续 11 年居世界首位，但与发达国家相比，千人保有量仍处于较低水平，据预测，未来我国汽车产销量将继续保持在高位运行。研究表明，机动车排放的 NO_x 占全国 NO_x 排放总量的 30%~35%，HC 排放占全国 HC 排放总量的 20%~25%，这是造成 O_3 和 PM 污染的重要原因，已逐渐成为今后大气污染防治的重点之一。

1.1.2 国内外研究现状

国际上通用的机动车排放评估方法为模型法。最常用的机动车排放模型主要包括 MOVES 模型、EMFAC 模型、COPERT 模型、HBEFA 模型、IVE 模型等。美国法规模型为 MOVES 模型，欧洲普遍应用 COPERT 模型，部分欧盟国家采用 HBEFA 模型。

按照模拟方法的不同，机动车排放模型可以分为平均速度模型和行驶工况模型。按照污染物和参数之间的关系，机动车排放模型又可以分为数学关系模型和物理关系模型。平均速度模型主要以 MOBILE 模型、EMFAC 模型、COPERT 模型等为代表，这类模型以平均速度为污染表征参数，通过修正后的排放因子乘以行驶里程得到污染物的排放总量，适用于宏观和中观尺度。行驶工况模型建立在机动车瞬时的行驶状态上，通过某一测试工况即时的速度、加速度等参数计算中观或微观的每秒污染物的排放和油耗，如 IVE 模型、TREMOD 模型、MOVES 模型等。行驶工况模型有数学关系和物理关系两类模型。物理关系类模型主要是建立发动机瞬时状态与污染排放之间的物理关系，计算污染物瞬时排放量，如 CMEM 模型。数学关系类模型根据逐秒的测试数据，通过不同的回归方法和代用参数建立参数与污染排放的瞬时关系，如速度-加速度矩阵、发动机功率与瞬时速度的排放图（emission map）、MOVES 模型的机动车比功率（VSP）等。机动车排放模型分类如图 1-1-2 所示。

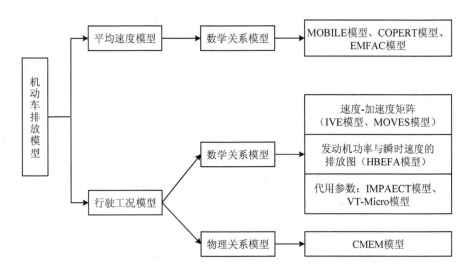

图 1-1-2　机动车排放模型分类

目前，世界上机动车排放模型的主要趋势：排放测试逐渐由实验室的台架实验转变为实际道路的车载排放测试，排放因子模拟方法逐渐由平均速度法转变为行驶工况法，模拟尺度逐渐由中宏观层面向微观层面发展。

1.1.2.1　MOBILE 模型

美国环保局（EPA）的 MOBILE 模型，主要用于评估当前和将来机动车辆尾气排放因子，主要包括 HC、CO、NO$_x$ 和 PM 等污染物，车型涵盖乘用车、卡车、公交、摩托车等，计算年限为 1952—2050 年。MOBILE 模型所采用的所有数据都是通过标准的联邦测试程序（Federal Test Procedure，FTP）以及 EPA 对在用车所进行的测试结果，并将结果作为基本排放因子。MOBILE 模型由于考虑了车辆不同车型、自重、发动机类型、车辆维修保养情况以及车辆的行驶里程、温度、湿度、燃油等不同客观条件，因此计算结果具有比较好的代表性和可比较性，同时由于其良好的可移植性，在全世界得到了广泛的应用。

EPA 用 MOBILE 模型来评估高速公路上移动排放源控制策略，地区规划部门用其制定排放清单和控制策略以及交通规划，学者用其研究环境影响状况。将车辆分类以后，MOBILE 模型根据各种不同类别各自的排放特性，独立进行排放因子的计算，然后将其对总的排放因子的权重进行加权平均，从而得到总的排放因子。

MOBILE 模型最早发布于 1978 年，模型源代码用 Fortran 语言编写，用 109 个命令来控制运行输入/输出，其中除了控制文件输入/输出的命令外，控制综合排放因子的命令达 80 余个。经过几十年的发展、10 余次的修订，MOBILE 模型已经发展到了 MOBILE6.2 版本，其模型的计算方法越来越完善。

MOBILE6.2 模型的计算思路是：首先，在特定的环境温度、燃油蒸汽压、一定的劣化率及特定的测试流程下，确定测试单车的基础排放因子（Basic Emission Factor，BEF）；其次，在基础排放因子的基础上，根据实际条件下各种影响因素与标准工况下的差别对基础排放因子进行修正，从而得到实际运行状况下的排放因子，其计算框图如图 1-1-3 所示。

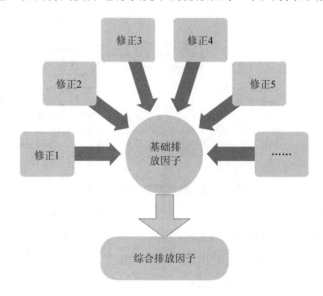

图 1-1-3　MOBILE 模型排放因子计算框图

MOBILE 模型的基本计算公式都是在对实车排放测试数据进行长期统计和分析后得到的经验公式，这些测试数据主要来源于 EPA 进行的在用车测试以及根据联邦测试程序进行的新车排放测试结果。MOBILE 汽车源排放因子模型作为基于试验数据的计算程序，随着实验数据的不断积累而不断地进行改进。从这些数据的测试分析中，能得出在不同时期的排放标准条件下，不同车型行驶不同里程后的平均排放因子，同时还可得到各种参数（如车辆的载重、自重、环境因素以及维修保养状况等）对排放的影响。

基础排放因子的计算基于以下两点假设。

基础排放因子随行驶里程的增加线性劣化，劣化曲线的截距和斜率分别是零公里排放因子（ZML）和劣化率（DR）。零公里排放指的是机动车刚出厂时的排放水平，劣化率指的是机动车在使用过程中随着车龄的增长、行驶里程的增加导致排放水平的降低、排放增加的速率。

同一年代或采用相同排放控制技术生产的相同类型的车辆，排放水平相似。确定车型和类别后，大量的数据表明，在一定的环境条件下（如 FTP 测试的标准条件），车辆的排放因子与其行驶里程呈线性关系，可用下式表示。

$$BEF = ZML + DR \times M$$

式中：BEF 为基本排放因子，g/km；ZML 为零公里排放因子，g/km；DR 为劣化率，g/（km•10^4km）；M 为实际总行驶里程，10^4km。

在计算了代表基本排放水平的基础排放因子之后，MOBILE6.2 模型考虑环境因素、运行状况、燃油状况以及检查维修（I/M）制度等影响机动车实际排放的各种因素，且对基础排放因子进行修正，便得到实际排放因子（EF），下式是 EF 的简化数学表达式。

$$EF = (BEF + Bt - Bim) \times Ct \times Cr \times Cs \times Co \times Ca$$

式中：Bt 为由于部件损坏造成的排放增加；Bim 为由 I/M 制度造成的排放减少；Ct 为温度修正因子；Cr 为燃油饱和蒸汽压修正因子；Cs 为速度修正因子；Co 为运行状况修正因子；Ca 为空调、湿度等的综合修正因子。

1.1.2.2　EMFAC 模型

加州空气资源委员会（California Air Resources Board，CARB）在 1988 年发布了 EMFAC7D，然后经过改善依次颁布了 EMFAC7E、EMFAC7F 和 EMFAC7G，并于 2000 年 5 月发布了 EMFAC2000。EMFAC 模型是通过使用一系列计算机模型，即机动车排放清单模型（MVEI），来估算机动车排放。MVEI 模型对由 10 种不同的机动车分类和 3 种技术分组导致的 17 种分类技术组合进行排放估算。EMFAC 模型是美国加州的宏观尾气排放因子模型。模型的参数来源也是 EPA 组织的各种不同的在用车排放水平检测结果，以及 FTP 中测得的排放结果。模型可以计算 1970—2040 年 HC、CO、NO$_x$、CO$_2$、PM 的排放量。与其他模型不同的是，EMFAC 模型有以下 3 种不同的尾气排放量计算模型。

BURDEN 模型：用来计算某一具体区域内的排放总量。BURDEN 模型通过修正后的排放因子（经外界环境参数和速度参数修正）和车辆行驶参数计算每天的排放总量。

EMFAC 模型：排放因子因地理位置、年月、季节的变化而改变。

CALIMFAC 模型：使用和 BURDEN、EMFAC 模型相同的排放数据，计算从 1965 年到任意年间的每一种车型的基本排放因子，评价不同 I/M 实施等级、不同技术因素情况下的排放因子。

1.1.2.3　COPERT 模型

COPERT 模型是由欧洲环境局（EEA）支持开发的 MS Windows 环境下的应用软件。它是欧洲国家计算道路机动车排放量的重要工具，COPERT 模型的辅助模型可以计算非道路发动机排放（农用机械等非道路机动车的废气排放）清单。COPERT 模型输出结果是计算区域内机动车尾气排放污染物总和。与 MOBILE 模型相比，COPERT 模型对车型分类更细，评价污染物种类更多，能够计算一些并不常见的污染物（如 N_2O、NH_3、SO_2 等）的排放量清单。

该模型的第一个版本诞生于 1989 年，经过 4 次改进，现在最新的版本是 COPERT4。模型原理与 MOBILE 模型、EMFAC 模型等类似，采用平均速度表征车辆行驶特点。该模型排放因子包括热排放、冷启动排放和蒸发排放，都是基于机动车平均速度的函数，可以计算单车或者车队一年中的污染物排放量，其模型结构如图 1-1-4 所示。模型的测试工况为 ECE15+EUDC 及 41 个基于实际道路行驶的工况循环。模型根据车型、排放标准及燃料的不同对机动车进行分类：乘用车、轻型货车、重型货车、城市公交车及长途客车、两轮车。

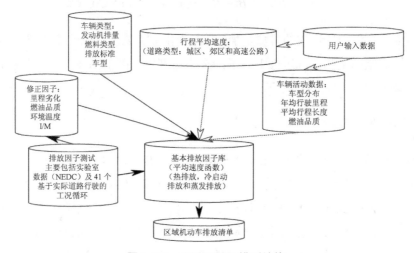

图 1-1-4 COPERT4 模型结构

1.1.2.4 TREMOD 模型

TREMOD 模型由德国海德堡能源与环境研究所（IFEU）开发，主要由德国联邦环境署、联邦高速研究院等政府部门，及汽车工业协会、石油工业协会等社会组织使用，目前版本为 5.2 版，无公众版。

道路机动车排放量计算方法与中国类似，基于保有量、行驶里程、排放因子获得，公式如下。

$$E = N \times M \times EF$$

式中：N 为机动车保有量，辆；M 为行驶里程，km/辆；EF 为排放因子，g/km。

相应地，TREMOD 模型分为三大模块。

（1）车队模块：之前年份的机动车保有量、新注册量以及保有量存活曲线等。

（2）行驶里程模块：按道路类型、交通状况、车辆类型划分的行驶里程。

（3）排放模块：按车辆类型、交通状况划分的排放因子。

TREMOD 模型整体框架如图 1-1-5 所示。

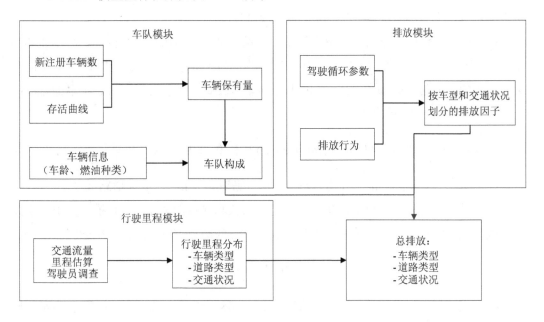

图 1-1-5　TREMOD 模型结构

1.1.2.5　IVE 模型

IVE 模型（international vehicle emission model）由美国加州大学河滨分校工程学院环境研究与技术中心（CE-CERT）、全球可持续体系研究组织（GSSR）和国际可持续研究中心（ISSRC）在 EPA 支持下，共同开发的便于发展中国家进行本地化处理的机动车排放模型。该模型于 2003 年夏季正式推出，模型中采用了基于车辆技术和当地行驶模式的方法，较好地解决了汽车尾气排放模型问题在发展中国家的使用。

IVE 模型具有以下特点：

（1）能够预测多种排放污染物，可以分别计算所有车辆在启动和行驶时的污染物排放，并且综合得到整体的排放因子；

（2）机动车的燃料种类齐全，目前可能使用的汽车燃料基本全包括在内；

（3）根据不同的车辆技术对车辆进行分类，增加了符合欧洲排放标准的发动机技术。

其计算方法在本质上与其他模型类似，即利用模型内嵌的基本排放因子乘以一系列修正系数从而得到当地城市每种技术类型机动车的排放因子，不同之处在于对行驶特征影响因素的处理上。其他模型利用机动车的平均速度对基本排放因子进行校正，而 IVE 模型为了更好地反映行驶状态对排放率的影响，引入了机动车比功率（VSP）和发动机特征强度（engine stress，ES）两个参数，用于表征机动车瞬态工作状态与排放的关系。VSP 一般被定义为瞬态机动车输出功率与机动车质量的比值，是由瞬时速度、加速度、坡道阻力、轮胎阻力和空气阻力共同组成的一个参数，单位为 kW/t。

IVE 模型把车辆大致分为 5 种基本类型：普通轻型车、出租车、公交车、卡车和柴油汽车，并且认为相同基本类型车辆特定污染物的排放与 VSP 变化的关系是相同的，不同基本类型车辆的排放与 VSP 变化的关系不同。通过输入修正因子便可得到特定车辆的排放因子，下列公式给出了 VSP 的计算关系。

$$\text{VSP} = v\{1.1a + 9.81[a\tan(\sin\beta)] + 0.132\} + 0.000\,302v^3$$

式中：v 为车辆行驶速度，m/s；a 为车辆行驶瞬态加速度，m/s^2；β 为道路坡度。

为了更准确地建立发动机的历史工作状态和污染物排放的关系，IVE 模型又引入了无量纲参数 ES，ES 与机动车瞬时速度和发动机前 20 s 的历史 VSP 有关，如下列公式所示。

$$\text{ES} = 0.08P_{\text{ave}} + R_{\text{index}}$$

式中：P_{ave} 为机动车前 20 s VSP 的平均值，kW/t；0.08 为经验系数，t/kW；R_{index} 为发动机转速指数，是瞬态速度与速度分割常数的商，速度分割常数的取值由 v 和 VSP 确定，其取值范围如表 1-1-1 所示。

表 1-1-1　速度分割常数的取值范围

速度 v /（m/s）	VSP/（kW/t）	速度分割常数/（s/m）
≤5.40		3
≤8.50	≤16	5
≤8.50	≥16	3
≤12.5	≤16	7
≤12.5	≥16	5
	≤16	13
		5

IVE 模型利用 VSP 和 ES 两个参数将发动机瞬时工作状态分为 60 个 bin 区间，如表 1-1-2 所示，VSP 每增加 4kW/t 为一个区间，每个 VSP 区间对应不同的排放水平，其排放修正系数也不相同，据此建立发动机瞬时工作状态与排放的分段对应关系。从而可以计算得到机动车在不同行驶工况下的排放因子。

表 1-1-2　bin 区间与 VSP 和 ES 的对应关系

VSP 区间/（kW/t）	ES 低负荷 [-1.6，3.1)	ES 中负荷 [3.1，7.8)	ES 高负荷 [7.8，12.6)
[-80.0，-44.0)	0	20	40
[-44.0，-39.9)	1	21	41
[-39.9，-35.8)	2	22	42
[-35.8，-31.7)	3	23	43
[-31.7，-27.6)	4	24	44
[-27.6，-23.4)	5	25	45
[-23.4，-19.3)	6	26	46
[-19.3，-15.2)	7	27	47
[-15.2，-11.1)	8	28	48
[-11.1，-7.0)	9	29	49
[-7.0，-2.9)	10	30	50
[-2.9，1.2)	11	31	51
[1.2，5.3)	12	32	52
[5.3，9.4)	13	33	53
[9.4，13.6)	14	34	54
[13.6，17.7)	15	35	55
[17.7，21.8)	16	36	56
[21.8，25.9)	17	37	57
[25.9，30)	18	38	58
[30，1 000)	19	39	59

大量研究表明，车辆 VSP 能够真实地反映车辆行驶状况与污染物排放量之间的关系，因此 IVE 模型越来越广泛地被用来更好地反映行驶状态对排放因子的影响。该模型能够利用模型内嵌的基本排放因子乘以一系列的修正因子，得到每种技术类型车辆修正后的基本排放因子，然后与目标区域内的车辆技术组成和各车型的动态总量相结合，最后得到整个车队的总体排放，故该模型自开发以来，在发展中国家得到了广泛的应用。

1.1.2.6　MOVES 模型

MOVES 模型为 EPA 发布的新一代排放模型，内嵌了大量机动车排放的台架和车载实测数据，能够运用于国家、城市和路段等尺度的排放模拟研究。与 MOBILE 模型相比，MOVES 模型的模拟精度更高；并且，MOVES 模型采用了可视化的用户操作界面和开放式的数据库管理系统，用户可通过设置自定义区域进行模型的本地化修正。

2005 年 1 月，MOVES2004 发布，但只包括能源消耗和温室气体计算功能；2009 年 12 月，EPA 发布了 MOVES2010 正式版。在两年的过渡期后，MOVES2010 取代 MOBILE6 成为美国（除加州外）的排放测算法规模型。MOVES 模型包含了宏观、中观和微观 3 种情况，模型采用的是开放性的数据库管理系统，因此该模型对不同地区也有较强的适应性。

MOVES2010 中操作控制板上共有 11 个控制选项，包括时间、车型、道路类型、污染物等。给定预测时间、地点、车辆类型和排放过程后，污染物排放可以按照以下 4 步进行计算。

（1）计算车辆所有行驶特征信息，即基于不同排放过程的行驶特征信息如排放源运行时间（SHO）、机动车启动数量、排放源停车时间（SHP）和排放源时间（SH）等。

（2）把所有的车辆运行信息分布到排放源和运行工况区间上，每个区间对应的不同排放过程是唯一的。

（3）计算排放速率，排放速率在给定排放过程、排放源区间和运行工况区间的基础上表征排放源的排放特征，但同时排放速率也会受到额外因素的影响，如燃油和温度。

（4）把分布在排放源和运行工况区间（来自第二步）上的所有排放相加。

数学表达式如下：

$$TE_{\text{process, source type}} = (\sum ER_{\text{process,bin}} \times Ac_{\text{bin}}) \times Aj_{\text{process}}$$

式中：TE 为总排放量；process 为排放过程；source type 为排放源类型；bin 为排放源和工况区间；ER 为排放速率；Ac 为行驶特征；Aj 为调整因子。

MOVES 的核心模型主要由 4 部分组成：总体行驶特征模块（TAG），运行工况分布模块（OMDG），排放源 bin 分布模块（SBDG）和排放计算（emission calculator）模块，如图 1-1-6 所示。

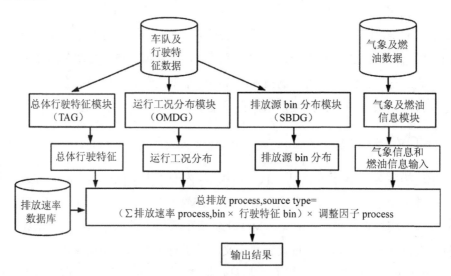

图 1-1-6 MOVES 模型结构

1.2　机动车尾气排放测算

1.2.1　机动车源分级分类方法

　　根据车辆类型、使用性质、燃油种类及排放阶段将机动车分为四级。其中，第一级根据车辆类型分为微型客车、小型客车、中型客车、大型客车、微型货车、轻型货车、中型货车、重型货车、三轮汽车、低速货车、普通摩托车、轻便摩托车；第二级根据使用性质分为出租、公交和其他；第三级根据燃油种类分为汽油、柴油、燃气等；第四级根据排放阶段分为国Ⅰ前、国Ⅰ、国Ⅱ、国Ⅲ、国Ⅳ、国Ⅴ、国Ⅵ（表 1-2-1）。

表 1-2-1　机动车源分级分类体系

第一级分类		第二级分类	第三级分类	第四级分类
汽车	微型客车 小型客车 中型客车 大型客车 微型货车 轻型货车 中型货车 重型货车	出租 公交 其他	汽油 柴油 燃气等	国Ⅰ前 国Ⅰ 国Ⅱ 国Ⅲ 国Ⅳ 国Ⅴ 国Ⅵ
低速汽车	三轮汽车 低速货车	—	柴油	国Ⅰ前 国Ⅰ 国Ⅱ 国Ⅲ
摩托车	普通摩托车 轻便摩托车	—	汽油	国Ⅰ前 国Ⅰ 国Ⅱ 国Ⅲ 国Ⅳ

1.2.2　排放量测算方法

1.2.2.1　测算方法选择

机动车排放测算方法主要包括保有量法、交通量法、燃油消耗量法。3 种测试方法的基本情况见表 1-2-2。排放清单编制者可根据活动水平需求、适用范围、时空分辨率和准确度选择合适的方法。

表 1-2-2　机动车排放测算方法基本情况

方法	活动水平需求	适用范围	时空分辨率	优缺点
保有量法	保有量 年行驶里程	全国 区域 城市	时空分辨率低 无法直接用于空气 质量模拟	准确度较高 方法成熟 活动水平易获取 无法计算外地车、跨城市使用车排放
交通量法	交通量 道路长度	全国 区域 城市 街道	时空分辨率高 可直接用于空气质量 模拟	准确度最高 方法较为成熟 活动水平获取困难 蒸发排放准确度低
燃油消耗量法	燃油消耗量	用于校核	时空分辨率低	准确度最低 活动水平最易获取

1.2.2.2　基于保有量的排放量测算方法

机动车尾气排放总量（E）根据车辆保有量进行计算，公式如下。

$$E = \sum P_{i,j,k} \times EF_{i,j,k} \times M_{i,j,k}$$

式中：i 为车型；j 为燃油种类；k 为初次登记日期所在年；P 为保有量，辆；EF 为排放因子，g/km；M 为年行驶里程，km/辆。

编制技术路线：首先，由公安交管部门获取按车辆类型、燃料种类、排放阶段区分的机动车保有量；其次，由排放测试、文献调研、物料衡算等，获取机动车基本排放因子，然后基于当地循环工况特征、温度、湿度、海拔、负载、燃料等条件，对基本排放因子进行修正，得到综合排放因子；再次，经实际调查、文献调研，获取机动车年行驶里程；最后，将上述 3 个参数相乘后得到机动车排放量。具体如图 1-2-1 所示。

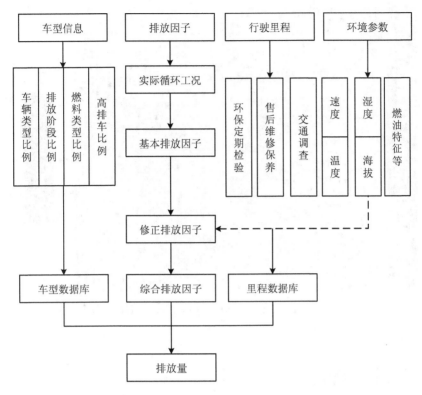

图 1-2-1　基于保有量算法的机动车排放量核算技术路线

1.2.2.3　基于交通量的排放量测算方法

基于不同路段按车辆类型、燃油种类、排放标准的机动车交通量，道路长度和排放因子，通过逐路段累加计算得到机动车总排放量（E），计算公式如下。

$$E = \sum_{i,j} T_{i,j} \times L_j \times EF_{i,j}$$

式中：i 为车型；j 为道路类型；T 为交通量，辆/日；L 为道路长度，km；EF 为排放因子，g/km。

编制技术路线：首先，结合浮动车数据、交通模型反演、实际调查校核等，获取不同路段、不同车辆类型的道路交通量；其次，由最新的 ArcGIS 地图获取当地不同路段的道路信息及长度；再次，由排放测试、文献调研、物料衡算等，获取机动车基本排放因子，然后基于当地循环工况特征、温度、湿度、海拔、负载、燃料等条件，对基本排放因子进行修正，得到综合排放因子；最后，将上述三个参数相乘后得到机动车排放量。具体如图 1-2-2 所示。

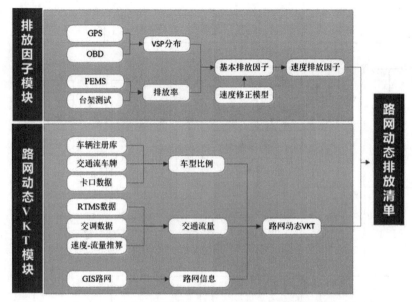

图 1-2-2 基于交通量算法的机动车排放量核算技术路线

1.2.3 活动水平获取

1.2.3.1 保有量获取

机动车的保有量、注册年代、所属地等数据可从当地公安交管部门获得，也可通过走访大型停车场等实地调查获取。机动车排放阶段可优先根据车型判定，也可按照全国及当地机动车排放标准的实施进度，根据车辆的登记注册年代判定，详见表 1-2-3。

表 1-2-3 基于登记注册日期的排放标准判定方法

机动车类型	燃料类型	国 I 前	国 I	国 II	国 III	国 IV	国 V
微型、小型载客微型、轻型载货	汽油燃气	2000 年 7 月 1 日前	2000 年 7 月 1 日至 2005 年 6 月 30 日	2005 年 7 月 1 日至 2008 年 6 月 30 日	2008 年 7 月 1 日至 2011 年 6 月 30 日	2011 年 7 月 1 日至 2017 年 12 月 31 日	2018 年 1 月 1 日起
微型、小型载客微型、轻型载货	柴油	2000 年 7 月 1 日前	2000 年 7 月 1 日至 2005 年 6 月 30 日	2005 年 7 月 1 日至 2008 年 6 月 30 日	2008 年 7 月 1 日至 2015 年 6 月 30 日	2015 年 7 月 1 日至 2017 年 12 月 31 日	2018 年 1 月 1 日起
中型、大型载客中型、重型载货	汽油	2003 年 7 月 1 日前	2003 年 7 月 1 日至 2004 年 8 月 31 日	2004 年 9 月 1 日至 2010 年 6 月 30 日	2010 年 7 月 1 日至 2013 年 6 月 30 日	2013 年 7 月 1 日起	

机动车类型	燃料类型	国 I 前	国 I	国 II	国 III	国 IV	国 V
中型、大型载客 中型、重型载货	柴油	2001 年 9 月 1 日前	2001 年 9 月 1 日至 2004 年 8 月 31 日	2004 年 9 月 1 日至 2007 年 12 月 31 日	2008 年 1 月 1 日至 2013 年 6 月 30 日	2013 年 7 月 1 日起	
中型、大型载客	燃气	2001 年 9 月 1 日前	2001 年 9 月 1 日至 2004 年 8 月 31 日	2004 年 9 月 1 日至 2007 年 12 月 31 日	2008 年 1 月 1 日至 2010 年 12 月 31 日	2011 年 1 月 1 日至 2012 年 12 月 31 日	2013 年 1 月 1 日起
低速货车 三轮汽车	柴油	2007 年 1 月 1 日前	2007 年 1 月 1 日至 2007 年 12 月 31 日	2008 年 1 月 1 日起			
摩托车	汽油	普通摩托车：2003 年 7 月 1 日前 轻便摩托车：2004 年 1 月 1 日前	普通摩托车：2003 年 7 月 1 日至 2004 年 12 月 31 日 轻便摩托车：2004 年 1 月 1 日至 2005 年 12 月 31 日	普通摩托车：2005 年 1 月 1 日至 2010 年 6 月 30 日 轻便摩托车：2006 年 1 月 1 日至 2010 年 6 月 30 日	2010 年 7 月 1 日起		

1.2.3.2　行驶里程调查

1.2.3.2.1　调查方法

年均行驶里程是某类型机动车在基准年行驶的平均里程数。现有估算方法主要包括：基于里程表读数、交通量、油耗、卫星定位数据等的调查方法。

（1）基于里程表读数的调查方法

里程表读数主要来源于以下途径：一是从机动车维修保养部门的记录资料获得相关的信息；二是从机动车年检场调查或进行随机问卷调查获取。调查内容包括机动车注册日期（购买日期）、注册地区、车辆的使用性质、车辆型号、车辆类型、车用燃料性质、两次保养时间和相应的行驶里程等内容。计算公式如下。

$$\text{VMT} = \frac{(L_2 - L_1) \times 365}{T_2 - T_1}$$

式中：VMT 为年均行驶里程，km；L_2 为本次环保检验或维修时里程表读数，km；L_1 为上一次环保检验或维修时里程表读数，km；T_2 为本次环保检验或维修日期；T_1 为上一次环保检验或维修日期。

（2）基于交通量的调查方法

根据观测道路交通量计算年均行驶里程，计算公式如下。

$$VMT = \frac{q \times L \times \lambda}{P} \times 365$$

式中：VMT 为年均行驶里程，km；q 为观测道路年平均日交通量，辆/日；L 为道路长度，km；λ 为扩展系数；P 为车辆保有量，辆。

（3）基于油耗的调查方法

以燃油消耗量及单车油耗为自变量，采用回归模型、LOGIT 模型等计算年均行驶里程，简化计算公式如下。

$$VMT = \frac{Fuel}{P \times C \times \rho} \times 10^4$$

式中：VMT 为年均行驶里程，km；Fuel 为车辆燃油消耗量，t/a；P 为车辆保有量，辆；C 为单位里程燃油消耗量，L/100 km；ρ 为燃油密度，g/L。

（4）基于卫星定位数据的调查方法

根据卫星定位数据计算年均行驶里程，计算公式如下。

$$VMT = \sum \sqrt{(X_{t+1} - X_t)^2 + (Y_{t+1} - Y_t)^2}$$

式中：VMT 为年均行驶里程，km；t 为时间点；X、Y 为卫星定位的坐标信息。

1.2.3.2.2　调查结果

以轻型客车为例，采用基于里程表读数的调查方法获取。

（1）数据来源

里程表读数分别来源于 4S 店售后维修保养数据和机动车排放检验数据。相关调查表见表 1-2-4。

表 1-2-4　机动车行驶里程调查表

车辆类型	使用性质	号牌号码	燃料种类	初次登记日期	检测开始时间	里程表读数/km	检测开始时间	里程表读数/km
K3	A	××××	汽油	2004/2/5	2013/2/25	160 000	2014/2/27	260 397
K3	A	××××	汽油	2002/3/25	2013/2/25	60 000	2014/2/26	160 000
K3	A	××××	汽油	2005/5/19	2013/4/11	54 255	2013/8/7	86 502
……	……	……	……	……	……	……	……	……

（2）结果分析

1）4S 店维修保养数据分析

全国轻型客车年行驶里程分布如图 1-2-3 所示。由图 1-2-3 可知，轻型客车年行驶里程基本服从正态分布，峰值出现在 9 500 km 左右；累计频率 50% 对应的年行驶里程约为 11 000 km，累计频率 95% 对应的年行驶里程约为 25 000 km。

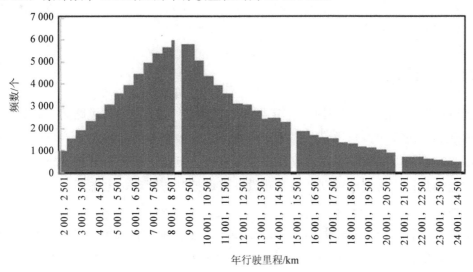

图 1-2-3　全国轻型客车年行驶里程分布

按车龄分布的轻型客车年行驶里程如图 1-2-4 所示。由图 1-2-4 可知，不同车龄轻型客车年行驶里程在 8 000～15 000 km，平均值约为 11 000 km，年行驶里程随车龄的变化不显著。

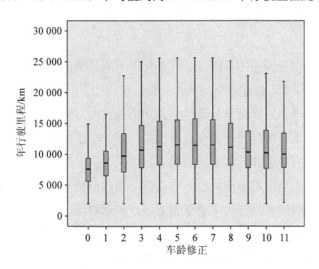

图 1-2-4　按车龄分布的轻型客车年行驶里程

2）年检数据

基于排放检验数据的轻型客车年行驶里程分布与 4S 店维修保养数据类似，累计频率50%对应的年行驶里程在 10 000～12 000 km，累计频率 95%对应的年行驶里程约为25 000 km。按省（区、市）分布的轻型客车累计行驶里程，各省（区、市）轻型客车累计行驶里程与车龄基本呈线性关系，轻型客车年行驶里程与车龄无关。

1.2.3.3 交通量获取

1.2.3.3.1 实际调查法

交通量调查指的是一定时间、一定期间或连续期间内，对通过道路某一断面交通实体数的观测记录工作。交通量是描述交通流特性的最重要的参数之一。通过长期连续的观测或短期间隙和临时观测，收集交通量资料，可以了解交通量在时间、空间上的变化和分布规律，为交通规划、道路建设、交通控制与管理、生态环境管理等提供必要的数据。

交通量是指在单位时间段内，通过道路某一地点、某一段面或某一条车道的交通实体数，又称交通流量或流量。按交通类型分，有机动车交通量、非机动车交通量和行人交通量，一般不加说明则指机动车交通量，且指来往两个方向的车辆数。交通量在一日中的小时变化，若绘成分布曲线，一般呈现出两个高峰值，一个出现在上午，一个出现在下午。

交通流量的实际调查方法通常包括人工计数法、自动计数法、录像法、浮动车法四种方法，具体如下：

（1）人工计数法

人工计数法目前在我国应用最广泛。只要有一个或几个调查人员即可在指定地点路侧进行调查，组织工作简单，调配和变动地点灵活，使用的工具除计时器（手表或秒表）外，还需要手动（机械或电子）计数器和其他记录用的笔和纸，观测精度较高。

人工计数法可以调查得到分车型交通量数据、某一车道或某方向上的交通量、交叉口流量和流向数据、非机动车和行人交通量等。

人工计数法的优点是适用范围广泛，可以适用于任何情况的交通量调查，如转向交通量调查、分车型交通量调查、行人交通量调查等，机动灵活，易于掌握，精度较高，资料整理方便。从理论上看，人工计数法无论是在车型的分辨上，或是在计数方面都应该比仪器观测准确和机动灵活，而且调查地点环境不受限制。

人工计数法的缺点是调查人员体力消耗大，工作环境较差，适合于做短期的交通量调查；需要投入大量的人力，劳动强度大，天气不好时在室外工作比较辛苦；调查精度取决于调查人员的责任心、态度等。人工计数法一般只适用于短期、临时性交通量调查。

（2）自动计数法

利用自动计数装置进行交通量调查，节省人工，使用方便，种类繁多，适合于需进行长期连续性观测的路段。其缺点是难以区分车种、车型，若在交叉口上观测也无法区分流向。目前常用的自动计数器有：光电式计数器、感应式计数器、超声波计数器、气压式计数器等。此外，还有红外线式、电接触式、雷达式等自动计数仪均可连续记录交通量。

1）气动式。把充气密闭的橡胶管横放在道路上，当车辆通过时，由于车轮的重力作用使管内的压力产生变化，以此推动气动开关，产生信号。该检测器原理简单、价格低廉，但可靠性较差。

2）地磁式。采用带有磁棒的感应线圈做探头，埋设在路面下 10～20 m 处。当汽车从探头上方通过时，改变了线圈内的磁力线分布，在探头的输出端感应电信号经放大整形后，驱动计数器动作。这种检测器结构简单、性能可靠，适用于行车速度大于 5 km/h 的固定地点检测。

3）电磁式。探头采用高导磁率的磁性材料做磁心，外绕线圈作为激励回路，又作为信号输出回路。探头埋设于路面下，当车辆通过时，由于外磁场的作用，激励电流出现正、负半周的振幅差，将这一差值送入电路处理后，得到车辆通过的信号。该检测器的特点是探头体积小巧，灵敏度高，不受车速限制，但电路较为复杂。

4）微波式。其基本原理为由探头向路面发射超声波，在一定的时间周期内，通过鉴别其反射波的有无，达到感知车辆的目的。其特点是探头架设在车道上方，不需破坏路面，灵敏度高，稳定性好，但成本较高且不易排除行人的干扰。

5）红外线式。红外线式又分为主动式检测和被动式检测两种类型，其中，被动式检测通过测量车辆本身所发出的红外线，达到检测的目的。该检测器设置的环境条件及安装工艺要求较高。

（3）录像法

目前常利用录像机（摄像机、电影摄影机或照相机）作为高级的便携式记录设备，可以通过一定时间的连续图像给出一定的时间间隔内或实际上连续的交通流详细资料。在工作时要求专门设备，并升高到工作位置（或合适的建筑物），以便能观测到所需的范围，将摄制到的录像（影片或相片）重新放映或显示出来，按照一定的时间间隔以人工来统计交通量。这种方法收集交通量或其他资料数据的优点是现场人员较少，资料可长期反复应用，也比较直观。其缺点是费用比较高，整理资料人工花费多。

对于交叉口交通状况的调查，往往采用录像法（或摄像法）。通常将摄像机（或电影摄影机或时距照相机）安装在交叉口附近的某制高点上，镜头对准交叉口，按一定的时间间隔（如 30 s、45 s 或 60 s）自动拍摄一次或连续摄像（摄影）。根据不同时间间隔情况下每一辆车在交叉口内其位置的变化情况，数出不同流向的交通量。这种方法的优点是能够获取一组连续时间序列的画面，只要适当选择摄影的间隔时间，就可以得到最完整的交通资料，对于自行车和行人交通量、分车种分流向的机动车交通量、车辆通过交叉口的速度及延误时间损失、车头时距、信号配时、交通堵塞原因、各种行人与车辆冲突情况等，均能提出令人信服的证据，并且资料可以长期保存。其缺点是费用大，内业整理工作量大，需要做大量图（像）上的量距和计算，并且在有繁密树木或其他遮挡物时，调查会比较困难或引起较大误差。

（4）浮动车法

浮动车法是英国运输与道路研究室的华德鲁勃（Wardrop）和查尔斯沃斯（Charlesworth）1954 年提出来的。该方法灵活、方便，可根据调查的数据资料同时计算出交通量、平均车速、平均行驶时间等重要参数。

1）测定方向上的交通量 q_c

$$q_c = \frac{X_a + Y_c}{t_a + t_c}$$

式中：q_c 为路段待测定方向上的交通量（单向），辆/min；X_a 为测试车按逆测定方向行驶时，测试车对向行驶（顺测定方向）的来车数，辆；Y_c 为测试车在待测定方向上行驶时，超越测试车的车辆数减去被测试车超越的车辆数（相对测试车顺测定方向上的交通量），辆；t_a 为测试车与待测定车流方向反向行驶时的行驶时间，min；t_c 为测试车顺待测定车流方向行驶时的行驶时间，min。

2）平均行程时间 $\bar{t}_c$

$$\bar{t}_c = t_c - \frac{Y_c}{q_c}$$

式中：$\bar{t}_c$ 为测定路段的平均行程时间，min；t_c 为测试车辆行程时间，min；Y_c 为测试车在待测定方向上行驶时，超越测试车的车辆数减去被测试车超越的车辆数（相对测试车顺测定方向上的交通量），辆；q_c 为路段待测定方向上的交通量（单向），辆/min。

3）平均车速 $\bar{v}_c$

$$\bar{v}_c = \frac{l}{t_c} \times 60$$

式中：$\bar{v}_c$ 为测定路段的平均车速（单向），km/h；l 为观测路段长度，km；$\bar{t}_c$ 为测定路段的平均行程时间，min。

利用以上公式进行计算时（X_a、Y_c、t_a、t_c 等）一般都取其算术平均值。

1.2.3.3.2　模型模拟法

模型模拟法可采用速度-交通量模型，如 Van Aerde 模型。该模型具体计算公式为

$$k = \frac{1}{c_1 + \dfrac{c_2}{u_f - u_s} + c_3 u_s}$$

$$c_1 = \frac{u_f (2u_c - u_f)}{k_j u_c^2}$$

$$c_2 = \frac{u_f (u_f - u_c)^2}{k_j u_c^2}$$

$$c_3 = \frac{1}{q_c} - \frac{u_f}{k_j u_c^2}$$

式中：c_1、c_2、c_3 为公式中间变量；k 为密度；u_s 为空间平均速度；u_f 为自由流速度；u_c 为临界速度；q_c 为通行能力；k_j 为阻塞密度。

Van Aerde 模型的基本形式可简化为：

$$q = -\frac{u_s}{c} \times \log\left(\frac{u_s}{u_f}\right)$$

式中：q 为交通量；u_s 为空间平均速度；u_f 为自由流速度；c 为常数系数。

自由流速度的标定。自由流速度用相应道路等级速度数据的百分位速度进行标定。其中道路等级为 1（高速公路）时，按不同限速进行标定；限速大于等于 80 km/h 时，每一限速都要单独进行标定；限速为小于 80 km/h 时，按快速路标准进行计算。其他等级的道路不需按限速进行分类，直接取相应的速度分位数即可。

常数系数的标定。对应不同等级道路各限速下的自由流速度进行系数标定。将各等级道路的自由流速度代入公式，设速度依次为 1～120 km/h（以 1 km/h 为间隔单位），任意定义一系数，依次求出流量，最大流量即为通行能力。通过调整系数，使通行能力达到规定值。

1.2.3.4　道路长度

城市道路长度主要通过资料收集或实地调查获取。调查方法包括 GIS 测量法、GPS 测量法、地图比例尺测量法。将城市道路划分为线源无障碍道路、线源有障碍道路和面源道

路 3 种类型。在目标区域内，调查线源道路和每个网格中面源道路的实际长度、宽度。在调查线源道路长度时将车流量发生变化处设为节点，列表标明两节点间的道路长度、节点坐标、线源道路起点和终点坐标。

1.2.4 综合排放因子模拟

机动车排放因子定义为单位行驶里程的机动车大气污染物排放量，单位是克/千米（g/km），包括基本排放因子、综合排放因子。

综合排放因子根据基本排放因子和修正排放因子测算获得，公式如下。

$$EF = BEF \times CF$$

式中：EF 为机动车综合排放因子，g/km；BEF 为基本排放因子，g/km；CF 为综合修正排放因子，包括速度（工况）、温度、海拔、空调、负载、燃料及劣化修正。

$$BEF = \frac{BER \times \delta}{v} \times 3\,600$$

式中：BER 为不同 VSP Bin 下的基本排放率，g/s；δ 为不同道路类型、拥堵状况行驶工况下的 VSP Bin 百分比分布，%；v 为不同道路类型、拥堵状况行驶工况下的平均速度，km/h。

技术路线如图 1-2-5 所示。

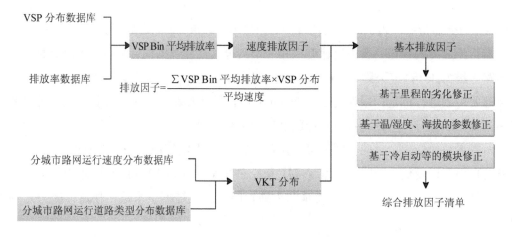

图 1-2-5　技术路线

1.2.4.1　VSP 计算公式及区间划分

机动车比功率（vehicle specific power，VSP）由麻省理工学院 Jiménez-Palacios 在其博士论文中首次提出，其定义为发动机每移动 1 t 质量（包括自重）所输出的功率，单位为 kW/t（或 W/kg）。VSP 综合考虑了机动车发动机做功的几种用途，包括动能的变化、势能的变化、克服车辆的滚动摩擦阻力、克服空气阻力，其推导过程如下。

$$\text{VSP} = \frac{\frac{\mathrm{d}}{\mathrm{d}t}(KE + PE) + F_{\text{rolling}}v + \frac{1}{2}\rho_a C_D A(v + v_w)^2 v}{m}$$

式中：$\frac{\mathrm{d}}{\mathrm{d}t}(KE + PE)$、$F_{\text{rolling}}v$、$\frac{1}{2}\rho_a C_D A(v + v_w)^2 v$ 分别代表机动车的动能/势能变化所需的功率、克服滚动摩擦阻力所需的功率、克服空气阻力所需的功率。其中，KE 为机动车的动能，J；PE 为机动车的势能，J；F_{rolling} 为机动车所受滚动摩擦阻力，N；m 为机动车的质量，kg；v 为机动车行驶速度，m/s；v_w 为机动车迎面风速，m/s；C_D 为风阻系数，量纲一；A 为车辆横截面积，m^2；ρ_a 为环境空气密度，在 20℃时为 1.207 kg/m^3。

根据动能、势能、滚动摩擦阻力的物理公式展开，上式可变形为下式：

$$\text{VSP} = \frac{\frac{\mathrm{d}}{\mathrm{d}t}\left[\frac{1}{2}m(1+\varepsilon_i)v^2 + mgh\right] + C_R mgv + \frac{1}{2}\rho_a C_D A(v + v_w)^2 v}{m}$$

式中：ε_i 为滚动质量系数，代表机动车动力系中转动部分的当量质量；h 为机动车行驶时所处位置的海拔高度，m；g 为重力加速度，取 9.81 m/s^2；C_R 为滚动阻尼系数，量纲一，与路面材料和轮胎类型与压力有关，一般在 0.008 5～0.016。

VSP 以机动车速度和加速度为因变量，其计算方法如下式所示。

$$\text{VSP} = \frac{Av_t + Bv_t^2 + Cv_t^3 + mv_t a_t}{f_{\text{scale}}}$$

式中：v_t 为车辆在 t 时刻的瞬时速度，m/s；a_t 为车辆在 t 时刻的加速度，m/s^2；m 为车辆与负载总质量，t；A 为车辆滚动阻力系数，kW·s/m；B 为旋转滚动阻力系数，$\text{kW·s}^2/\text{m}^2$；C 为空气阻力系数，$\text{kW·s}^3/\text{m}^3$；f_{scale} 为换算系数。

考虑国内轻型车国际化程度高、排放状况较好，因而参照 MOVES 分类方法，分为 23 个 Bin 区间，其中，减速区间 1 个、怠速区间 1 个、滑行区间 2 个、加速区间 19 个（表 1-2-5）。

表 1-2-5　VSP 区间划分

操作模态	模态说明	比功率	速度/（km/h）	加速度/（m/s²）
0	减速	—	—	$a \leq -3.2$ 或者（$a_i \leq -1.6$ 且 $a_{i-1} \leq -1.6$ 且 $a_{i-2} \leq -1.6$）
1	怠速	—	$-1.6 \leq v < 1.6$	
11	滑行	VSP<0	$1.6 \leq v < 40$	
12	均速/加速	0≤VSP<3	$1.6 \leq v < 40$	
13	均速/加速	3≤VSP<6	$1.6 \leq v < 40$	
14	均速/加速	6≤VSP<9	$1.6 \leq v < 40$	
15	均速/加速	9≤VSP<12	$1.6 \leq v < 40$	
16	均速/加速	VSP≥12	$1.6 \leq v < 40$	
21	滑行	VSP<0	$40 \leq v < 80$	
22	均速/加速	0≤VSP<3	$40 \leq v < 80$	
23	均速/加速	3≤VSP<6	$40 \leq v < 80$	
24	均速/加速	6≤VSP<9	$40 \leq v < 80$	
25	均速/加速	9≤VSP<12	$40 \leq v < 80$	
26	均速/加速	12≤VSP<18	$40 \leq v < 80$	
27	均速/加速	18≤VSP<24	$40 \leq v < 80$	
28	均速/加速	24≤VSP<30	$40 \leq v < 80$	
29	均速/加速	VSP≥30	$40 \leq v < 80$	
31	均速/加速	VSP<6	VSP≥80	
32	均速/加速	6≤VSP<12	VSP≥80	
33	均速/加速	12≤VSP<18	VSP≥80	
34	均速/加速	18≤VSP<24	VSP≥80	
35	均速/加速	24≤VSP<30	VSP≥80	
36	均速/加速	VSP≥30	VSP≥80	

　　另外，考虑国内重型车和公交车大多为本土化品牌，其排放状况、循环工况较国际上存在差异，因而对其 VSP Bin 划分开展了本地化工作。

　　重型车数据主要来源于各汽车公司提供的 108 辆车的共 1 000 余万条逐秒工况数据。

VSP 区间划分思路为：针对不同的污染物和不同的平均速度，分别以排放速率相似程度为聚类标准，并加入排放分担率为限制条件，对 VSP 区间进行合并。每进行一次区间合并后，重新计算新区间的平均排放率。

首先，将数据以 60 s 和 1 km/h 的时间与速度区间划分进行集成，VSP 值为[-8，8]的区间以 0.5 kW/t 为步长，划分 VSP 区间，其余步长为 1 kW/t。针对每个 VSP 区间，计算平均排放速率、排放分担率。

其次，确定 VSP 区间的排放率上限，当任何 VSP 区间的排放比例大于该值时，不再进行合并，避免某个区间分担率过高。

再次，计算相邻区间的排放速率差异值和排放分担率之和，选择排放分担率之和小于上限，且排放速率差值最小的相邻 VSP 区间进行合并。计算区间合并后的各区间平均排放速率、VSP 分布频率和排放分担率。

最后，增加 3 个速度区间，分别为[0，50 km/h]、[50，80 km/h]和[80，+∞km/h]。3 个区间的行车里程（vehicle kilometers of travel，VKT）占比分别为 20.0%、48.5%和 31.5%，排放量占比分别为 22.2%、43.2%和 32.9%。最终将重型车划分为 29 个 VSP Bin 区间。具体如图 1-2-6 所示。

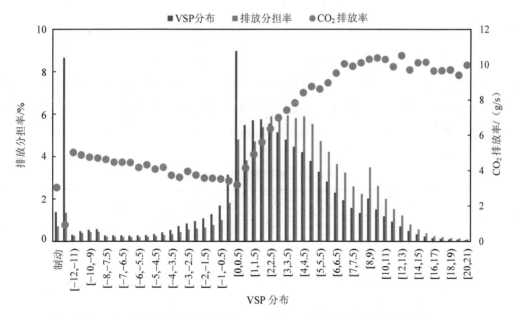

图 1-2-6　重型货车区间改进后 VSP 分布、CO_2 排放率和排放分担率

公交车数据来源于 6 条常规公交线路 4 天的工况分布数据和 13 辆公交车车载排放测试系统（PEMS）测试数据。VSP 区间划分思路与重型车等同。最终将公交车划分为 29 个 VSP Bin 区间。具体如图 1-2-7 所示。

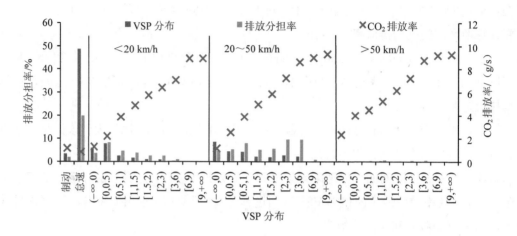

图 1-2-7　公交车区间改进后 VSP 分布、CO_2 排放率和排放分担率

1.2.4.2　VSP 分布特征分析

1.2.4.2.1　数据来源

车辆行驶工况又称车辆运转运输，指某一类型车辆（如公交车、出租车等）在特定交通环境（如快速路、主干路等）下的行驶速度-时间历程。机动车的行驶工况数据是考察其特定环境下排放情况的重要依据。典型的机动车行驶工况数据应包括时间、速度、道路类型等字段。不同车型的工况数据量如表 1-2-6 所示。

表 1-2-6　不同车型的工况数据量

车辆类型	数据量/万	备注	车辆类型	数据量/万	备注
公交车	5 251.1	无	轻型货车	313.3	无
出租车	7 213.6	无	中型货车	313.2	无
微型客车	1 520.9	采用小型客车工况	重型货车（12～16 t）	354.3	无
小型客车	1 520.9	无	重型货车（16～22 t）	36.6	无
中型客车	75.3	采用大型客车工况	重型货车（22～28 t）	282.2	无
大型客车	165.4	无	重型货车（28～40 t）	197.5	无
微型货车	117.2	无	重型货车（40 t 以上）	348.1	无

小型客车数据来源。小型客车的数据主要来源于 GPS 采集数据。采集的对象为出租车行驶数据和社会车辆行驶数据。数据采集时间涵盖高峰、非高峰、工作日、周末、各季度、1—12 月各月、节假日等各类场景。空间范围包括快速路、主干路、次支路等道路类型。

公交车数据来源。公交车数据包括双层公交车和铰接公交车。采集时间覆盖高峰时间与平峰时间、周末与工作日。

载货货车数据来源。以中、重型货车为主。测试时间覆盖每天 5—15 点，包括工作日和周末。

中大型客车数据来源。以省际客车、旅游客车为主。测试时间覆盖每天 5—15 点，包括工作日和周末。

1.2.4.2.2　数据质量控制

数据质量控制包括数据完整性、连续性、有效性评估和修正。

（1）数据完整性评估和修正

1）完整工况数据字段及格式规范

典型的机动车行驶工况数据应包括时间、速度、道路类型等字段。为保证数据的准确、利于计算和分析，本课题采用逐秒的行驶工况数据。为了方便数据沟通、节约沟通成本，根据工况数据字段要求，制定了行驶工况数据格式规范。完整的行驶工况数据应至少包括以下字段。

①车辆类型。车辆类型决定了计算 VSP 所使用的参数。因此，车辆类型是工况数据的必需信息。车辆类型通常包括车型（如轻型车、大客车、货车）、行业（如出租车、公交车、社会车辆）、车重等信息。

②车牌或车辆编号。VSP 分布是基于一辆车的短行程计算的，短行程划分需保证同一辆车在同一种道路类型持续行驶一段时间。因此车牌或车辆编号也为必需信息。

③采集日期时间。采集日期时间信息用于判断速度数据的连续性。通常精确到 1 s，采集间隔可以小于 1 s。建议格式为 yyyy/mm/dd，hh：mm：ss，即年/月/日，时/分/秒。

④速度。速度字段不应为空，且采集经度应精确到 0.1 km/h 或 0.1 m/s。

⑤道路类型。VSP 分布形态与道路类型有密切关系。不同道路类型 VSP 分布要分别计算。道路类型字段不应为空，且最好保持每次匹配算法一致。较完整的道路类型通常包括高速公路、快速路、快速路辅路、主干路、次干路、支路，至少区分快速路、主干路、次支路三类。

⑥经度、纬度。经度、纬度信息主要用于匹配道路类型，但保留经度、纬度信息仍然非常重要，可用于判断数据质量、分析数据连续性等。

⑦其他字段。其他字段包括车辆服务状态、载重状态等，根据分析内容不同判断其他

字段是否为必须字段。

2）不完整工况数据处理方法

①空白字段赋值。因为采集过程中各种因素的干扰，采集得到的行驶工况数据并不总是具有完整字段，部分数据可能出现某字段为空的情况。对于某字段为空的条目，应赋以空值，以免影响计算结果。具体来说，在采集数据的处理过程中，行业、车辆类型、日期时间三个字段不会出现空值，其余字段均有可能出现空值，必须赋以空值。

特别需要提到的是，原始数据的道路类型字段有较为严重的空缺情况。道路类型字段是由工况数据的道路 Link 信息在 GIS 软件中匹配得到的，由于 GPS 设备的误差、复杂的采集环境和 GIS 软件的固有缺陷，行驶工况的道路类型字段有相当数量的空缺，都需要赋以空值。

②时间缺口数据的补齐。因为 GPS 设备精度的影响，采集得到的工况数据有时会出现"跳秒"的情况，即某一连续区间内出现 1 s 甚至几秒的数据时间缺口。这样的时间缺口或者表现为此缺口数据的缺失，或者表现为数据速度字段的空白。为了改善工况数据的连续性，在处理这样的时间缺口数据时，对缺口为 1 s 的数据进行补齐，并根据前后条目速度的线性关系填充这 1 s 数据的速度字段。为了避免对原始数据的结果产生较大影响，不对时间缺口长度在 1 s 以上的数据补齐。

③道路类型字段的补齐。如上文所述，原始工况数据的道路类型字段有较多的空缺，为统计数据的质量考虑，必须尝试对数据的道路类型字段补齐。考虑机动车的实际行驶状态，机动车不太可能在较短时间内多次变更行驶道路类型，因此处理时以 10 s 为时间间隔，将不大于此时间间隔的道路类型字段连续空白的条目找出，如果这一连续空白区间的前后条目道路类型字段都非空且相同，则对这一连续空白区间赋以该道路类型。

（2）数据连续性评估和修正

机动车在道路上行驶的实际情况经常需要以区间平均速度为参数进行衡量，不同的道路类型对其区间平均速度有着相当程度的影响。因此，在得到了各字段完整的行驶工况数据的基础上，为了获取可用的行驶工况数据，必须针对行驶工况数据的连续性进行相关处理。行驶工况数据的连续性是指其在时间区间内逐秒连续的性质。

1）工况数据逐秒连续性的判断

工况数据逐秒连续性包括时间连续性、道路类型连续性，最重要的是速度数据的连续性。判断时间连续性和道路类型连续性是为了判断速度数据的连续性，保证速度能够反映车辆逐秒的运行特性，合理划分短行程。时间连续性是指前后两个条目在时间上逐秒连续，不出现时间断裂；道路类型连续性是指前后两个条目具有相同的道路类型，道路类型连续性判断应在修正或补齐道路类型后进行。一般而言，具有连续时间和道路类型字段的数据其速度也是连续的。

当时间不能保证逐秒连续时，应利用 GIS 工具等做具体分析，判断速度是否为连续。如果速度是连续且可用的值，则看作满足连续性条件，可用于划分短行程、平均行程速度计算和 VSP 分布计算。如果速度不可用，则不能进行 VSP 分布计算。

除去数据重复值，每 60 s 会有 60 个时间点、60 个位置点、62 个速度值。从 GIS 上看，所提供的位置点并没有偏离，都落在正常路径上，距离过大与经度、纬度重复伴随出现。

分析其可能原因为：约每 58 ms 传一次数据，速度值是正确的。由于时间格式要求为 1 s，数据提供方处理方法为：不丢弃速度数据，每 1 min 丢弃了两条时间和位置数据。最终呈现的数据为：时间化为整秒，但 GIS 上少两个位置点。每次舍掉一个时间位置点，造成距离过大且约为正常距离两倍的情况。

速度是真实可用的，并且具有连续性。故时间字段和经度、纬度字段出现异常的数据也可用于短行程划分、平均速度计算和 VSP 分布计算。

2）平均速度区间的划分

为了得到工况数据的平均速度数据，在判断了逐秒连续性之后，要对工况数据划分平均速度区间。单位平均速度区间的长度是一个需要慎重确定的参数，过长或过短都不利于正确反映车辆的实际平均速度。当行驶的道路类型不同时，车辆有不同的行驶状态，不同道路类型的单位平均速度区间长度自然也不同（表 1-2-7）。

表 1-2-7　各道路类型的单位平均速度区间长度

道路类型	单位平均速度区间长度/s
快速路	60
主干路	180
次支路	180

对于实际数据中具体的时间连续区间，如果其时间长度不足相应道路类型的单位平均速度区间长度，则这一时间连续区间内的工况数据将不再参与剩余步骤的计算，即只有长度大于单位平均速度区间长度的连续区间会被保留。这些筛选后区间的长度并不总是单位平均速度区间长度的整数倍（如快速路的每个时间连续区间长度并不总是 60 s、120 s、180 s ……），对于整数倍单位平均速度区间长度之外剩余的、不足一个单位平均速度区间的数据，应将其并入最后一个整数倍平均速度区间。

（3）数据有效性评估和修正

有效性检验主要包括速度有效性和加速度有效性。

1）速度有效性

速度的采集精度需满足一定的要求。其采集精度应至少保留一位小数。单位可以为 km/h 或 m/s。速度有效性可以通过绘制瞬时速度分布图检验。有效数据的瞬时速度在每个区间的样本分布比较均匀，如图 1-2-8 所示。而精度未能达到 0.1 km/h 要求的情况下，速度分布会出现系统误差，如图 1-2-9 所示。速度精度不够的数据不能用于计算 VSP 分布。

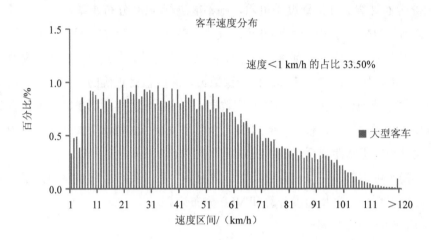

图 1-2-8　有效数据速度分布

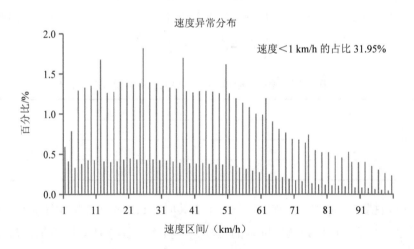

图 1-2-9　精度不足数据速度分布

2）加速度有效性

受限于发动机的性能和车辆的交通环境，机动车的加速性能是有限的，采集得到超过机动车加速性能的数据显然是需要筛除的数据杂点。如果加速度超出有效范围的比例太高，那么数据存在问题。

判断加速度异常数据的方法为：计算所有数据的加速度（有连续的下一秒的数据），除去加速度为 0 m/s^2，正负加速度分别排序，并分别找到其 98 分位数。以此为限，筛除超过此限值的数据。

1.2.4.2.3　数据结果分析

（1）速度分布

速度是车辆行驶过程中的基本物理量之一，它宏观上反映了交通流的特征，微观上反映了车辆在道路上行驶的特点。速度作为计算车辆 VSP 的输入参数，对 VSP 分布具有直接影响。

由于不同车型的行业、行驶的主要道路类型和作业内容等存在差异，因此车辆类型是速度分布的重要影响因素。以公交车和大型客车为例，大型客车的平均行驶速度显著高于公交车，而公交车速度小于 1 km/h 的占比高于大型客车，因为公交车停靠车站频繁，怠速比例较高（图 1-2-10）。

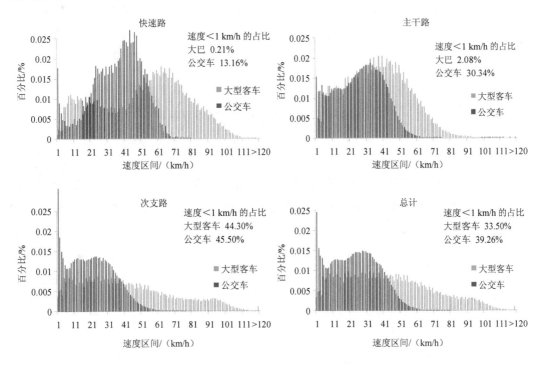

图 1-2-10　公交车和大型客车速度分布

（2）加速度分布

加速度反映了车辆行驶状态的改变程度，通过加速度的大小则可以衡量车辆行驶状态改变的剧烈程度。加速度作为计算车辆 VSP 的另一重要输入参数，对 VSP 分布也具有一定影响。以公交车和大型客车为例，大型客车的剧烈加减速明显较少，公交车因为较频繁地停靠公交站，加速度分布更为离散（图 1-2-11）。

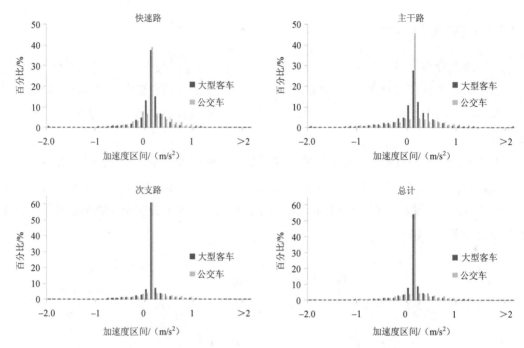

图 1-2-11　公交车和大型客车加速度分布

（3）VSP 分布

图 1-2-12 为大型客车与公交车的 VSP 分布，对比可以看出，公交车的 VSP 分布明显向右偏移，这是因为，相较于大型客车，公交车起停更多，对功率的需求更大，导致 VSP 的比例较高。

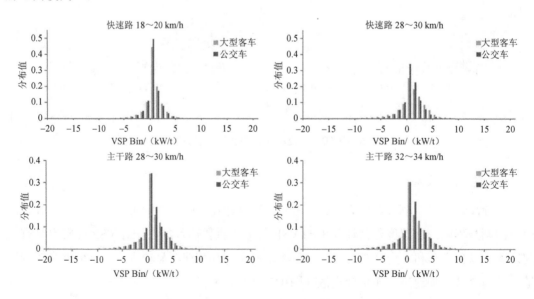

图 1-2-12　公交车和大型客车 VSP 分布

1.2.4.3　排放因子模拟

1.2.4.3.1　排放测试方法

（1）整车排放测试方法

到目前为止，实验室整车台架排放测试被公认为是最准确、可靠的排放因子研究方法，其排放测试方法和设备也是伴随着机动车排放标准的不断发展而优化、完善。根据机动车排放标准的要求，目前对轻型汽车（最大总质量不超过 3 500 kg）和摩托车都采用整车排放认证测试的模式，利用标准规定的整车台架排放测试设备对这两类机动车开展排放因子研究，方法和结果都是相对稳定、可靠。

1）轻型汽车排放测试

轻型汽车一般采用整车转鼓试验台架，按照新车认证标准工况来测量基本排放因子。轻型汽车转鼓试验台如图 1-2-13 所示。

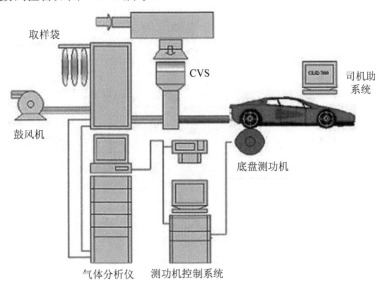

图 1-2-13　轻型汽车转鼓试验台

国 V 阶段排放测试标准工况如图 1-2-14 所示，包括两部分：第 1 部分由 15 个工况构成，反映了汽车在市区内的行驶状况；第 2 部分则反映了车辆在市郊高速公路的行驶状况。

国 VI 阶段排放测试标准工况如图 1-2-15 所示。测试循环由全球轻型车统一测试循环（WLTC）的低速段（low）、中速段（medium）、高速段（high）和超高速段（extra high）四部分组成，持续时间共 1 800 s。其中低速段的持续时间为 589 s，中速段的持续时间为 433 s，高速段的持续时间为 455 s，超高速段的持续时间为 323 s。

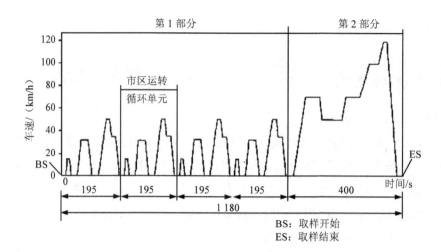

图 1-2-14　国Ⅴ阶段排放测试标准工况

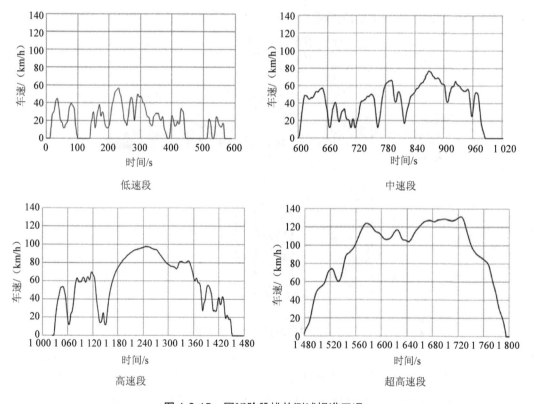

图 1-2-15　国Ⅵ阶段排放测试标准工况

采用新车标准工况测量基本排放因子的时候，车辆在测试转鼓台架上经历的试验工况由若干个等加速、减速、等速和怠速过程组成。在测试基本排放因子时，严格限制了试验室的环境温度（293～303 K）和绝对湿度（5.5～12.1 g/kg）。整车在这样的环境中至少放置 6 h，测量冷启动排放。在整个过程中，对模拟加载负荷惯量的转鼓和各种测试仪器的精度做出了详细的规定。对排气分析取样时采用了定容取样（CVS）的方法，用氢火焰离子法测定碳氢化合物（HC），用不分光红外吸收法测定一氧化碳（CO），用化学发光法测定氮氧化物（NO$_x$），用颗粒滤纸收集法测量排放的颗粒总质量。这种方法的测试精度和重复性都较好，但所需仪器设备成本高、使用维护费用高，因此测试成本昂贵。

2）摩托车排放测试

摩托车排放因子的测试与轻型汽车大致相同，均采用整车转鼓实验台架测试。其中摩托车和轻便摩托车（排量为 50 mL 以下）采用不同的标准测试工况。对于普通摩托车，按照《摩托车排气污染物排放限值及测量方法（工况法）》（GB 14622—2002）、《摩托车污染物排放限值及测量方法（工况法，中国第Ⅲ阶段）》（GB 14622—2007）的规定，国Ⅲ阶段的基本排放因子测试采用的试验工况如图 1-2-16 所示。

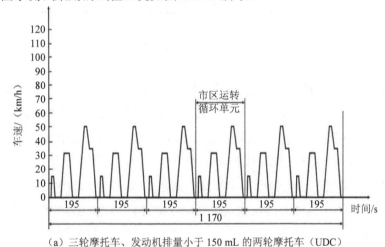

（a）三轮摩托车、发动机排量小于 150 mL 的两轮摩托车（UDC）

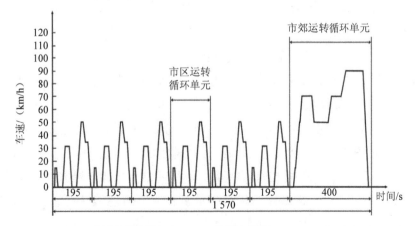

（b）发动机排量不小于 150 mL 的两轮摩托车（UDC+EUDC）

图 1-2-16　普通摩托车的运行工况循环

注：UDC 为城市循环工况；EUDC 为市郊循环工况。

对于轻便摩托车，按照《轻便摩托车排气污染物排放限值及测量方法（工况法）》（GB 18176—2002）、《轻便摩托车污染物排放限值及测量方法（工况法，中国第Ⅲ阶段）》（GB 18176—2007）的规定，国Ⅲ阶段的基本排放因子测试采用的试验工况如图 1-2-17 所示。

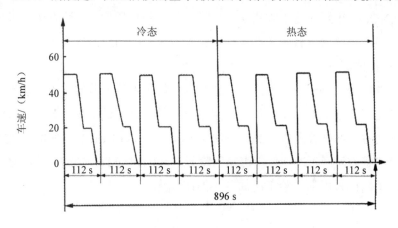

图 1-2-17　轻便摩托车试验运行工况循环

普通摩托车和轻便摩托车采用工况法测量其基本排放因子时，首先将其置于装有功率吸收装置和惯量模拟装置的底盘测功机上，在整个试验进行期间，底盘测功机所在实验室的室内温度应在 20～30℃，并尽可能与试验前存放被测摩托车房间的温度一致。

普通摩托车和轻便摩托车试验过程中，采用定容取样方法进行排气成分的取样分析（用空气稀释排气，并使混合气的容积流量保持恒定），用不分光红外线吸收型分析仪测量一氧化碳，用氢火焰离子化型分析仪测量碳氢化合物，用化学发光型分析仪测量氮氧化物。在试验过程中，连续的混合气取样气流被送入取样袋，逐秒连续地测量一氧化碳、碳氢化合物、氮氧化物等的体积浓度和尾气流量，然后计算出其质量浓度。

（2）发动机排放测试方法

根据排放标准的规定，重型车（最大总质量大于 3 500 kg）和低速载货汽车采用实验室发动机台架进行排放认证测试，其中，重型柴油车和低速载货汽车采用发动机 13 工况测试循环、重型汽油车采用发动机 9 工况测试循环。目前的发动机排放测试方法都是利用发动机台架试验稳态工况法来测量发动机在各个工况点的排放情况，经过加权处理后，测量的结果为发动机每千瓦时的排放量，即各种污染物的比排放量，单位为 g/（kW·h），标准工况与整车实际道路行驶时的排放特征差距较大，不能直接用于建立排放因子和排放清单。随着排放标准的升级，重型发动机的排放测试工况也逐步从稳态循环向瞬态循环（ETC）发展，测试结果也能更好地反映重型车在道路行驶状态下的排放状况。因此，项目尝试建立中国重型车行驶工况与发动机瞬态测试循环之间的关系，这将为今后充分利用瞬态排放认证数据资源、开展重型车排放因子研究提供重要的方法依据。另外，近年来基于 PEMS 对重型车整车排放进行研究已成为趋势，本节以重型柴油车和低速载货汽车为对象开展整车 PEMS 排放测试研究，建立了相应的排放因子清单。

我国的机动车排放标准《车用压燃式、气体燃料点燃式发动机与汽车排气污染物排放限值及测量方法（中国III、IV、V阶段）》（GB 17691—2005）、《重型车用汽油发动机与汽车排气污染物排放限值及测量方法（中国III、IV阶段）》（GB 14762—2008）和《三轮汽车和低速货车用柴油机排气污染物排放限值及测量方法（中国Ⅰ、Ⅱ阶段）》（GB 19756—2005）中，对发动机台架排放测试的方法和测试设备的技术要求进行了详细规定。对发动机排放的测量，都是利用测试机运行标准规定的发动机循环工况，测量发动机的排放情况。试验循环由覆盖柴油机典型工作范围的若干个转速和功率工况组成，测量发动机排气中的污染物包括 HC、CO、NO_x 和 PM 4 种。气体排放物采用加热式的氢火焰离子法测定 HC、用不分光红外吸收法测定 CO、用化学发光法测定 NO_x；用稀释排气和滤纸收集的方法测量 PM 的质量。在每个工况中，测定每种污染物的浓度、排气流量和输出功率，对测量结果加权处理。对于颗粒物，把整个试验循环中所取的样品收集到滤纸上，按规定的方法计算每种污染物每千瓦时排放的克数。重型柴油发动机试验工况循环（ESC）如 1-2-18 所示，重型柴油发动机 ETC 工况循环如图 1-2-19 所示，发动机排放测试台架如图 1-2-20 所示。

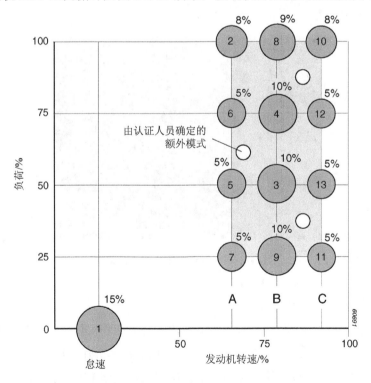

图 1-2-18　重型柴油发动机试验工况循环

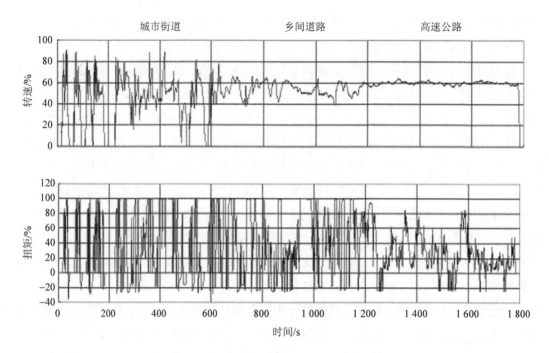

图 1-2-19　重型柴油发动机 ETC 工况循环

图 1-2-20　发动机排放测试台架

（3）车载排放测试方法

对重型车进行排放测试时，由于需要将发动机拆下送到实验室进行台架测试，操作起来有较大难度，另外，发动机测试的结果是否能够代表整车实际排放状况也存在较大争议。在上述背景下，整车车载排放测试设备逐渐发展起来，美国 EPA 已于 2008 年颁布法规规定，对重型车气态污染物排放认证采用车载测试系统进行实际道路排放测试。

目前国际上主流的车载排放测试系统主要为美国 SENSORS 公司生产的 SEMTECH 系

列车载分析系统，如 SEMTECH-DS、SEMTECH-ECOSTAR 等。SEMTECH-ECOSTAR 分别采用不分光红外分析法（NDIR）测量 CO 和 CO_2，加热型氢火焰离子检测器（HFID）测量碳氢化合物的总量（THC），不分光紫外分析法（NDUV）测量 NO 和 NO_2，电化学分析法测量 O_2 含量。仪器在使用前需经约 45 min 的预热稳定，预热后采用纯 N_2 进行标零，使用标准气体进行准确性及精确性校准，以保证仪器测量的准确性。SEMTECH-DS 流量计（EFM）可以保证响应时间为 1 s，并且可以减少排气压力的波动在排气流量较低时也能保持数据记录的稳定性。流量计带有清洗功能，测量前后通过气体反吹对压力管进行清洗，保证取样口和取样管的清洁。SEMTECH-DS 自带全球卫星定位系统（GPS）可以记录车辆行驶过程中逐秒的地理位置（经度、纬度、高度）和行驶速度信息。

图 1-2-21　国际最先进的车载排放测试设备——SEMTECH-ECOSTAR

该设备由美国 SENSORS 公司制造生产。ECOSTAR 为其模块化的新一代设备，主要由三大核心组成，流量计（按尾气管大小分）、气体分析仪（3 个主模块）、颗粒物分析仪（3 个主模块），以及 GPS、气象中心、OBD 读取设备等组件。测试系统在重型车内的安装示意图和轻型车实例如图 1-2-22 所示。

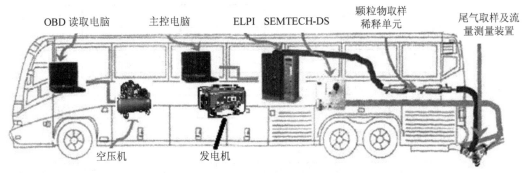

图 1-2-22　测试系统在重型车内的安装示意

1.2.4.3.2 数据来源

采用车载排放测试方法，共 481 辆，基本覆盖主要车型、燃料种类和排放阶段，机动车 PEMS 试验样本数见表 1-2-8。考虑目前国Ⅲ和国Ⅳ阶段车辆是机动车保有量与排放量的主要构成，重型车是机动车排放量的主要来源，机动车 PEMS 试验样本主要为在国Ⅲ至国Ⅵ阶段的重型车。

表 1-2-8 机动车 PEMS 试验样本数

车型分类		燃油类型	排放标准						合计
			国Ⅰ前	国Ⅰ	国Ⅱ	国Ⅲ	国Ⅴ	国Ⅵ	
出租车		汽油			4	4	30	8	46
		燃气						25	25
		混合动力						19	19
公交车		柴油				4	9	2	15
		燃气				3	2	5	10
		混合动力					4		4
小型客车		汽油	6	8	31	15	14	17	91
		燃气				2			2
		混合动力					2	3	5
大型客车		柴油				9	3		12
轻型货车		汽油				2			2
		柴油		20	18	13	5	7	63
中型货车		柴油		14	6	15	4	1	40
重型货车	12～16 t	柴油		3	6	16	18	4	47
		燃气							0
	16～22 t	柴油		2	1	5	2	4	14
		燃气							0
	22～28 t	柴油				9	30	18	57
		燃气						24	24
	28～40 t	柴油				2			2
		燃气							0
	40 t 以上	柴油车			1	2			3
		燃气车							0

1.2.4.3.3　数据质量控制

（1）数据预检验

在得到原始排放数据时，首先要对数据质量进行初步的检验。检验内容包括车辆数据是否完整、速度与排放物数据的完整性以及数据的单位等问题。具体流程如下。

1）检查测试车辆数据的完整性。每次测试时，除记录车辆工况、排放率数据，还会对测试车辆信息进行统计，作为后续的排放率结果计算与分析的基础。需要检查的车辆信息包括车辆编号、车重类型、品牌型号、车牌号、燃料类型、排放标准、生产日期、行驶里程、车辆厂牌、具体载重等。鉴于本次研究中所统计到的排放率结果需要为后续后处理装置分析做基础，因此需要着重记录是否每辆测试车辆都包含安装后处理装置与不安装后处理装置两类数据。经过数据检查，编号 14、15 的两辆大型客车未采集不安装后处理装置时的排放率数据，因此这两辆车将不作为对比车辆。

2）检查排放物单位。在机动车尾气排放测试中，实验设备的排放物输出结果包含了单位时间浓度和单位时间质量等多种不同形式的结果。而本项目所需数据类型为单位时间质量，即单位为克每秒（g/s）。因此预检验必须保证所获得的 CO_2 等排放物的排放数据单位的正确性。

3）检查数据的完整性。由于程序对原始数据的要求，参与处理的数据不能含有空白数据或负值，因此要逐秒检查数据的完整性，查看每 1 s 的数据是否完整，速度和排放数据是否缺失或为负值，对缺失数据、负值数据均进行标记。此类数据不能参与后续排放率的计算。根据数据统计结果，每辆车的空值或负值数据为 3～30 条不等，约占总数据量的 1‰，故可判断数据完整性良好。

4）时间匹配初步检验。提取原始排放数据中的速度和 CO 数据，绘制速度-CO 折线图，观察两列数据的波动关系。检查客货车的启动点位置（速度从 0 开始加速的点）与 CO 排放物产生点位置是否在同一时间点，初步判断时间匹配的误差。根据数据处理经验，在车辆启动时，车辆的启动点与排放数据产生点往往不在同一时间点上，即会产生一定时间的错位，速度记录的时间与排放记录的时间匹配并不完全对应。对于上述情况，应记录估计得到的时间偏差值（图 1-2-23）。

经过上述 4 步，完成了排放数据的预检验。在此基础上进行排放数据的时间匹配调整与后期排放率数据质量控制工作。

（2）时间匹配调整

排放测试中，由于设备原因，速度数据与排放数据的传输过程的时间匹配容易出现错位。通过数据的预检验步骤已经对时间匹配误差有了初步的估计，针对后期误差修正，可以通过检验 VSP 与排放数据的相关性的方式，改善速度数据与排放数据在时间方面的匹配性，提高数据质量。

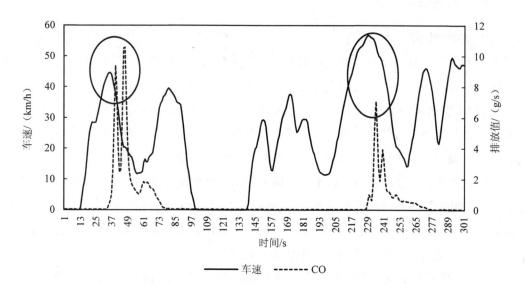

图 1-2-23　速度与 CO 排放率时间匹配误差

国内外的相关研究表明，当 VSP 大于 0 时，VSP 值与排放物之间存在着明显的线性关系，而这一线性关系的程度可以用相关系数来表示。相关系数，或称线性相关系数，是衡量两个随机变量之间线性相关程度的指标。取值范围为 [−1，1]，通常相关系数大于 0.8 时，认为两个变量有很强的线性相关。

基于相关系数的数据时间匹配处理主要分为以下几步。

1）计算原始排放测试数据的 VSP。计算排放率随时间匹配调整的中间数据，其数据形式如表 1-2-9 所示。

表 1-2-9　时间匹配调整中间数据

VID	时间	速度/ （km/h）	加速度/ （m/s²）	VSP	CO_2/ （g/s）	CO/ （g/s）	NO_x/ （g/s）	HC/ （g/s）	PM/ （g/s）
11	12：03：12	0.00	0.00	0.00	0.001	0.014	0.016	1.163	0.001
11	12：03：13	0.00	0.00	0.00	0.001	0.014	0.016	1.181	0.001
11	12：03：14	0.00	0.00	0.00	0.001	0.014	0.016	1.159	0.001
11	12：03：15	0.22	0.22	0.08	0.002	0.014	0.023	1.161	0.001
11	12：03：16	0.22	0.00	0.03	0.002	0.058	0.041	2.895	0.002
11	12：03：17	0.58	0.36	0.27	0.002	0.053	0.038	3.455	0.007
11	12：03：18	0.63	0.04	0.10	0.002	0.051	0.045	3.927	0.004

2）筛选出 VSP 大于 0 的数据条目，计算原始匹配条件下的 VSP 值与排放物值的相关系数。

3）根据预检验判断时间匹配误差范围，此范围根据实际操作经验定为原始匹配时间的前后 20 s[−20，+20]，逐秒调整速度和 VSP 与排放物的时间对应关系，并计算数据调整后的 VSP 大于 0 条件下的 VSP 与排放物的相关系数。

4）选择调整范围内相关系数最大的时间匹配调整方案作为数据匹配的最终调整结果。

分别计算 4 种排放物的时间匹配情况并进行调整，得到最终的匹配数据。

基于排放数据的时间匹配调整的数据质量控制措施对于数据质量及排放率计算的精度可以通过相关系数以及变异系数等参数来进行评价。

排放逐秒数据的时间匹配调整的目的，主要是降低数据测量过程中传输等原因造成的速度与排放数据的时间匹配误差。基于 VSP 与排放的关系，本项目选择相关系数作为时间匹配调整的主要指标。

以大型客车的排放测试数据为例，分析时间匹配调整对数据计算结果的影响效果。该测试车辆为国 V 排放标准，属于柴油车。通过预检验将其时间调整确定为±2 s 内，分别调整时间匹配并计算其排放物与 VSP（大于 0）的相关系数。可以发现，经过时间的匹配调整，其调整后数据相关系数较调整前明显增加。如表 1-2-10 所示。

表 1-2-10　时间匹配调整效果

与 VSP 相关系数		CO_2	CO	NO_x	HC
原始数据		0.448	0.018	0.546	0.146
调整	−2	0.434	0.022	0.460	0.151
	−1	0.453	0.022	0.525	0.147
	1	0.435	0.015	0.520	0.150
	2	0.432	0.013	0.455	0.156

注："+1"表示排放数据时间向前移动 1 s。

时间匹配调整对于速度数据域排放物数据的相关性具有一定的提高作用。调整时选择相关系数最大的方案进行。

（3）数据质量控制

1）剔除异常加速度

在最终排放率的生成计算中，逐秒的加速度对 VSP 的最终结果有着十分直接的影响。因此，在进行最终的排放率数据处理之前，筛选异常加速度数据条目非常重要。对预检验后的排放率数据进行加速度筛选可以保证后续数据处理工作的工作质量。在重型车辆的车载测试过程中，测试结果受限于测试设备等技术以及测试条件，往往存在着数据缺失、测量精度不准确等相关问题。基于此，在柴油大型客车、重型货车的排放率生成计算前，须剔除部分异常加速度值，并对这些异常加速度条目进行整理与计数，以便于在调整数据质量的同时评估数据整体质量的高低。

为了确定合理加速度区间，研究中对不同车重类型的 3 种车辆分别进行了加速度分布的分析。下面以未添加后处理装置的大型客车为例（图 1-2-24），对逐秒加速度进行分布统计。

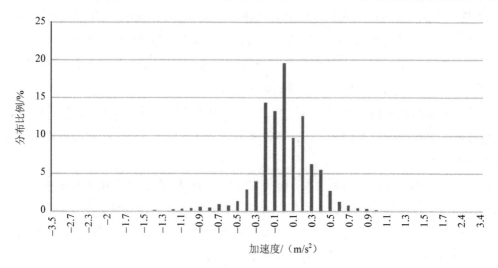

图 1-2-24　处理前加速度分布

可以发现，实测逐秒的大型客车加速度数据分布在[−3.5，+3.4]（m/s^2），虽然加速度绝对值不大，但鉴于大型客车的行驶状态，其中明显存在着部分加速度过大（或过小），与实际不符的情况。由于大型客车的特殊性，正常情况下其加速度分布应相对集中且加速度绝对值较小。本研究基于加速度分布对逐秒的大型客车排放数据进行了筛选，即去除加速度过大（或过小）而明显不合理的数据。本研究采取了 99%这样一个加速度分布概率对不利数据进行了剔除，即按正负值对加速度分别进行统计（不包含加速度为 0 的数据），发现 99%的正加速度分布集中于[0，+1.00]，而 99%的负加速度（减速度）分布集中于[−1.5，0]（单位 m/s^2）。对筛选后大型客车加速度进行分布统计得到图 1-2-25。

2）排放数据的质量控制

在完成加速度筛选后，还需对排放率数据质量进行控制。在此选择的方法是分车辆编号、VSP Bin 对不同排放物分别求平均值与标准差。需要控制有效的逐秒排放率数据均落在相应 VSP 区间下[平均值−3×标准差，平均值+3×标准差]的范围里。根据质量控制标准，剔除不符合的排放率数据后再次分车辆编号、VSP Bin 对不同排放物求解平均值与标准差，并重复数据质量检验的步骤，直至所有的数据均落在相应 VSP 区间下[平均值−3×标准差，平均值+3×标准差]的范围里。

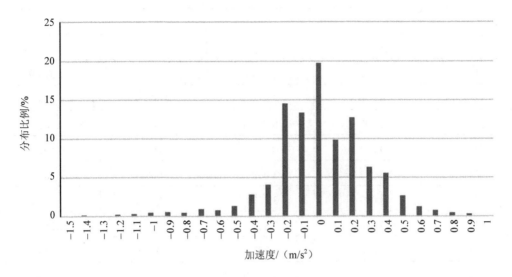

图 1-2-25　处理后加速度分布

在完成上述步骤后，考虑到当一个 VSP 区间下排放率数据样本量小于 5 时，数据的大小具有很强的偶然性，不能支撑后续数据处理对比与分析，因此剔除 VSP 区间下排放率数据样本量不足 5 的区间数据，考虑后续用其他方式进行数据的补全。最后，选取质量控制前后的数据进行变异系数分析，在此以重型货车的 CO 数据为例，分析结果如表 1-2-11 所示。

表 1-2-11　排放率质量控制变异系数

VSP Bin	调整前		调整后	
	平均值	变异系数	平均值	变异系数
0	0.017 5	5.369 2	0.010 5	2.425 8
1	0.003 6	1.578 6	0.003 1	0.587 5
11	0.027 3	4.287 8	0.015 1	2.518 9
12	0.045 0	3.707 5	0.022 0	2.251 2
13	0.027 7	2.400 3	0.018 8	1.902 8
14	0.055 5	2.937 7	0.034 3	2.118 2
15	0.126 5	2.578 3	0.066 0	2.516 4
16	0.163 2	2.168 8	0.111 2	2.106 6
17	0.099 8	2.308 9	0.072 8	1.776 2
18	0.135 9	1.995 7	0.099 5	1.740 8

VSP Bin	调整前		调整后	
	平均值	变异系数	平均值	变异系数
19	0.102 4	2.174 8	0.070 3	1.579 9
21	0.010 3	4.868 5	0.006 9	1.808 2
22	0.007 0	0.902 8	0.006 4	0.662 1
23	0.014 3	6.769 0	0.007 2	0.901 4
24	0.012 9	3.000 8	0.008 6	1.102 6
25	0.013 4	3.227 6	0.009 8	1.188 2
26	0.016 6	2.807 3	0.011 8	1.251 0
27	0.016 0	2.277 1	0.011 1	0.936 6
28	0.028 3	4.067 0	0.016 5	2.016 3
29	0.031 7	3.825 1	0.017 5	1.055 0
31	0.006 3	0.899 0	0.006 0	0.871 3
32	0.004 7	1.114 1	0.004 7	1.114 1
33	0.004 6	1.008 8	0.004 6	1.008 8
34	0.007 7	0.596 7	0.007 7	0.596 7
35	0.004 7	0.857 0	0.004 7	0.857 0
36	0.009 1	0.607 6	0.009 1	0.607 6
37	0.006 7	0.742 0	0.006 7	0.742 0
38	0.010 8	0.474 5	0.010 8	0.474 5
39	0.012 5	0.407 5	0.012 4	0.398 8

根据表 1-2-11 中的变异系数可以看出，部分 VSP Bin 下的变异系数有明显降低，证明排放率数据质量的空值有很好的效果。

1.2.4.3.4 数据结果分析

以轻型车为例，其数据来源于 6 个省份合计 60 辆轻型车辆，共计 21 万条逐秒排放数据。基本排放率计算方法：首先，计算每秒的加速度、比功率；其次，利用速度、加速度、比功率确定该秒所属的 VSP Bin 区间；最后，利用 SPSS（是一款优秀的统计分析工具）剔除异常数据后，建立 VSP Bin 区间与基本排放率之间的关系。具体如图 1-2-26～图 1-2-31 所示。

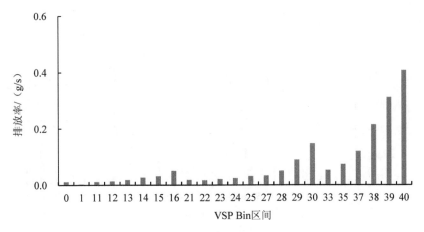

图 1-2-26　轻型汽油车国 I 前 HC 排放率

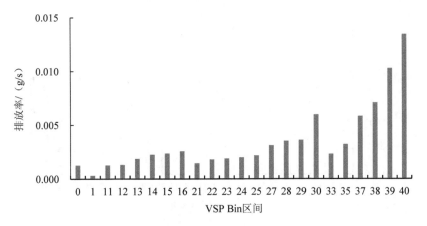

图 1-2-27　轻型汽油车国 I HC 排放率

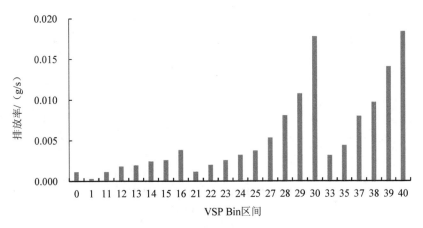

图 1-2-28　轻型汽油车国 II HC 排放率

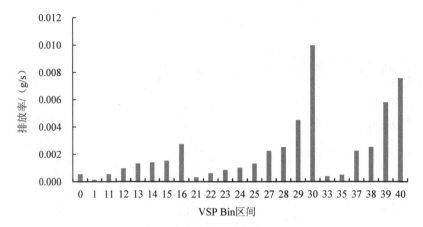

图 1-2-29　轻型汽油车国Ⅲ HC 排放率

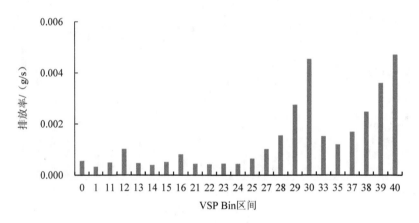

图 1-2-30　轻型汽油车国Ⅳ HC 排放率

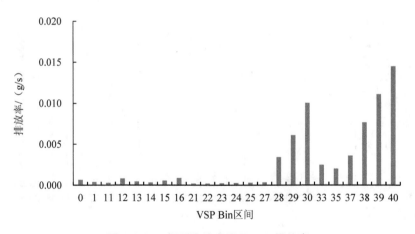

图 1-2-31　轻型汽油车国Ⅴ HC 排放率

由上图可知：①随着机动车排放阶段的加严，轻型汽油车 HC 排放逐渐降低；②减速区、怠速区、滑行区 HC 排放相对较低；③相同速度等级下，随着 VSP 的增加 HC 排放逐渐增加。

1.2.4.4　速度修正因子

影响机动车油耗和排放量的因素很多，其中，速度是一个重要因素，但是在传统的排放模型中往往注重对车辆本身因素和环境因素等的修正，在考虑道路上的实际行驶速度对排放的影响中存在很大的不足。因此为了准确地量化速度对排放因子的影响，便于对路网车辆进行动态的排放监测，需要基于平均速度对机动车的排放因子进行修正，建立不同车辆类型、燃料类型排放因子的速度修正模型。

分别选取轻型货车（1.8～4.5 t）、重型货车（22～28 t）、重型货车（28～40 t）以及重型货车（40 t 以上）为研究对象，分别对 HC、NO_x 2 种排放物的速度与排放因子间关系进行对比。排放标准选择为国Ⅲ和国Ⅴ，燃料类型选择为柴油车。图 1-2-32、图 1-2-33 为不同车重下 HC、NO_x 2 种排放物排放因子对比图。

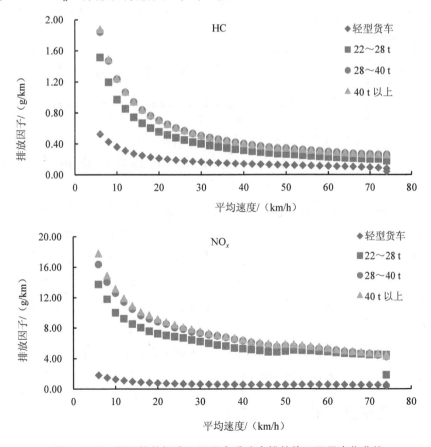

图 1-2-32　国Ⅲ排放标准下不同车重速度排放修正因子变化曲线

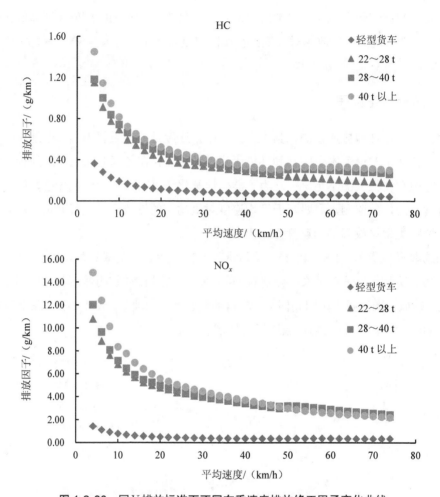

图 1-2-33 国 V 排放标准下不同车重速度排放修正因子变化曲线

由图 1-2-32 和图 1-2-33 可以看出，在相同的排放标准下，柴油货车在不同的车重下排放因子变化情况也不同，其中整体趋势为：随着平均速度的增加排放因子呈下降趋势，且呈现出低速区间下降幅度大，并逐渐变慢的趋势。对国三和国五排放标准下的排放因子特征进行分析后可知：污染物的排放因子均随着车重的增加而增加，并且轻型货车的 NO_x 和 HC 的排放因子与重型货车差异较大，特别是对于 NO_x，轻型货车的排放因子明显低于其他三类重型货车。

由此可知，货车车重是影响排放因子的一个重要因素，随着车重的增加，相同速度区间下的排放因子也会出现不同程度的增加。

1.2.4.5 VKT 及速度分布

VKT 速度分布代表该地区车辆的交通运行状态，反映当地实际的交通活动水平。VKT

分布分为两部分：一是 VKT 随速度的变化情况，二是 VKT 在不同等级道路上的占比。以轻型车为例，研究分析 VKT 随速度、道路类型的分布特征。

1.2.4.5.1 VKT 随速度的变化关系

首先，获取了地级市不同道路等级（高速公路、快速路、主干路、次支路）的速度数据，根据交通流基本图模型推算流量，计算各速度区间的 VKT 分布，同时统计不同等级道路上的 VKT 占比；其次，根据高德发布的城市的速度参数，与城市的实测速度进行对比，分析其差异，对高德的速度参数进行调整，每个城市都在有实测 VKT 分布的城市中挑选 3 个与本城市速度差异最小的城市，将其 VKT 分布的均值作为该地区的 VKT 分布；对于其余的城市，用该城市所在省份对应等级城市的均值进行替代。

（1）交通数据获取

车辆运行速度数据比流量数据较易获取，且由交通流基本图（fundamental diagram）模型可知，基于速度可估算车流量，因此，需要获取不同城市不同等级道路的交通大数据。城市的原始数据，包括城市道路网络数据，即城市道路的名称、起止点、长度、道路等级、车道数等；道路的交通数据，即利用 GPS 记录车辆的运动信息（速度、位置），记录的动态数据是每 5 min 的道路交通数据。数据内容见表 1-2-12。

表 1-2-12　数据内容

字段	内容	字段	内容
1	道路 ID	8	结束路名
2	城市编码	9	限速
3	道路编码	10	车速
4	道路等级	11	拥堵等级
5	道路方向	12	拥堵指数
6	道路长度	13	车道数
7	开始路名	14	0 未发布，1 已发布

注：道路编码与道路名称的对应信息。

（2）道路发布段数据覆盖范围

获取的城市道路数据含以下不同等级的道路。

道路等级 1：高速公路，例如北京的 G6，是国家命名以及管理的道路，没有红绿灯；

道路等级 2：城市内高速及环路等封闭道路，例如北京的环路，城市管理，没有红绿灯；

道路等级 3：城市内主要干道，是城市内的地面道路，有红绿灯交叉口；

道路等级 4：连接线道路。

以北京为例，其路网数据覆盖范围如图 1-2-34 所示。

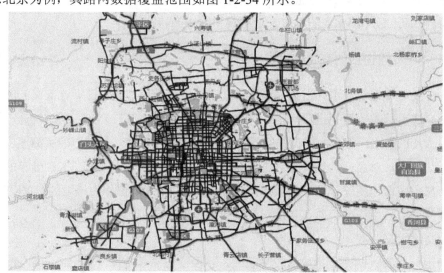

图 1-2-34 北京市路网数据覆盖范围

（3）速度推算流量模型构建与标定

利用 Van Aerde 模型由速度推算交通量。该模型的特点是结构简单，易于标定，具有灵活性。图 1-2-35 为利用北京市快速路实测数据与各交通流模型拟合图，通过对比可以看出，Van Aerde 模型与实测数据最为吻合。

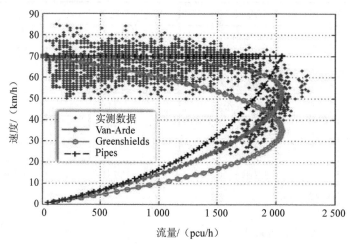

图 1-2-35 北京市快速路实测数据与各交通流模型拟合

自由流速度用相应道路等级速度数据的百分位速度进行标定。其中，道路等级为 1（高速公路）时，按不同限速进行标定，限速大于等于 80 km/h 时，每一限速都要单独进行标定，限速小于 80 km/h 时，按快速路标准进行计算。其他等级的道路不需按限速进行分类，直接取相应的速度分位数即可。

对应不同等级道路各限速下的自由流速度进行系数标定。将各等级道路的自由流速度代入公式，设速度依次为 1～120 km/h（以 1 km/h 为间隔单位），任定义一系数，依次求出交通量，最大交通量即为通行能力。通过调整系数，使通行能力达到规定值。速度-流量模型如图 1-2-36 所示。

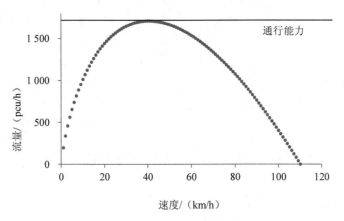

图 1-2-36　速度-流量模型

（4）北京市各等级道路交通流模型标定结果

北京市各等级道路交通流模型标定结果如图 1-2-37 和图 1-2-38 所示。

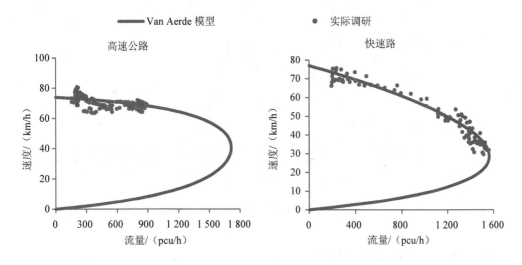

图 1-2-37　北京市高速公路、快速路交通流模型标定结果

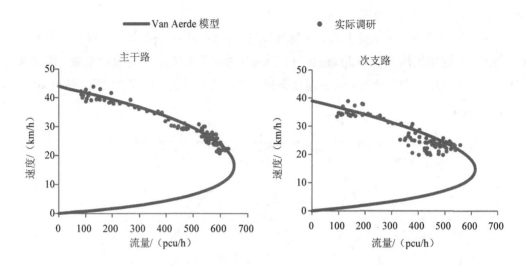

图 1-2-38　北京市主干路、次支路交通流模型标定结果

（5）北京市各等级道路 VKT 分布展示

北京市各等级道路 VKT 分布如图 1-2-39 所示。

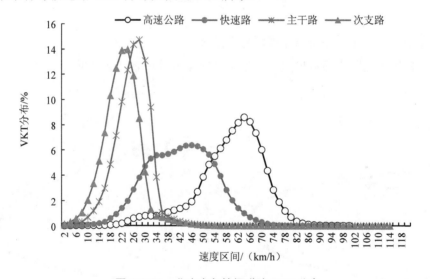

图 1-2-39　北京市各等级道路 VKT 分布

（6）典型城市 VKT-速度分布的推算

1）典型城市速度参数计算

选择一定数量的典型城市次支路的速度随时间分布数据，计算早高峰平均速度、晚高峰平均速度、平峰平均速度和全天平均速度四个速度参数，如图 1-2-40 所示。

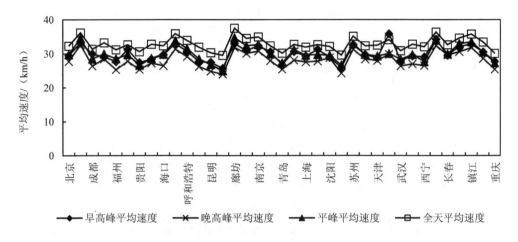

图 1-2-40　典型城市速度参数

2）速度参数对比分析

典型城市次支路早高峰、晚高峰、平峰、全天平均速度与地图公司的比值范围基本在 0.8～1.2，如图 1-2-41 所示。

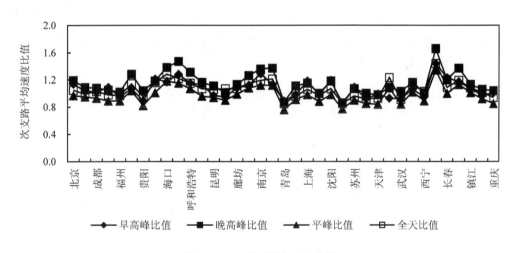

图 1-2-41　典型城市速度参数

3）VKT 推算

以四个速度参数的均方差最小为原则，利用典型城市速度参数，在上述城市里选择三个城市，计算每个速度区间的 VKT 均值，作为典型城市的推算 VKT。

4）VKT 分布展示

图 1-2-42 为推算后得到的唐山市各等级道路 VKT 分布。

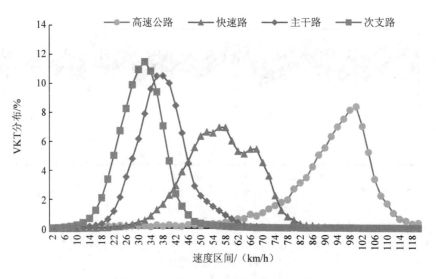

图 1-2-42　唐山市各等级道路 VKT 分布

（7）其余城市 VKT 分布

本书将城市分为超大城市、特大城市、Ⅰ级大城市、Ⅱ级大城市、中等城市、Ⅰ级小城市、Ⅱ级小城市共 7 个等级。其他地级市的 VKT 分布根据该城市等级和所在省份进行扩样。例如，衡水市为中等城市，其各等级道路的 VKT 分布使用河北省具有 VKT 分布的中等城市的数据（图 1-2-43）。

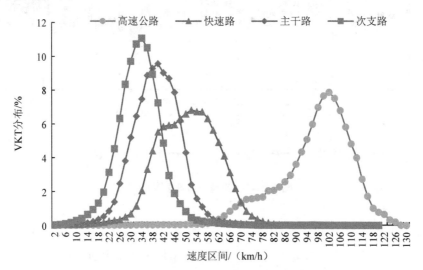

图 1-2-43　衡水市各等级道路 VKT 分布

1.2.4.5.2　VKT 随道路类型的变化关系

本书将道路类型分为快速路、主干路、次干路、支路、高速路、1 级公路、2 级公路、3 级公路和 4 级公路。因缺少公路的 VKT 分布数据，公路 VKT 分布按照城市道路的数据进行填充，其对应关系见表 1-2-13。

表 1-2-13　道路类型对应规则

城市道路	公路
快速路	1 级公路
主干路	2 级公路
次干路	3 级公路
支路	4 级公路

首先，获取了城市高速公路、快速路、主干路、次支路的速度数据，通过交通流基本图模型，得到各等级道路的流量数据，从而计算得到不同等级道路上的 VKT 总量，通过统计年鉴及其他途径获取了各地区不同等级道路的路网长度信息，将 VKT 在高速公路、快速路、主干路、次支路的分布扩样到全路网各等级道路；其次，根据速度参数推算典型城市不同等级道路 VKT 占比；最后，剩余的地级市各等级道路 VKT 占比通过该地区所在省份及城市等级得到。

（1）城市的 VKT 在高速公路、快速路、主干路、次支路的占比

项目组获取了一定数量城市高速公路、快速路、主干路、次支路的速度数据，通过交通流基本图模型，得到各等级道路的流量数据，计算得到了高速公路、快速路、主干路、次支路的 VKT 占比，图 1-2-44 为北京市各等级道路的 VKT 占比。

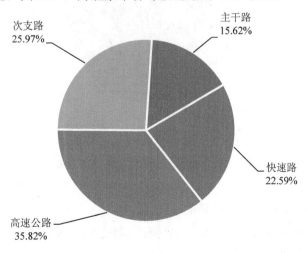

图 1-2-44　北京市各等级道路的 VKT 占比

（2）城市在各等级道路上的 VKT 占比

为了得到 VKT 在所有等级道路上的 VKT 占比情况，项目组通过统计年鉴和其他途径获取了典型城市不同等级道路的路网长度信息，按照各等级道路长度对各等级道路的 VKT 分布进行调整，从而得到 VKT 在所有等级道路上的分布。图 1-2-45 为北京市各等级道路的 VKT 占比情况。

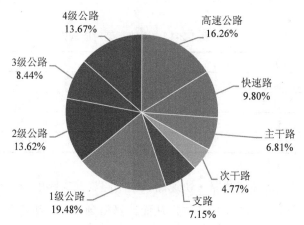

图 1-2-45　北京市各等级道路的 VKT 占比

（3）典型城市各等级道路的 VKT 分布

以唐山市为例，研究分析该市各等级道路的 VKT 占比情况（图 1-2-46）。

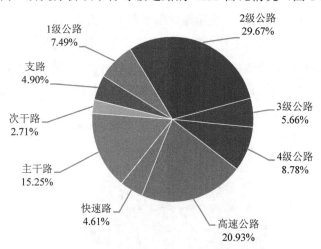

图 1-2-46　唐山市各等级道路 VKT 分布

（4）其他城市 VKT 在各等级道路的占比

以衡水市为例，该城市为中等城市，各等级道路的 VKT 分布选用河北省具有 VKT 分布的中等城市的数据（图 1-2-47）。

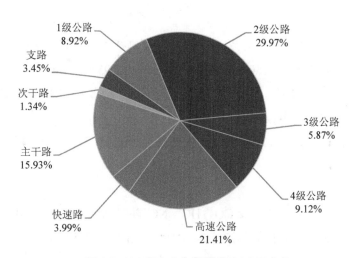

图 1-2-47　衡水市各等级道路 VKT 占比

1.2.4.6　修正排放因子

为了保障最终排放系数清单的准确性与合理性，需要对基本排放因子进行多维修正。首先，考虑机动车行驶里程将会带来机动车污染物排放处理装置的劣化效果，因此需要对基本排放因子清单进行基于行驶里程的劣化修正；其次，由于我国地理面积大，不同城市的地理气候条件差异较大，而上述因素也会直接影响到机动车实际的排放情况，因此需要统计各地相关年鉴，对基本排放因子清单进行基于温度、湿度以及海拔等因素的参数修正；最后，由于车辆实际使用过程中，冷启动等使用操作非常常见，且对机动车排放结果影响较大，因此项目组在此对于基本排放因子清单同样进行了基于冷启动等因素的模块修正。完成了上述的劣化修正、参数修正以及模块修正后，最终计算得出分城市的综合排放因子清单。

1.2.4.6.1　冷启动修正

（1）冷启动排放测算方法

对于冷启动，国内外目前尚未有统一的定义。《轻型汽车污染物排放限值及测量方法（中国第六阶段）》（GB 18352.6—2016）中对冷启动预处理的规定是在温度 293～303 K 的室内静置 6 h，直到发动机机油温度和冷却液（如有）温度达到室内温度的 ±2℃ 范围内。MOBILE 模型规定对于无催化剂汽车，冷启动是指上一次行驶结束后的至少 4 h 以上所发生的任何启动；对于有催化剂汽车，MOBILE 模型的冷启动指的是上一次行驶结束后的至少 1 h 所发生的任何启动。COPERT 模型认为当冷却系统中的水温低于 70℃时，发动机就处于冷启动方式。

目前，轻型汽车保有量主要集中在国Ⅳ阶段，约占 50%，其次为国Ⅴ和国Ⅲ，分别约占 20%，国Ⅱ及之前保有量仅占 10%，本研究重点仅针对国Ⅲ、国Ⅳ、国Ⅴ轻型车开展冷启动排放测算。

国Ⅲ及之后阶段轻型车法规工况为 NEDC 工况，包括 4 个重复的城市工况、一个郊区工况。冷启动时间约为 3 min（180 s），城市工况时间为 195 s，第一个城市工况时间基本能覆盖冷启动时间。本书中用第一城市工况排放值与第四个城市工况的差值表征冷启动排放。

（2）冷启动排放测试样本数

冷启动排放测试样本数约 17 个，其中，国Ⅳ轻型汽油车 7 辆，国Ⅴ轻型汽油车 9 辆，国Ⅳ轻型柴油车 8 辆。

（3）冷启动排放测试结果

以 1 号轻型汽油车为例，速度及 CO、HC、NO$_x$ 随时间的变化关系如图 1-2-48 所示，不同城市工况 CO、HC、NO$_x$ 排放如图 1-2-49 所示。由图 1-2-50 可知，第一个城市工况 CO、HC、NO$_x$ 排放远高于后续的 3 个城市工况，这主要是由于该工况下处于冷启动阶段，后处理装置尚未达到启燃温度，第三、第四个城市工况已处于稳定阶段，其排放基本相等。

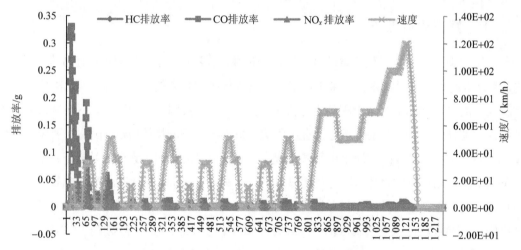

图 1-2-48　1 号轻型汽油车逐秒 CO、HC、NO$_x$ 排放及速度随时间的变化关系

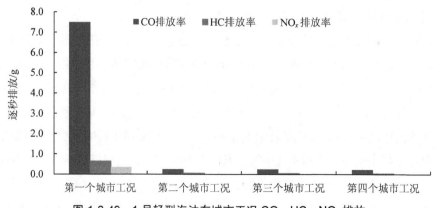

图 1-2-49　1 号轻型汽油车城市工况 CO、HC、NO$_x$ 排放

以 17 号轻型柴油车为例,速度及 CO、HC、NO$_x$ 随时间的变化关系如图 1-2-50 所示;不同城市工况 CO、HC、NO$_x$ 排放如图 1-2-51 所示。由图 1-2-51 可知,第一个城市工况 CO、HC 排放远高于后续的 3 个城市工况,这主要是由于该工况下处于冷启动阶段,后处理装置尚未达到启燃温度,第三、第四个城市工况已处于稳定阶段,其排放基本相等;第一个城市工况略微高于后续 3 个城市工况,冷启动排放对 NO$_x$ 影响不显著。

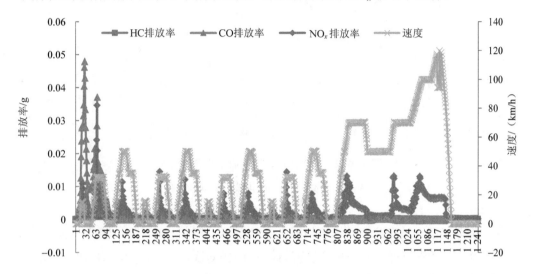

图 1-2-50　17 号轻型柴油车逐秒 CO、HC、NO$_x$ 排放及速度随时间的变化关系

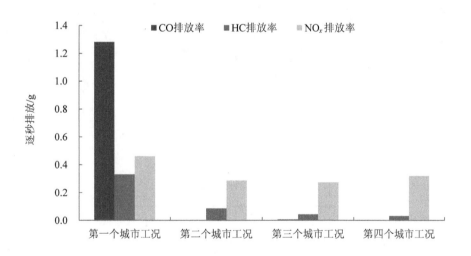

图 1-2-51　17 号轻型汽油车城市工况 CO、HC、NO$_x$ 排放

国Ⅳ阶段轻型汽油车冷启动排放如图 1-2-52 所示。其中,国Ⅳ阶段轻型汽油车 CO 冷启动均值约为 5.669 g/次,HC 冷启动均值约为 0.669 g/次,NO$_x$ 冷启动均值约为 0.317 g/次。

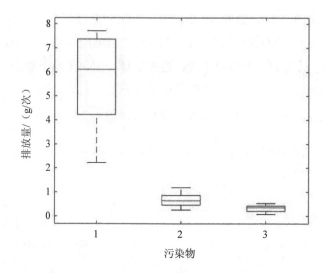

图 1-2-52　国Ⅳ阶段轻型汽油车冷启动排放

注：1 为 CO 排放；2 为 HC 排放；3 为 NO$_x$ 排放。

国 Ⅴ 阶段轻型汽油车冷启动排放如图 1-3-53 所示。其中，国Ⅳ阶段轻型汽油车 CO 冷启动均值约为 3.370 g/次，HC 冷启动均值约为 0.319 g/次，NO$_x$ 冷启动均值约为 0.053 g/次。国Ⅳ到国Ⅴ阶段，CO 排放降低了 41%，HC 排放降低了 52%，NO$_x$ 排放降低了 83%。

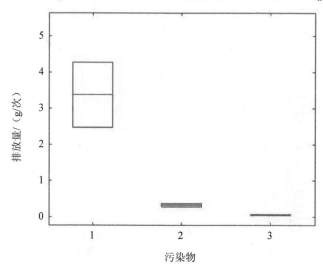

图 1-2-53　国Ⅴ阶段轻型汽油车冷启动排放

注：1 为 CO 排放；2 为 HC 排放；3 为 NO$_x$ 排放。

国Ⅳ阶段轻型柴油车冷启动排放如图 1-2-54 所示。其中，国Ⅳ阶段轻型汽油车 CO 冷启动均值约为 2.629 g/次，HC 冷启动均值约为 0.235 g/次，NO$_x$ 冷启动均值约为 0.220 g/次。

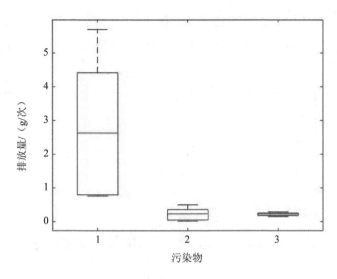

图 1-2-54　国Ⅳ阶段轻型柴油车冷启动排放

注：1 为 CO 排放；2 为 HC 排放；3 为 NOₓ排放。

1.2.4.6.2　温度修正

因为冷启动排放直接受车辆所处环境影响明显，因此在 -7°C、0°C、23°C、35°C、40°C 条件下进行了预处理行驶以及 $6\sim12\text{ h}$ 浸车，并进行了排放测试。冷启动排放测试完成后，发动机熄火调整设备后马上进入了热启动排放测试。

不同温度下轻型汽油车 CO 冷启动排放如图 1-2-55 所示。由图可知，CO 排放随着温度的降低而逐渐增加，-7°C 时 CO 排放约为 25°C 时的 7.5 倍，0°C 时 CO 排放约为 25°C 时的 4.0 倍。

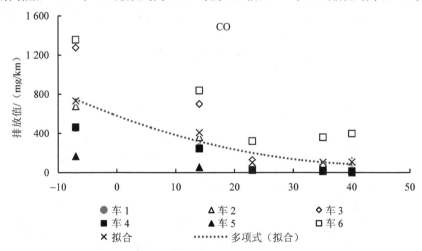

图 1-2-55　不同温度下国Ⅴ阶段轻型汽油车 CO 冷启动排放

不同温度下轻型汽油车 HC 冷启动排放如图 1-2-56 所示。由该图可知，HC 排放随着温度的降低而逐渐增加，−7℃时 HC 排放约为 25℃时的 12.3 倍，0℃时 HC 排放约为 25℃时的 5.6 倍。

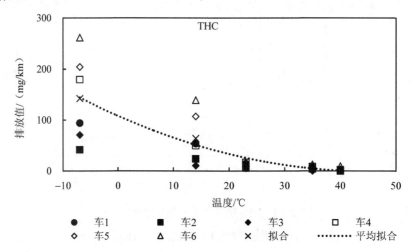

图 1-2-56　不同温度下国Ⅴ阶段轻型汽油车 HC 冷启动排放

1.2.4.6.3　湿度修正

仅针对 NO_x 排放开展湿度修正，湿度修正函数采用 MOVES 模型中相关公式。

$$K = 1.0 - H - 75.0 \times \text{HCF}$$

式中：K 为 NO_x 湿度修正因子，量纲一；H 为每磅干空气中水的克数，g，适用范围为 12～124 g；HCF 为湿度修正因子，量纲一，轻型汽油车取 0.003 8，轻型柴油车取 0.002 6。

$$H = 4\,347.8 \times \frac{P_v}{P_b - P_v}$$

$$P_v = (\frac{H_{\text{ret}}}{100}) \times P_{db}$$

$$P_{db} = 6\,527.557 \times 10^{(-T_o/T_k)[\frac{3.243\,7 + 0.005\,88 \times T_o + 0.000\,000\,011\,7 \times T_o^3}{1 + 0.002\,19 \times T_o}]}$$

$$T_o = 647.27 - T_k$$

$$T_k = \frac{5}{9}[T_F - 32] + 273$$

式中：T_F 为环境温度，F；P_b 为大气压，帕斯卡；H_{ret} 为相对湿度。

1.2.4.6.4　空调修正

发动机的负载变化改变了发动机的工作区域和燃油消耗率。空燃比随负荷变化而变化，从而导致污染物排放率的改变。如空调增加发动机的负荷，在同样的速度曲线下发动机将燃烧更多的燃料。对于汽油机，当负荷大于一定的临界值时，混合气必须加浓，发动机才能正常燃烧，以输出足够的功率。

考虑空调负载对机动车排放的影响，只对轻型车汽油车的启动排放和运行排放起作用。本项目在不同速度范围内选用 36 辆轻型车进行了开空调和未开空调状况下的机动车排放测试，得到了空调修正因子（表 1-2-14）（空调开排放/空调关排放）。

表 1-2-14　轻型车空调负载修正因子

HC	CO	NO$_x$
1.192	1.568	1.789

1.2.4.6.5　海拔修正

轻型车海拔修正因子的确定主要采用了 3 台轻型汽油试验车和 1 台轻型柴油车，在海拔仓试验室内进行了不同海拔条件下的 WLTC 工况排放测试。测试结果数据与 0 m 海拔进行对比，剔除和修正部分异常数据后进行了数据拟合，得出海拔修正因子。

轻型汽油车海拔修正因子如图 1-2-57 所示。由该图可知，轻型汽油车 CO、HC、NO$_x$ 排放随着海拔高度的提高而逐渐增加，CO、HC 增加幅度低于 NO$_x$ 排放。

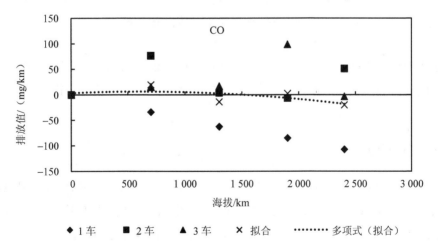

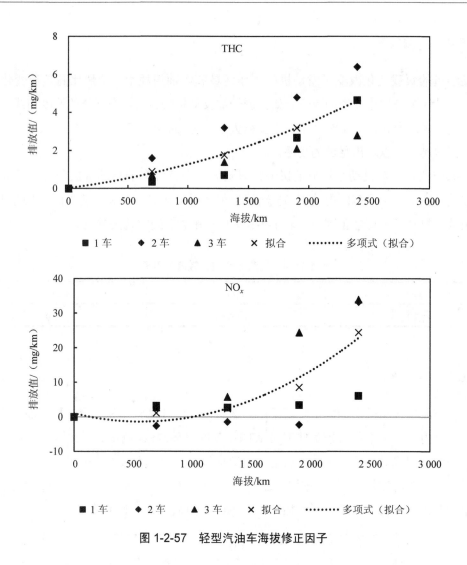

图 1-2-57　轻型汽油车海拔修正因子

　　轻型柴油车海拔修正因子如图 1-2-58 所示。由该图可知，轻型柴油车 CO、HC 排放随海拔高度的提高而逐渐降低，不进行海拔修正；NO$_x$、PM 排放随海拔高度的提高而逐渐增加。

1.2.4.6.6　负载修正

　　为研究不同载重情况下的重柴车（正常尿素添加）排放情况，选取 16 t 重型货车，开展空载/半载/满载下的排放对比实验工作。研究表明，国Ⅳ柴油货车不同载重下排放呈逐渐增加的趋势，半载与空载进行对比可知：HC 的排放量增加 21.6%，NO$_x$ 的排放量增加 6.6%。满载与空载对比可知：HC 的排放量增加 4.4%，NO$_x$ 的排放量增加 26.3%，如图 1-2-59 所示。

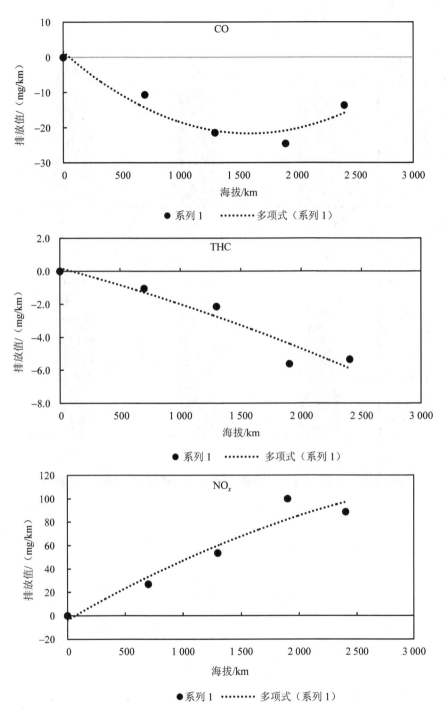

图 1-2-58　轻型柴油车海拔修正因子

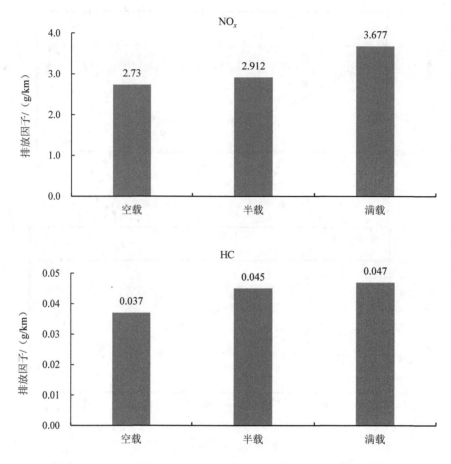

图 1-2-59　空载（0.2 t）、半载（4.5 t）、满载（8.1 t）排放因子对比

1.3 机动车蒸发排放测算

1.3.1 测算方法

国际上通常将机动车蒸发排放分为昼间损失、热浸损失、运行损失、加油损失、液体泄漏损失、渗透损失。昼间损失指车辆停车静置状态下，燃油系统受大气环境温度变化的影响，燃油系统中的碳氢化合物通过呼吸及挥发作用释放到大气的损失。热浸损失指车辆行驶一定时间后，因车辆自身产生的热量，使其燃油系统中的碳氢化合物通过呼吸及挥发等作用释放到大气的损失。运行损失指车辆在行驶过程中，燃油系统受车辆自身及地面热辐射等影响，燃油系统中的碳氢化合物释放到大气的损失。加油损失指车辆在加油过程中，因燃油液面的不断上升，燃油箱及油管中的燃油蒸汽通过加油管及其他通大气口端释放到大气的损失。液体泄漏损失指液体燃料从燃料系统中泄漏，最终通过呼吸及挥发等作用释放到大气的损失。渗透损失指碳氢化合物通过燃料系统中的材料迁移释放到大气的损失。

仅考虑轻型汽油车与摩托车蒸发排放，根据车辆保有量进行计算，公式如下。

$$E = \sum_i P_i \times EF_{i,j} \times D_j$$

式中：i 为车型；j 为温度区间，主要分为 4 类，按月均温度进行划分，包括≤5℃、5~15℃、15~25℃、>25℃；P 为保有量，辆；EF 为排放因子，g/（d·辆）；D 为不同温度区间的天数。

1.3.2 排放测试方法

（1）测试依据

GB 18352.3—2005《轻型汽车污染物排放限值及测量方法》（中国Ⅲ、Ⅳ阶段）

GB 18352.5—2013《轻型汽车污染物排放限值及测量方法》（中国第Ⅴ阶段）

GB 18352.6—2016《轻型汽车污染物排放限值及测量方法》（中国第Ⅵ阶段）

（2）测试流程

国Ⅴ阶段轻型汽油车蒸发排放测试流程如图 1-3-1 所示。

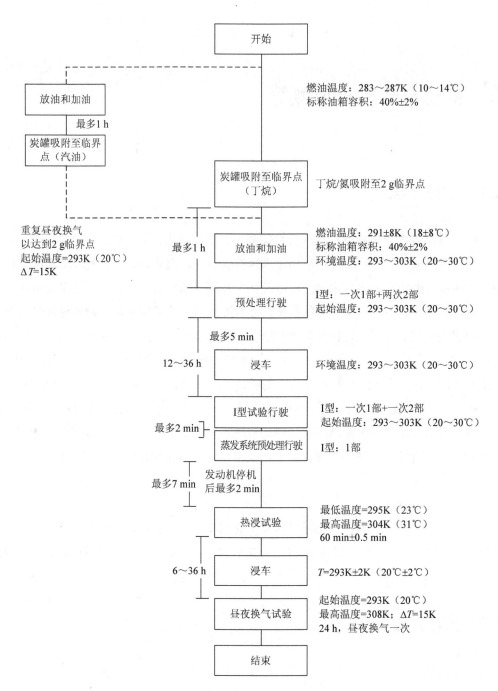

图 1-3-1　国Ⅴ阶段轻型汽油车蒸发排放测试流程

　　国Ⅵ阶段装备整体炭罐、非整体炭罐系统（NIRCO 除外）汽车的蒸发排放测试流程如图 1-3-2 所示。

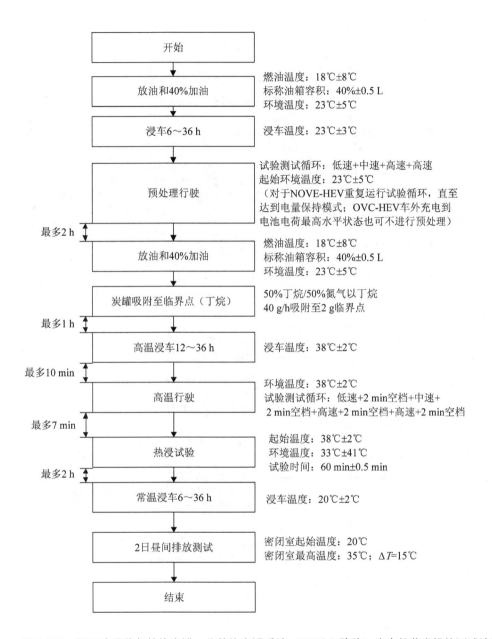

流程图内容：

- 开始
- 放油和40%加油　　燃油温度：18℃±8℃　标称油箱容积：40%±0.5 L　环境温度：23℃±5℃
- 浸车6～36 h　　浸车温度：23℃±3℃
- 预处理行驶　　试验测试循环：低速+中速+高速+高速　起始环境温度：23℃±5℃　（对于NOVE-HEV重复运行试验循环，直至达到电量保持模式；OVC-HEV车外充电到电池电荷最高水平状态也可不进行预处理）
- 最多2 h
- 放油和40%加油　　燃油温度：18℃±8℃　标称油箱容积：40%±0.5 L　环境温度：23℃±5℃
- 炭罐吸附至临界点（丁烷）　　50%丁烷/50%氮气以丁烷　40 g/h吸附至2 g临界点
- 最多1 h
- 高温浸车12～36 h　　浸车温度：38℃±2℃
- 最多10 min
- 高温行驶　　环境温度：38℃±2℃　试验测试循环：低速+2 min空档+中速+2 min空档+高速+2 min空档+高速+2 min空档
- 最多7 min
- 热浸试验　　起始温度：38℃±2℃　环境温度：33℃±41℃　试验时间：60 min±0.5 min
- 最多2 h
- 常温浸车6～36 h　　浸车温度：20℃±2℃
- 2日昼间排放测试　　密闭室起始温度：20℃　密闭室最高温度：35℃；$\Delta T=15$℃
- 结束

图 1-3-2　国Ⅵ阶段装备整体炭罐、非整体炭罐系统（NIRCO 除外）汽车的蒸发排放测试流程

国Ⅵ阶段装备非整体仅控制加油排放炭罐系统（NIRCO）汽车的蒸发排放测试流程如图 1-3-3 所示。

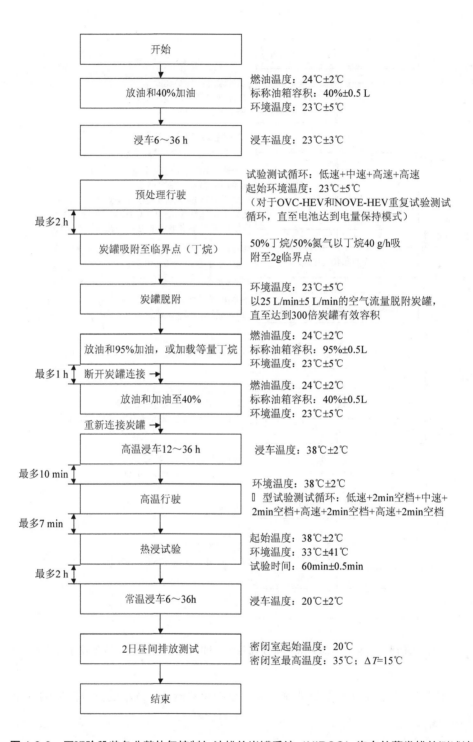

图 1-3-3 国VI阶段装备非整体仅控制加油排放炭罐系统（NIRCO）汽车的蒸发排放测试流程

（3）测试设备

蒸发污染物排放试验在轻型燃油蒸发密闭室（SHED）进行（图 1-3-4），该试验室配置 AVL 燃油蒸发密闭仓、独立式总碳氢分析仪、炭罐预处理系统以及加油系统，满足国 V、国VI试验要求，具体设备信息见表 1-3-1。

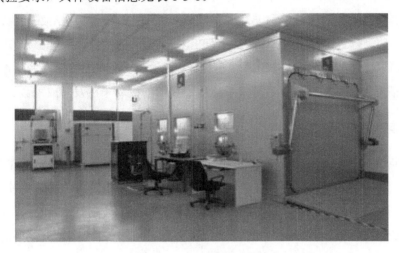

图 1-3-4　燃油蒸发密闭室

表 1-3-1　具体设备信息

序号	仪器设备名称	型号	生产厂
1	SHED 仓体	VT-SHED	AVL
2	FID 分析仪	FID 4000	Pierburg
3	炭罐预处理系统	CANLOAD	AVL
4	加油系统	MODEL90	Webber EMI
5	RVP 测试仪	SYD-8017A	上海昌吉
6	炭罐有效容积测试系统	F-T0-C	FMC Technologies

1.3.3　排放系数建立

机动车蒸发排放因子定义为单位时间内由于燃油蒸发产生的机动车污染物排放量，单位为 g/a。我国现阶段检测机构未引入蒸发排放运行损失测试密闭室（SHED），运行损失实测值无法获得；蒸发排放实验数据偏少，不足以支撑开发新的蒸发排放模型，因此，本研究拟基于国际模型，结合本地化参数，获取蒸发排放系数。

国际上通用的机动车蒸发排放评估方法为模型法。美国使用 MOVES 模型，欧洲普遍应用 COPERT 模型。我国现阶段检测机构未引入蒸发排放运行损失测试密闭室（SHED），运行损失、渗透、液体泄漏实测值无法获得。另据研究，COPERT 模型排放系数在我国车队中可应用程度较低，主要原因包括：①车队仅划分为化油器、燃油喷射两类车辆，且所有非化油器车辆热浸系数都为一个值；②将泄漏列入正常昼间排放行为，液体泄漏量会较大扰乱蒸发排放行为，应将泄漏和非泄漏车辆分别考虑；③车辆炭罐与发动机排量是否存在直接关系，应进行进一步研究；④使用 COPERT 模型评估蒸发排放时会导致蒸发排放量偏低。因此，本研究基于 MOVES2014 模型框架，结合部分实测数据，对我国温度、燃料、海拔等实际情况进行本地化修正，开发了适用于我国的机动车蒸发排放系数。

1.3.3.1　排放测试结果

　　试验包括标准蒸发试验和补充试验两部分。标准蒸发试验是对国Ⅲ、国Ⅳ、国Ⅴ的客车、出租车、货车进行的蒸发排放试验，包括热浸和昼夜污染物排放，试验过程对尾气排放进行采样，并对炭罐脱附流量进行测量评估。补充试验由补充蒸发试验和蒸发验证试验两块内容组成。蒸发试验共 28 次，其中标准蒸发试验 9 次，补充蒸发试验 19 次。样车从在用车市场通过租赁方式获取。燃料满足当前车用汽油标准要求。

　　标准蒸发试验结果如图 1-3-5 所示。

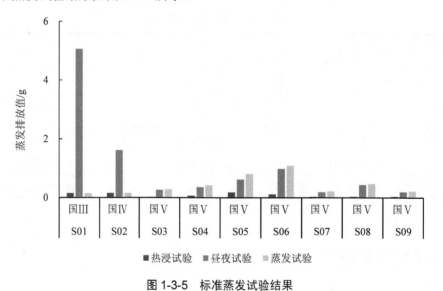

图 1-3-5　标准蒸发试验结果

　　补充蒸发试验结果如图 1-3-6 所示。

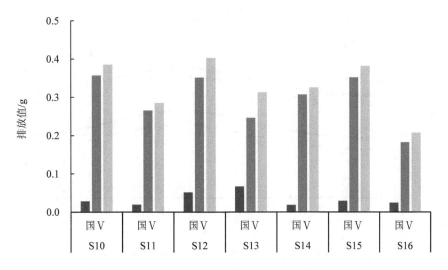

图 1-3-6　补充蒸发试验结果

1.3.3.2　排放系数建立

1.3.3.2.1　昼间损失

（1）环境温度曲线

昼间排放发生在一天内环境温度不断变化的车辆停放过程中。为了计算昼夜排放，需要知道白天的温度变化和停车分布。最小和最大环境温度之间的昼夜温度变化由下式给出。

$$T = T_{\min} + T_{\text{rise}} e^{-0.024\,7(t-14)^2}$$

其中：t 为时间；$T_{\min}$ 为每日最低温度，℃；$T_{\max}$ 为每日最高温度，℃；T_{rise} 为每日温度升高值，计算为 $T_{\max} - T_{\min}$，℃。

以全国为例，四个季节的环境温度变化见表 1-3-2。

表 1-3-2　我国四个季节的环境温度变化

	春季	夏季	秋季	冬季
天数/d	92	92	91	90
最低温度/℃	3	18	15	−1
最高温度/℃	13	28	25	8

全国不同季节昼间温度变化趋势如图 1-3-7 所示。

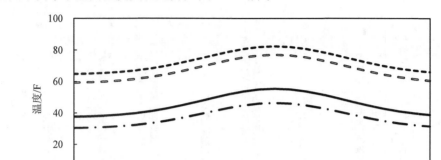

图 1-3-7　全国不同季节昼间环境温度变化趋势

（2）油箱温度

停放时机动车油箱温度采用以下等式计算。

$$(T_{\text{Tank}})_{n+1} = T_{\text{Tank}} + k(T_{\text{air}} - T_{\text{Tank}})\Delta t$$

式中：T_{Tank} 为机动车油箱温度，℃；T_{air} 为环境空气温度，℃；t 为时间，h；k 为温度常数，取 1.4 h^{-1}。假定停车过程中，油箱温度变化因素仅为油箱温度和环境温度之间的差异，由此可获取各季度 24 h 油箱温度数据，具体如图 1-3-8 所示。

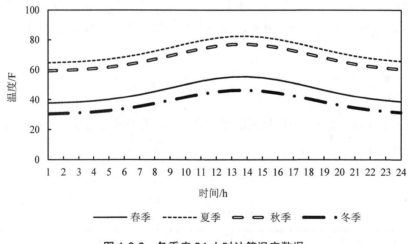

图 1-3-8　各季度 24 小时油箱温度数据

（3）油箱蒸发产生量

根据 Wade-Reddy 公式计算每小时油箱蒸汽产生量（TVG）。

$$TVG = Ae^{B \times RVP}(e^{CT_x} - e^{CT_1})$$

式中：T_1 为初始温度，℃；T_x 为时间 x 处的温度，℃；A、B、C 为经验常数，与海拔高度和乙醇汽油含量有关，具体见表 1-3-3。

表 1-3-3　油箱蒸发产生量经验常数

系数	E0 汽油		E10 汽油	
	海平面	丹佛（1 609 m）	海平面	丹佛（1 609 m）
A	0.008 17	0.005 18	0.008 75	0.006 65
B	0.235 7	0.264 9	0.205 6	0.222 8
C	0.040 9	0.046 1	0.043 0	0.047 4

（4）油箱蒸汽排放

油箱蒸汽排放（TVV）基于车队活动水平、反冲系数获取。根据国Ⅴ车队炭罐尺寸及击穿调研，炭罐通常在第 5 天发生击穿；8% 的车队会长时间停车，超过 5 天。据文献调研，对于连续停放时间小于 5 天的车队，炭罐没有发生击穿，约等于 0.524TVG；对于停放时间超过 5 天的车队，炭罐发生击穿，昼间排放可根据以下等式计算。

$$X_{n+1} = [(1 - 反冲系数) \times ACC] + TVG$$

式中：ACC 为平均炭罐工作能力，取 137.5 g；TVG 为油箱蒸汽产生量，g。根据 Wade-Reddy 公式计算获取。

（5）昼间损失排放因子

各省（区、市）环境温度信息来自各省统计年鉴。基于上述公式及各省环境温度参数，计算得到各省（区、市）机动车昼间损失排放因子，如图 1-3-9 所示。

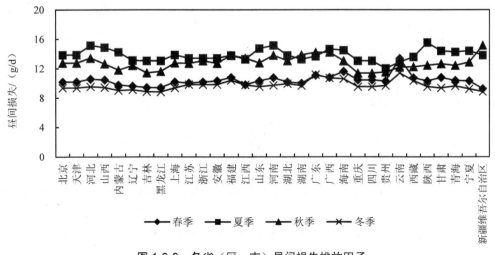

图 1-3-9　各省（区、市）昼间损失排放因子

1.3.3.2.2 热浸损失

我国年均行驶里程 12 000 km，假定平均速度 30 km/h，每日出行次数 3 次，结合文献调研及本地化排放测试结果，推导得出各阶段汽油车每日热浸排放，具体如图 1-3-10 所示。

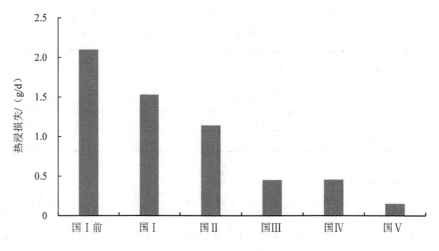

图 1-3-10 各阶段汽油车热浸损失排放因子

1.3.3.2.3 运行损失

受现阶段试验条件限制，运行损失排放因子采用 MOVES 模型数据。我国年均行驶里程 12 000 km，假定平均速度 30 km/h，每日出行次数 3 次，推导得到各阶段单车每日运行损失排放，具体如图 1-3-11 所示。

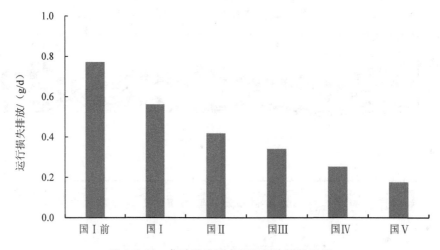

图 1-3-11 各阶段汽油车运行损失排放因子

1.3.3.2.4 渗透损失

受现阶段试验条件限制，此部分排放因子采用 MOVES 模型数据，每小时渗透量 0.1 g/h，单车每日渗透量 2.4 g。

1.3.3.2.5 液体泄漏损失

液体泄漏损失排放因子采用 MOVES 模型数据，具体见表 1-3-4。

表 1-3-4　各阶段汽油车液体泄漏排放因子

状态	液体泄漏排放系数/（g/h）
冷浸	9.85
热浸	19.0
运行	178

不同车龄汽油车液体泄漏概率见表 1-3-5。

表 1-3-5　不同车龄汽油车液体泄漏概率

车龄/年	概率/%
0～9	0.09
10～14	0.25
15～19	0.77
20+	2.38

将液体泄漏损失和泄漏率加权后得到液体泄漏排放系数，加权后汽油车液体泄漏排放因子如图 1-3-12 所示。

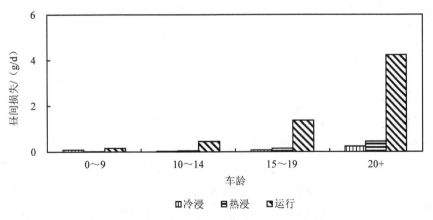

图 1-3-12　加权后汽油车液体泄漏排放因子

1.4 机动车排放清单模型

1.4.1 排放模型总体框架

机动车排放清单模型的总体架构如图 1-4-1 所示。

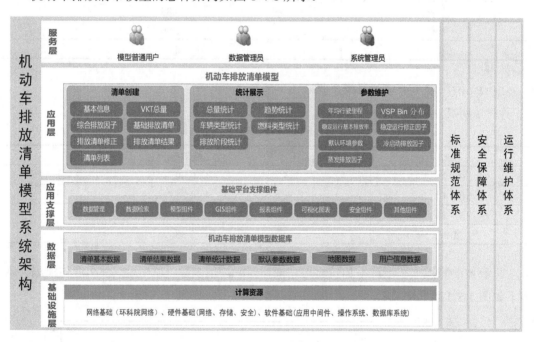

图 1-4-1 机动车排放清单模型的总体架构

（1）基础设施层：基础设施建设是承载本项目的基础，具体包括主机、存储、网络及安全等基础软硬件设施，为整个平台的运行提供基础保障。

（2）数据层：数据层是机动车排放清单模型的核心内容和基础，通过建设数据体系和数据管理、服务平台，统一管理机动车排放清单模型数据信息，为管理决策提供数据支持。

（3）应用支撑层：采用成熟技术，提供数据管理、数据检索、模型组件、GIS 组件、报表组件、安全组件等公共服务组件，为机动车排放清单模型的建设提供基础服务功能。

（4）应用层：机动车排放清单模型提供清单创建、统计展示、参数维护等应用功能。

（5）服务层：通过机动车排放清单模型的建设，面对模型普通用户、数据管理员、系统管理员提供服务。

（6）标准规范体系：贯彻落实统一标准规范，强化标准在本项目各个环节的基础支撑作用，规范当前和以后的机动车排放清单模型建设与管理工作。

（7）安全保障体系：制定安全策略和采取先进、科学、适用的安全技术，对本项目系统实施安全防护和监控，借助机房统一安全认证体系，能方便地建立一个完整的多层次的安全保障体系。

（8）运行维护体系：制订运行维护方案，规划运行维护服务体系，其中包括制度、组织、流程及技术服务平台组成，涉及制度、人、技术、对象四类因素。

1.4.2　排放模型技术路线

VKT 总量和综合排放因子是计算机动车排放量的核心参数。综合排放因子包括尾气综合排放因子以及蒸发综合排放因子。其中，基于随速度变化的排放因子和 VKT 分布生成基本排放因子，并开展劣化、冷启动、温度、湿度、海拔等参数修正，输出综合排放因子清单。将综合排放因子、VKT 总量相乘后计算得到机动车排放量。排放模型技术路线如图1-4-2 所示。

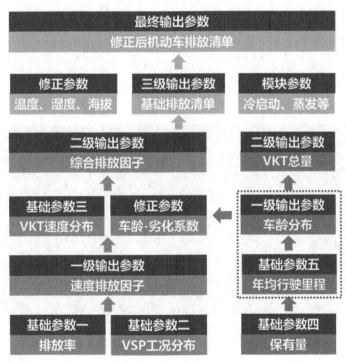

图 1-4-2　排放模型技术路线

1.4.3 排放模型参数

机动车排放清单模型参数包括如下内容。

- 基础输入参数 5 个：排放率数据，VSP 工况分布数据，VKT 速度分布数据，保有量数据，年均行驶里程数据。保有量数据及年均行驶里程数据需要工具使用者根据研究对象不同自行输入。

- 修正参数 2 个：基于车龄分布的劣化系数数据，基础排放清单的修正参数数据，包括温度修正数据、湿度修正数据以及海拔修正数据；后者需要工具使用者根据研究对象不同自行输入。

- 模块参数 1 个：在基础排放清单基础上，输入模块参数，以获得所需模块条件下的排放清单，模块参数包括冷启动参数、蒸发参数、刹车片参数等。

- 输出参数 6 个：

（1）一级输出参数 2 个：速度排放因子数据，车龄分布数据。

（2）二级输出参数 2 个：综合排放因子数据，VKT 总量数据。

（3）三级输出参数 1 个：基础排放清单。

（4）最终输出参数 1 个：修正后机动车排放清单。

1.4.4 排放模型展示

（1）功能入口

功能入口如图 1-4-3 所法。

图 1-4-3　功能入口

（2）清单创建-清单创建

清单创建-清单创建如图 1-4-4 所示。

（a）

（b）

（c）

（d）

（e）

（f）

图 1-4-4　清单创建-清单创建

（3）清单创建-清单列表

清单创建-清单列表如图 1-4-5 所示。

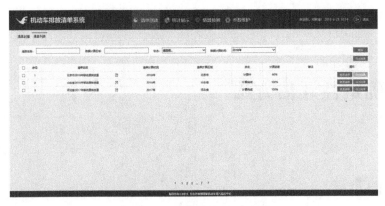

图 1-4-5　清单创建-清单列表

（4）统计展示-总量统计

统计展示-总量统计如图 1-4-6 所示。

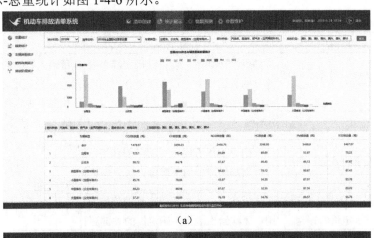

（a）

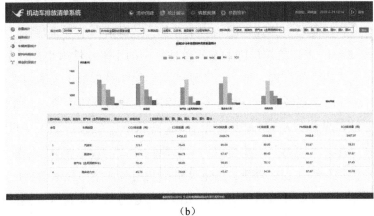

（b）

图 1-4-6　统计展示-总量统计

1.5 不确定性评估方法

1.5.1 评估方法

排放清单不确定性评估方法有定性评估、半定量评估和定量评估 3 种，各类评估方法及其优缺点见表 1-5-1。

表 1-5-1 各类评估方法及其优缺点

	定性评估	半定量评估	定量评估
概念	主观感性评价排放清单的不确定性	可提供一个数值，以帮助确定清单各部分的置信度，通过数学操作得出明确的清单结果	获得输入数据的概率分布特征；将输入数据的不确定性递推到清单的不确定性
例子	Steiner 等	DARS	TRACE-P 清单不确定性评估
优点	不要求大量的基础数据	可快速评估代表因子对清单的作用；可有效描述清单的不确定性	清晰描述清单的可变性估算和不确定性估算；识别清单不确定性的关键源
缺点	主观性强；不能对不确定性给出一个定量的评判	无法描述一个清单不确定性的值域范围；无法给出清单不确定性的关键源	需要大量的概率分布表征数据

其中，定性分析法是通过描述性的语言来评价排放源清单的不确定性，如使用数据质量评价方法，按 A～E 来评价排放因子和清单估算中的不确定性大小，其中 A 代表较小的不确定性，E 代表极大的不确定性，该方法的主要缺陷是依据个人的主观判断来评定级别。半定量的方法使用主观判断打分的方式来识别排放源清单的置信度。如 EPA 开发了一种半定量分析方法，即 DARS（data attribute rating system），它把排放因子和活性因子数据质量分数结合在一起，从而得到一个排放清单总质量分数，其优点是能够针对排放源清单的不确定性大小提供一个快速的评价。定量分析指利用统计学中概率分析的方法而展开的对排放源清单的不确定性量化分析的方法，如误差传递方法、蒙特卡罗模拟等。

排放清单不确定性定量评估包括两个关键部分：一是确定输入数据（基本排放单元活动水平数据和排放因子数据）的概率密度分布函数；二是应用各种数学方法，将众多输入信息的不确定度传递演算至清单的不确定度。

1.5.2　保有量不确定性评估

保有量通过结合数据质量评价方法和定量方法评估，具体见表 1-5-2。

表 1-5-2　保有量不确定性评估方法

级别	获取方法	评判依据	不确定性范围
A	来源于统计数据	—	±15%
B	来源于权威机构汇总数据	—	±30%
C	分配系数分配统计数据 依据其他统计信息，利用转化系数估算获取	分配系数可靠性高 1）依据的统计信息相关度高 2）转化系数可靠度高 3）估算结果得到了验证	±50%
D	分配系数分配统计数据 依据其他统计信息，利用转化系数估算获取	分配系数可靠性低 1）依据的统计信息相关度高 2）转化系数可靠度高 3）估算结果得到验证	±80%
E	依据其他统计信息，利用转化系数估算获取	1）依据的统计信息相关度高 2）转化系数可靠度低 3）估算结果未得到验证	±100%
F	依据其他统计信息，利用转化系数估算获取	1）依据的统计信息相关度高 2）转化系数可靠度低	±150%

1.5.3　年均行驶里程不确定性评估

年均行驶里程通过结合数据质量评价方法和定量方法评估，具体见表 1-5-3。

表 1-5-3　年均行驶里程不确定性评估方法

级别	获取方法	评判依据	不确定性范围
A	来源于实际调查，可代表该类源	样本量大 代表性高	±30%
B	来源于实际调查，可代表该类源	样本量足够大 代表性较高	±50%
C	来源于实际调查	样本量小 代表性低	±80%
D	来源于文献调研，可代表该类源		±100%
E	来源于文献调研，可代表该类源		±150%
F	来源于文献调研，参考相近源		±300%

本书中年均行驶里程数据来源于调查数据，样本量充足，代表性高，不确定性范围约为±30%。

1.5.4　排放因子不确定性评估

排放因子通过结合数据质量评价方法和定量方法评估，具体见表1-5-4。

表1-5-4　排放因子不确定性评估方法

级别	获取方法	评判依据	不确定性范围
A	现场测试	1）行业差异不大 2）测试对象可代表我国该类源平均水平 3）测试次数>10次	±30%
B	现场测试	1）行业差异不大 2）测试对象可代表我国该类源平均水平 3）测试次数3~10次	±50%
	公式计算	1）行业差异不大 2）经验公式得到广泛认可 3）公式内参数准确性和代表性高	
C	现场测试	1）行业差异大 2）测试对象可代表我国该类源平均水平 3）测试次数>3次	±80%
	公式计算	1）行业差异不大 2）经验公式得到广泛认可 3）公式内参数准确性和代表性高	
D	法规限值 现场测试	法规实施效果好 1）行业差异大 2）测试对象不能代表我国该类源平均水平	±150%
	公式计算	1）行业差异大 2）经验公式得到广泛认可 3）公式内参数取自国外参考文献	
E	法规限值 其他	法规实施效果差 无排放因子，参考相近活动部门的排放因子	±300%

本书中排放因子数据来源于实际测试，测试样本充足，基本可代表相关车型的排放水平，不确定性范围约为±30%。

1.5.5　排放量不确定性评估

将众多输入信息的不确定性传递至排放量结果的不确定性方法主要包括：误差传递方法、蒙特卡罗模拟等评价方法。其中，误差传递方法要求输入信息概率密度函数为正态分布，且相对标准偏差＜30%；蒙特卡罗模拟法没有使用限制条件，基本原理为在各输入数据的个体概率密度函数上选择随机值，计算相应的输出值，重复定义次数，每次计算结果构成了输出值的概率密度函数，当输出值的平均值不再变化时，结束重复计算，得到排放清单的不确定度。

1.6　参考文献

[1]　于淼，朱仁杰，金文杰. MOVES2014a 模拟机动车排放因子的影响因素分析[J]. 辽宁科技大学学报，2018，41（5）：395-399.

[2]　谢荣富，陈振斌，邓小康，等. 基于 MOVES2014a 的海口市机动车污染物排放特征及分担率研究[J]. 海南大学学报，2017，35（3）：282-288.

[3]　刘强. 基于 MOVES 的西安市出租车污染物排放分析[J]. 环境监测管理与技术，2015，27（2）：57-59.

[4]　郝艳召，邓顺熙，邱兆文，等. 基于 MOVES 模型的西安市机动车排放清单研究[J]. 环境污染与防治，2017，39（3）：227-232.

[5]　刘明月，吴琳，张静，等. 天津市机动车尾气排放因子研究[J]. 环境科学学报，2018，38（4）：1377-1383.

[6]　宋翔宇，谢邵东. 中国机动车排放清单的建立[J]. 环境科学，2006，27（6）：1041-1045.

[7]　宋宁，张凯山，李媛，等. 不同城市机动车尾气排放比较及数据可分享性评价[J]. 环境科学学报，2011，31（12）：2774-2782.

[8]　王海鲲，陈长虹，黄成，等. 应用 IVE 模型计算上海市机动车污染物排放[J]. 环境科学学报，2015，26（1）：1-9.

[9]　杜常清，王琪琪，颜伏伍，等. 基于实际道路排放的武汉市重型车排放模型构建[J]. 数字制造科学. 2018，16（2）：88-93.

[10]　GA 802—2008 机动车类型 术语和定义[S].

[11]　GB 18352—2001 轻型汽车污染物排放限值及测量方法（中国Ⅰ、Ⅱ阶段）[S].

[12]　GB 18352.3—2005 轻型汽车污染物排放限值及测量方法（中国Ⅲ、Ⅳ阶段）[S].

[13]　GB 18352.5—2013 轻型汽车污染物排放限值及测量方法（中国第五阶段）[S].

[14]　GB 17691—2001 车用压燃式发动机排气污染物排放限值及测量方法[S].

[15]　GB 17691—2005 车用压燃式、气体燃料点燃式发动机与汽车排气污染物排放限值及测量方法（中国Ⅲ、Ⅳ、Ⅴ阶段）[S].

[16]　GB 14762—2002 车用点燃式发动机及装用点燃式发动机汽车排气污染物排放限值及测量方法[S].

[17]　GB14762—2008 重型车用汽油发动机与汽车排气污染物排放限值及测量方法（中国Ⅲ、Ⅳ阶段）.

[18]　GB 19756—2005 三轮汽车和低速货车用柴油机排气污染物排放限值及测量方法（中国Ⅰ、Ⅱ阶段）[S].

[19]　GB 14622—2002 摩托车排气污染物排放限值及测量方法（工况法）[S].

[20]　GB 18176—2002 轻便摩托车排气污染物排放限值及测量方法（工况法）[S].

[21]　GB 14622—2007 摩托车污染物排放限值及测量方法（工况法，中国Ⅲ阶段）[S].

[22]　GB 18176—2007 轻便摩托车污染物排放限值及测量方法（工况法，中国Ⅲ阶段）[S].

[23]　刘希玲，丁焰. 我国城市汽车行驶工况调查研究[J]. 环境科学研究，2000，13（1）：23-27.

[24]　周泽兴，袁盈，尾田晃一，等. 北京市汽车行驶工况和污染物排放系数调查研究[J]. 环境科学学报，2000，20（1）：48-54.

[25]　蔡晓林. 天津市道路行驶工况和道路排放因子的研究[D]. 天津：天津大学，2002.

[26]　杨延相. 天津市道路汽车行驶工况的研究[A]//贵阳内燃机年会会议论文[C]. 2001，10：421-429.

[27]　Ohno H. Analysis and modeling of human driving behaviors using adaptive cruise control[J]. Applied Soft Computing，2001，1：237-243.

[28]　胡京南，郝吉明，傅立新，等. 机动车排放车载实验及模型模拟研究[J]. 环境科学，2004，25（3）：19-24.

[29]　陈长虹，景启国，王海鲲，等. 重型机动车实际排放特性与影响因素的实测研究[J]. 环境科学学报，2001，25（7）：870-878.

[30]　姚志良. 基于车载测试技术（PEMS）的柴油机动车排放特征研究[D]. 北京：清华大学，2008.

[31]　许建昌，李孟良，徐达. 车载排放测试技术的研究综述[J].天津汽车，2006，3：30-33.

[32]　秦孔建，李孟良，高继东，等. 天津市在用车辆排放车载测试试验研究[J]. 汽车工程，2007.

[33]　USEPA. EPA's new generation Mobile Source Emission Model：Initial Proposal and Issues[R]. EPA420-R-01-007，2001.

[34]　COPERT 90. CORINAIR working group on emission factors for calculating 1990 emissions from road transport，Vol.1. Methodology and emission factors[R]. Commission of the European Communities，Brussels，Belgium，1993，1：116.

[35]　Ahlvik P，Eggleston S，Gorissen N，et al. COPERTII methodology and emission factors. Technical Report No.6，ETC/AEM[R]. European Environment Agency.

[36]　Andre M，Pronello C. Speed and acceleration impact on pollutant emissions[J]. SAE Technical Papers Series 961113. International Spring Fuels & Lubricants Meting Dearborn，Michigan，USA，1996.

[37]　Andre M and Pronello C. Relative influence of acceleration and speed on emission under actual driving conditions[J]. International Journal of Vehicle Design，1997，18（3/4）（Special Issue）：340-353.

[38]　EPA（U.S. Environmental Protection Agency）. Description of the MOBILE highway vehicle emissions factor model. Office of Mobile Sources[R]. Anne Arbor，MI. Available：http：//www.epa.gov/oms/models/mdlsmry.txt，1999.

[39]　EPA（Environmental Protection Agency，USA）. A series of MOBILE6technical reports and user's guide[R]，Office of Mobile Sources，Office of Air and Radiation. Ann Arbor，MI.，1999.

[40]　CARB（California Air Resources Board）. Derivation of emission and correction factors for EMFAC7G

（MVEI7G）[R]. California Air Resources Board，Mobile Source Control Division，El Monte，CA.，1996a.

[41] CARB（California Air Resources Board）. Methodology for Estimating emissions from On-road Motor Vehicles[R]. Technical Support Division，Mobile Source Inventory Branch，in seven volumes. October-November，1996b.

[42] NCHRP（National Coordinate Highway Research Council）. Development of a Comprehensive Modal Emissions Model. National Cooperative Highway Research Program，Report 25-11[J]. Washington，DC：Transportation Research Board，2001.

[43] Barth M，An F. Comprehensive Modal Emissions Model（CMEM）Version 2.0：User's Guide[R]，1999 IVE Model Users Manual Version 1.0.3[R]，USEPA，2004.

[44] Andre M. The ARTEMIS European driving cycles for measuring car pollutant emission[J]. Science of the Total Environment，2004，334-335：73-84.

[45] 傅立新，郝吉明，何东全，等. 北京市机动车污染物排放特征[J]. 环境科学，2000，21（3）：68-70.

[46] 霍红，贺克斌，王歧东. 机动车污染排放模型研究综述[J]. 环境污染与防治，2006，28（7）：27-30.

[47] 王岐东，丁焰. 中国机动车排放模型的研究与展望[J]. 环境科学研究，2002，15（6）：52-55.

[48] 何春玉，王歧东. 运用 CMEM 模型计算北京市机动车排放因子[J]. 环境科学研究，2006，19（1）：109-112.

[49] 魏巍，王书肖，郝吉明. 中国人为源 VOC 排放清单不确定研究[J]. 环境科学，2011，32（2）：305-311.

[50] 钟流举，郑君渝，雷国强. 大气污染物排放清单不确定定量分析方法及案例研究[J]. 环境科学研究，2007，20（4）：15-19.

[51] 李楠. 广东省 2012 年大气排放源清单定量不确定及校核研究[D]. 广东：华南理工大学，2017.

[52] 薛亦峰，闫静，宋光武，等. 大气污染物排放清单的建立及不确定性[J]. 城市环境与城市生态，2012，25（2）：31-33.

第 2 部分

非道路机械大气污染物排放量测算方法

2.1　概述

2.1.1　研究背景

2.1.1.1　现状分析

2013 年我国实施《大气污染防治行动计划》以来，全国环境空气质量虽然有明显改善，但空气污染问题仍很突出。《2018 中国生态环境状况公报》显示，空气质量稳步改善，全国 338 个地级及以上城市 $PM_{2.5}$ 浓度同比下降 9.3%，平均优良天数比例同比上升 1.3 个百分点，但是全国范围仍有 217 个城市环境空气质量超标，占 64.2%，其中颗粒物超标严重，在经济发达地区臭氧的超标甚至超过颗粒物。根据各地大气颗粒物来源解析结果，移动源已经成为空气污染的重要来源。特别是北京和上海等特大型城市以及东部人口密集区，移动源对 $PM_{2.5}$ 浓度的贡献高达 10%～50%。

随着我国经济建设的快速发展，我国移动源的保有量将持续增加，截至 2017 年年底，全国工程机械的保有量超过 720 万台，农业机械的保有量超过 4 000 万台。近年来我国在基础建设及地产领域的投资不断增加，导致工程机械的需求持续处于较高水平。同时我国在不断推行农业现代化，2018 年发布的《国务院关于加快推进农业机械化和农机装备产业转型升级的指导意见》提出要推动农业机械化向全程全面高质高效升级，并通过持续多年的农机购置补贴在不断促进农业机械化，农业机械保有量持续增长。由此带来的工程机械和农业机械排放量将会继续增加。虽然我国非道路移动源和机动车的主要污染物 $PM_{2.5}$ 和 NO_x 排放量相当，但是我国针对非道路移动源的环境监管起步远远晚于机动车，对于工程机械和农业机械的环境监管也才刚起步，基础研究还很薄弱，特别是排放因子和排放系数的计算方法及数据的代表性还存在很多不足，排放清单还不完善，给精细化管控措施的出台带来了很大不便。因此，为了提高大气污染控制政策的针对性，需要加强非道路机械排放因子的测量方法及排放系数准确性的研究，需要更科学、准确的排放清单。

2.1.1.2　非道路机械保有量及排放情况

根据《中国机动车环境管理年报 2018》统计，2017 年，非道路移动源排放 SO_2 90.9

万 t、HC 77.9 万 t、NO$_x$ 573.5 万 t、PM 48.5 万 t。其中，PM 和 NO$_x$ 排放量接近机动车排放，如图 2-1-1 和图 2-1-2 所示。污染物排放量较大的非道路移动源为农业机械、工程机械、船舶等，其中农业机械及工程机械属于非道路移动机械。根据《非道路移动机械用柴油机排气污染物排放限值及测量方法（中国第三、四阶段）》（GB 20891—2014）标准，非道路移动机械包括工程机械（包括装载机，推土机，压路机，沥青摊铺机，非公路用卡车，挖掘机、叉车等）；农业机械（包括大型拖拉机、联合收割机等）；林业机械；材料装卸机械；雪犁装备、机场地勤设备、空气压缩机、发电机组、渔业机械（增氧机、池塘挖掘机等）、水泵、工业钻探设备等。根据移动源保有量变化趋势预测，未来 5 年我国还将新增工程机械 160 多万台、农业机械柴油总动力超 1.5 亿 kW，由此带来的大气环境压力巨大。

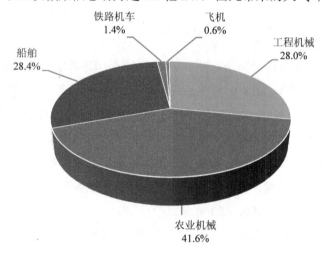

图 2-1-1　非道路移动源 PM 排放量构成

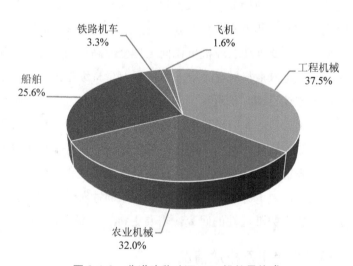

图 2-1-2　非道路移动源 NO$_x$ 排放量构成

进入 21 世纪，我国社会固定资产的投资规模不断扩大，工程机械行业一度飞快发展，2013 年投资速度有所放缓，工程机械行业出现一定程度的调整，市场销售连续 5 年逐级下行。2016 年下半年开始，市场展现出复苏迹象，产销量均大幅度增加，2005—2018 年各类主要工程机械的年销量变化如图 2-1-3 所示。

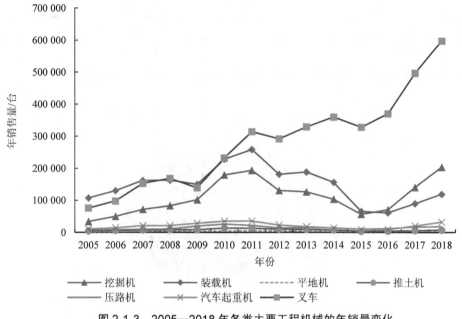

图 2-1-3　2005—2018 年各类主要工程机械的年销量变化

根据中国工程机械协会的数据统计，截至 2017 年年底，中国工程机械主要产品保有量为 690 万～747 万台，主要产品有 13 类。根据保有量大小，工程机械包含的产品依次有叉车、液压挖掘机、装载机、塔式起重机、混凝土搅拌输送车、轮式起重机、压路机、推土机、混凝土泵车、混凝土搅拌站、混凝土泵、平地机、摊铺机，具体保有量数据见表 2-1-1。

表 2-1-1　截至 2017 年年底工程机械主要产品保有量　　　　　单位：万台

工程机械品种	保有量
液压挖掘机	155.7～168.6
73.5 kW（100 马力）以上推土机	6.57～7.12
装载机	149～161.4
平地机	2.36～2.55
摊铺机	2.12～2.30
压路机	13.3～14.4
轮式起重机	21.0～22.8
塔式起重机	39.4～42.7

工程机械品种	保有量
叉车	244.6～265.0
混凝土搅拌输送车	37.8～40.9
混凝土泵车	6.23～6.76
混凝土泵	5.58～6.05
混凝土搅拌站	5.99～6.57
合计	690～747

根据工程机械的类型，不同工程机械保有量占比情况如图 2-1-4 所示。

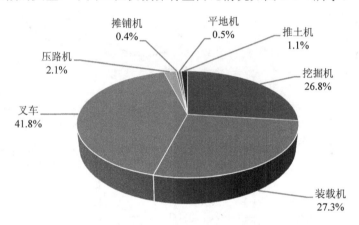

图 2-1-4　按工程机械类型划分的工程机械保有量占比情况

农业机械涉及面广泛，是种植业、畜牧业、林业和渔业等生产应用过程中动力机械和作业机械的总称。农业机械包括农用动力机械、农田建设机械、土壤耕作机械、种植和施肥机械、植物保护机械、农田排灌机械、作物收获机械、农产品加工机械、畜牧业机械和农业运输机械等。广义的农业机械还包括林业机械、渔业机械和蚕桑、养蜂、食用菌类培植等农村副业机械。

根据国家统计局的统计分类，农业机械分为拖拉机、联合收割机、畜牧机械等 12 个子类，每种类型又分为不同的小类别，拖拉机、联合收割机是农业机械中功率分布最大的两类农用机械。根据农业机械协会统计，农机产品有 4 000 多种。近 10 年我国主要农业机械产品销量情况如图 2-1-5 所示。农业机械是发展现代农业的重要物质基础，对于提高农业劳动生产率、促进粮食生产、增强农产品供给保障能力起到重要的装备支持作用。我国农业机械产业受益于农业发展、政策鼓励、财税优惠等多个方面的扶持，产业规模不断扩大，主要总量指标已经位于世界前列，成为世界农机制造大国。我国农业生产以小规模经营为主，特别是目前南方地区受土地资源条件的限制，土地经营规模相对较小，中小型农机具仍具有较大需求，未来农业机械行业结构将趋优化，大中型拖拉机、高性能机具及关键薄弱环节机具的占比将持续提升。

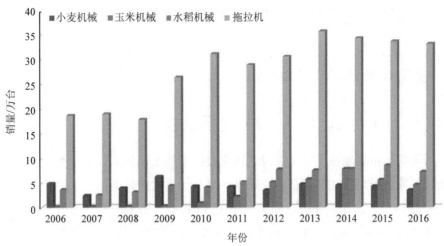

图 2-1-5 近 10 年我国主要农业机械产品销量情况

近年来随着土地流转进程加快、农村大力推行规模化生产，加之农民进城务工致农村劳动力缺少，农作物机械化生产水平不断提升。初步统计，2017 年全国农作物耕种收综合机械化率相比 2016 年提高 1%，达到 66% 以上。全国农机总动力接近 10 亿 kW，其中大中型拖拉机总动力 21 057.6 万 kW，占 28.1%；小型拖拉机 16 349.4 万 kW，占 20.9%；联合收割机 9 831.9 kW，占 13.5%；柴油排灌机械 6 864.7 万 kW，占 8.9%；渔船 1 827.1 万 kW，占 2.4%；其他机械 19 289.6 万 kW，占 26.2%。按机械类型划分的农业机械柴油总动力构成如图 2-1-6 所示。

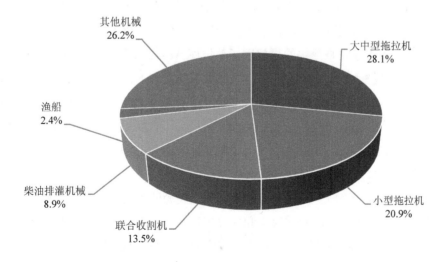

图 2-1-6 按机械类型划分的农业机械柴油总动力构成

2.1.2 国内外非道路移动机械排放清单模型

2.1.2.1 美国 NONROAD 清单介绍

2.1.2.1.1 非道路移动源排放清单计算模型发展历程

大气污染物清单编制在国外主要发达国家已经形成明确体系，从分类、数据收集计算方法、质量保证到控制方法等都有相应记录，最有代表性的是美国大气污染源排放清单。1986 年，美国应《紧急计划和公众知情权法（EPCRA）》要求在世界上第一个颁布了《有毒化学物质排放清单》（*Toxics Release Inventory*）。这个清单创立了一个"公众为主体的最低与最小"的管制机制，最大的公众注意力集中在最少数的、最糟糕的污染者身上，即政府促使企业向公众提供易获取、易理解的信息，让企业"自动地"遵守环境法规。这个制度重点放在环境信息公开上，它要求公开全美所有工厂的有毒物排放情况，根据这些信息建立了数据库，公众就可以从中查询全国各工厂的有毒物排放信息。1993 年，EPA 制订了排放清单改进计划（emission inventory improvement program，EIIP），在此框架下统筹各级排放清单的编制工作，建立起了全国性的大气污染物排放清单，编制了大气污染物排放因子数据库 AP-42，并且每年都进行完善和更新，涵盖了越来越多的排放源类型。目前清单已发展到 NEI2011（National Emission Inventory 2011），包括 8 种标准污染物，分别是 CO、NO_x、SO_2、$PM_{2.5}$、PM_{10}、NH_3、VOCs 及 Pb，以及 187 种有毒污染物（hazardous air pollutants）。

此外，AP-42 还将排放因子按其可靠性、准确性程度划分为 A、B、C、D、E 五级。美国在国家排放清单的编制过程中，使用了基于源分类编码（SCC）的源分类体系。

EPA 发展了一套比较完整翔实的排放因子数据库 AP-42，定义了 EPA 确定的需要优先考虑的污染物，其中包括温室气体、臭氧前驱物种 VOCs 和 NO_x，并要求其他一些基本污染物，如硫氧化物、颗粒物以及 CO 也应在清单中分别列出。对于温室气体的排放清单则需要考虑二氧化碳、甲烷、一氧化二氮以及含氯氟烃、不含氯原子的氢氟烃类和 C8 类全氟碳化合物等臭氧前驱物。对于有害空气污染物清单，要求估算《清洁空气法》（CAA）中列出的 189 种有害大气污染物（HAPs）。

EPA 将污染源分成了点源、面源、行驶源、非行驶源四大类，分别研究制定了每类污染源所排放的不同污染物具体的数据收集和估算方法，并且形成了相应的技术指南。技术指南非常详细，普通工作人员通过参照指南所规定的方法与步骤，即可核算出不同类别污染源的排放量。

美国大气污染物排放清单的编制具有如下几方面特点：一是过程规范：数据的收集、

审核、上报以及发布过程都有相应的技术规则和指南来规范。EPA 制定了专门的数据整合规则、数据审核和质量保证程序与技术导则，规范数据处理和审核过程，控制原始以及结果数据的质量。在数据上报和审核过程中，EPA 和各地方环保局一起严格控制数据质量，通过层层把关、反复审核，确保最终上报的数据能够真实反映污染源的排放情况。二是调查方式灵活：环境数据的收集不仅包括在线监测和问卷调查，还注意从企业排污许可、日常监督、其他企业推导数据以及模型计算中获得。编制排放清单的数据主要来源于国家和地方环保部门，以及一些公开的数据，包括最大可获得控制技术（MACT）项目数据库、有毒污染物排放清单数据库、企业统计调查等。三是强大的技术支持：不同于社会人口、经济等统计数据，环境数据要通过监测以及相关系数估算等方法获得，因此污染物指标数据填报需要一系列的技术方法支持。为此，美国《排放清单技术指南》针对点源、面源以及移动源都设有相应的问卷对不同来源、不同行业和不同污染物排放系数以及数据质量保证方面进行了详细的描述，同时设立庞大的技术小组，不断对排放系数进行更新和修正。四是充分利用信息技术：环境数据的上报、审核和交换都是通过特定的软件与特定的网络进行，大大增加了数据传输和处理的时效，加强了资源节约和数据共享。最终排放清单结果通过帮助文件、描述文件、规定电子格式的数据文件形式公布，其中规定电子格式的数据文件包括全国范围内独立的点源、面源以及移动源数据文件，以及以上数据源的汇总数据。

EPA 每 3 年发布一次 NEI 数据。目前，NEI 中包含城市层面大气污染物排放数据、企业层面大气污染物排放数据以及危险大气污染物排放数据。数据库通过多种方式进行发布，以方便使用者，其中各种相关网站是其主要渠道，例如，包括 NEI 的 FTP 网站、EPA 的 Air DATA 窗口等。

美国针对活动水平信息的获取和处理过程使用了标准化的处理流程，给国家排放清单制定了标准的输入格式（NIF），为国家排放清单在空间和时间尺度上的一致性提供了基础。在标准化的活动水平处理流程中，美国开发了一系列软件工具和数据库工具进行数据的收集与处理。

基于排放清单改进计划的框架，美国建立了统一的排放清单编制方法以及一系列排放清单模型工具，并先后编制了 1990 年及 1996—2002 年的国家排放清单（NEI）。另外，EPA 还对区域及局地尺度的排放清单编制方法进行了规范，以满足区域和局地空气质量控制的要求，并要求对这些排放清单每 3 年更新一次。

针对臭氧、PM$_{2.5}$ 以及区域雾霾等区域型空气污染问题，EPA 对各区域环保署提出了制定以 2002 年为基准年的区域排放清单。在这个排放清单以及国家排放清单的基础上，通过一系列情境预测与空气质量模拟，EPA 于 2005 年 3 月发布了"清洁空气州际法规"（CAIR）。

自 20 世纪 70 年代发布第一版本后，美国非道路移动源排放系数一直没有更新，现在已被非道路排放清单模型（NONROAD 模型）取代。该模型覆盖农用拖拉机、家用或商用割草机、清理树叶和积雪的风机、铲车、清扫车等工业机械所有非道路移动设备的排放量计算。NONROAD 模型提供了各种机械的实际排放因子、年保有量、活动水平和使用状况调查等数据，可用于计算当年美国全境以及各州的非道路移动源排放量，也能计算 1970—2050 年的非道路移动源的排放。由于非道路机械种类繁多、结构复杂，加之排放测试难度较大，国内外对其排放模型研究相对比较困难。

EPA 的非道路源排放清单模型首次发布是在 1998 年 6 月，之后几年又对模型进行多次改进。目前最新版本为 NONROAD 2 008 a Model。NONROAD 模型给出了基于不同类型的发动机、燃料性质、排放控制阶段的基本排放因子，提供各种机械活动水平和使用状况调查数据，并且考虑了各种相关因素及环境条件对排放的影响。

2.1.2.1.2 非道路移动源机械分类

根据用途的不同，NONROAD 模型将陆上非道路移动源机械分为九大类，见表 2-1-2。

表 2-1-2 NONROAD 模型中按用途分类的非道路移动源机械类型

序　号	类　　　型
1	越野摩托车和全地面越野车等娱乐车辆
2	家用或商用割草机，清理树叶和积雪的风机
3	娱乐或商用的海上游艇、摩托艇和油轮
4	油锯等测井仪器
5	铲车、清扫车等工业机械
6	农用拖拉机
7	筛选机和挖掘机等工程机械
8	火车发动机等内燃机
9	喷气式和螺旋桨飞机

根据燃料类型和发动机功率，NONROAD 模型对非道路移动源机械的分类见表 2-1-3。

表 2-1-3 NONROAD 模型中按燃料类型和发动机功率分类的非道路移动源机械类型

功率（马力）	柴油发动机	2 冲程汽油机	4 冲程汽油机
HP1	≤16	≤3	≤6
HP2	17～25	3～16	6～16
HP3	26～50	17～25	17～25
HP4	51～100	26～50	26～50

功率（马力）	柴油发动机	2 冲程汽油机	4 冲程汽油机
HP5	101～175	51～100	51～100
HP6	176～300	101～175	101～175
HP7	301～600	176～300	176～300
HP8	601～750	301～600	301～600
HP9	>751	601～750	601～750
HP10	—	>751	>751

2.1.2.1.3　排放量计算方法

NONROAD 模型中各污染物排放量的计算方法如下式。

$$Q = EF_{adj} \times Pop \times Power \times LF \times A$$

式中：Q 为排放量，g/d、g/a；EF_{adj} 为综合排放因子，g/hp·h；Pop 为设备保有量；$Power$ 为平均额定功率，hp；LF 为负荷因子，即在运行过程中额定功率的平均比例；A 为设备活动水平，h/a。

2.1.2.1.4　排放因子计算方法

CO、HC、NO_x 的综合排放因子计算方法如下式。

$$EF_{adj} = EF_{ss} \times TAF \times DF \times TCF$$

式中：EF_{ss} 为零使用小时排放水平，它是由实验室或生产厂家给出的新的发动机在几个一般的常用的工作循环下的排放因子，g/hp·h；TAF 为瞬态工况修正系数，表示瞬态工况排放因子和稳态工况排放因子的比值；DF 为劣化系数，即排放增加量与刚开始排放量的比值；TCF 为温度修正系数。

PM 的综合排放因子计算方法如下式。

$$EF_{adj} = EF_{ss} \times TAF \times (DF - SPM_{adj})$$

式中：SPM_{adj} 为柴油中硫含量修正系数。

燃料消耗率计算方法如下式。

$$BSFC_{adj} = BSFC_{ss} \times TAF$$

式中：$BSFC_{adj}$ 为综合燃料消耗率，g/hp·h；$BSFC_{ss}$ 为零使用小时，稳态工况下的有效燃料消耗率，g/hp·h。

CO_2 的综合排放因子计算方法如下式。

$$EF_{adj} = (BSFC_{adj} - EFHC) \times 0.87 \times 3.667$$

式中：$EFHC$ 为 HC 的综合排放因子，g/hp·h。

SO_2 的综合排放因子计算方法如下式：

$$EF_{adj} =[BSFC_{adj} \times （1 - soxcnv）- EFHC]\times0.01\times soxdsl\times2$$

式中：soxcnv 为 PM 中硫与燃料中硫的比值；soxdsl 为实际燃料硫的质量百分比

NONROAD 模型可以估算当年某指定区域的排放量，同时也可以计算 1970—2050 年历年的非道路移动源的排放清单。为了能够计算这些量，模型又引入了 3 个变量：①设备年均增长率（the annual population growth rate）。②设备中间寿命值（the equipment median life）表示超过 50%设备报废所用的时间。③相关劣化率（the relative deterioration rate）。该模型也可以计算不同时间段污染物的排放量：一年、任意一个季节或任意一个月，也可以计算一段时间或某一典型日的排放量。

2.1.2.2　欧盟非道路移动机械排放清单介绍

大气污染问题首先在工业革命的发源地欧洲爆发，20 世纪上半叶，欧洲快速发展的工业化和城市化进程，诱发了"马斯河谷烟雾事件"和"伦敦烟雾事件"，造成了严重的环境、社会与经济损失。20 世纪 70 年代以来，大气污染问题成为欧洲的主要政治关切之一，欧洲国家开始通过跨国的大气合作和本国的空气质量管理来改善大气环境质量。但是欧洲无法基于统一的国家规范制定和更新排放清单，而是基于多边公约、议定书和欧盟指令等法律法规与政府合作，采用一致的方法却各自进行排放清单的开发工作。EMEP/CORINAIR 指导手册用于指导欧盟各成员国估算其年排放量。鉴于欧盟各成员国之间保有量及活动水平可获取程度不同，该手册提供了 Tier1、Tier2、Tier3，共三类估算方法，同时给出其优先等级。

根据用途的不同，EMEP/CORINAIR 指导手册将非道路移动源分为 8 类，详见表 2-1-4。

表 2-1-4　EMEP/CORINAIR 指导手册中按用途划分的非道路移动源机械类型

序　号	类　型
1	农业柴油非道路移动机械
2	林业柴油非道路移动机械
3	工业柴油非道路移动机械
4	2 冲程汽油非道路移动机械
5	4 冲程汽油非道路移动机械
6	船舶
7	内燃机车
8	通用航空飞机

根据燃料类型和发动机功率，EMEP/CORINAIR 指导手册将非道路移动源机械分为 8 类，见表 2-1-5。

表 2-1-5　EMEP/CORINAIR 指导手册中按燃料类型和发动机功率划分的非道路移动源机械类型

柴油发动机/kW	2 冲程汽油机/kW	4 冲程汽油机/kW
≤20	≤2	≤2
20～37	2～5	2～5
37～75	5～10	5～10
75～130	10～18	10～18
130～300	18～37	18～37
300～560	37～75	37～75
560～1 000	75～130	75～130
>1 000	130～300	130～300

其中，Tier1 方法为简易方法，按用途提供排放系数，基于按用途划分的燃油消耗量及对应的排放系数计算排放量；Tier2 方法为一般方法，按用途、排放阶段提供排放系数，基于按用途、排放阶段划分的燃油消耗量及对应排放系数计算排放量；Tier3 方法为复杂方法，按类别、功率段、排放阶段提供排放系数，基于按类别、功率段、排放阶段划分的保有量、额定净功率、负载因子、使用小时数及对应的排放系数计算排放量。

Tier1、Tier2、Tier3 方法使用的优先等级如图 2-1-7 所示。

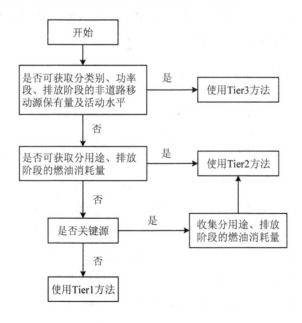

图 2-1-7　Tier1、Tier2、Tier3 方法使用的优先等级

2.1.2.3 我国非道路移动机械排放清单介绍

我国有关非道路移动机械排放模型研究尚处于起步阶段，目前还未建立成熟的非道路排放模型。国内科研人员仅仅是对 EPA 的 NONROAD 模型展开了一些基础研究。北京市环科院的樊守彬等应用 EPA 的 NONROAD 模型计算不同类型农业机械的排放因子，并根据不同类型机械的燃料消耗数据转化为基于燃料消耗的排放因子，建立基于燃料消耗的农用机械排放计算方法。华南理工大学的张礼俊等利用估算的排放因子建立了珠江三角洲非道路移动源排放清单。结果表明：非道路移动源已成为该地区第三大 SO_2 和 NO_x 排放贡献源，分别占珠江三角洲大气污染源 SO_2 和 NO_x 排放总量的 8.6% 和 13.5%。张凯山等主要估算了 2010 年我国非道路机械排放的 HC、CO、NO_x 和 PM 4 种污染物。其中农业机械分别排放 29.5 万 t、121.2 万 t、174.4 万 t 和 14.7 万 t；工程机械分别排放 2.1 万 t、13.1 万 t、24.3 万 t 和 2.1 万 t。上海环境科学院的伏晴艳等对上海空气中的 NO_x 及其分担率进行了研究，计算得到了上海市 1998 年道路移动源、船舶、火车及飞机的 NO_x 的排放量。鲁君等建立了 2014 年长三角区域非道路机械大气污染排放清单；谢轶嵩等建立了 2011—2014 年南京市非道路移动源排放清单；隗潇等建立了 2010 年京津冀地区非道路移动源排放清单。

2.1.3 国内外非道路机械排放研究进展

非道路柴油机械排放研究的测试方法主要分为实验室测试和实际运行测试，前者包括台架测试，后者主要包括车载排放测试。

2.1.3.1 台架测试

台架测试是指在实验室中利用转鼓或底盘测功机模拟机械在实际工况下的排放状况，一般可分为整车转鼓测试和发动机台架测试两种。在现有条件下，非道路柴油机械排放主要采用台架测试方法。测试过程主要是利用测功机将发动机按照测试工况要求模拟发动机不同负荷点的运行工况，对每个工况点下的污染物浓度和排气量等参数进行测量，最后通过加权计算出整个测试过程中各种污染物基于功率的排放因子（g/kW·h）。

目前，世界各国普遍采用台架测试作为法规测试。其优点是可以进行任意工况下的测试，其测试结果通常被作为排放因子模型的基础数据用于模型开发，EPA 及欧洲的非道路排放模型都是基于台架测试数据而搭建的。此外，台架测试在研究非道路发动机内部燃烧及排气后处理等方面具有明显的优势，能够设定条件，研究不同发动机工况下的污染物去除效率。

台架测试不仅便于控制，且重复性强，所以测试结果的准确程度高于其他测试方法。

其不足之处在于成本较高，在反映发动机的瞬时排放方面较弱，特别是非道路柴油机颗粒物测量上，由于采用滤纸采样方法，不能反映发动机颗粒物的瞬时排放。有关研究表明，台架测试由于测试循环的局限性，也使其无法全面反映发动机在实际工况下的排放水平。

2.1.3.2　车载排放测试

车载排放测试是将便携式排放测试系统直接固定在实际道路行驶中的车辆内，逐秒采集被测车辆的行驶工况和污染物排放结果。近年来，随着检测技术的不断改进，PEMS 仪器设备种类不断丰富。如美国 SPX OTC 公司生产的五气分析仪可测量实际工况下气态污染物瞬时体积浓度排放；Flemish 技术研究所构建的 VOEM 车载测试系统（VITO's On-the-road Emission and Energy Measurement system），可以获取实际工况下气态污染物瞬时质量排放及油耗；CATI 公司（Clean Air Technologies International Inc.）的 OEM-2100 采用流量检测或者机动车诊断接口数据与五气分析仪的耦合技术获得瞬时质量浓度的测试结果；目前已经得到 EPA 认证可以用于重型车排放的气态检测仪，包括美国 SENSOR 公司开发的 SEMTECH-DS、SEMTECH-G 和日本 HORIBA 公司开发的 OBS-2000 系列。就目前而言，PEMS 技术在气态污染物检测方面应用已经比较成熟，但在 PM 的测试方面，受技术水平的限制，尚无法规认可的测试仪器。现阶段应用比较普遍的是 Dekati 公司生产的可测量颗粒物瞬时质量浓度及粒径分布的静电低压撞击器 ELPI（Electrical Low Pressure Impactor）、DMM-230 以及 TSI 公司生产的 EEPS-3090。

与传统的台架测量方法不同，PEMS 技术不需要将发动机从被测车辆上拆卸下来进行实验室检测，而是直接将测试仪器固定在被测车辆上进行实际工作条件下的测试。这样做既省时省钱，又可获得机械实际运行的瞬时数据，因而受到科研工作者的青睐。例如 O. Armas 等利用 HORIBA 公司生产的 OBS-2000 对压路机进行混合燃料测试，结果显示，与纯柴油相比，柴油与酒精混合燃料在实际工作状况下能减少 8%～20% NO_x 排放。加州大学河边分校利用挂式流动排放实验室（Mobile Emission Lab）对非道路机械进行了排放测试，得到其实际工作的排放因子，并与道路机动车进行了对比。随着 PEMS 技术的广泛应用，非道路机械排放将从单一的台架测试向台架与 PEMS 技术相结合的方向发展。

2.1.3.3　我国非道路排放清单存在的问题

为了精准开展非道路移动机械的排放控制，我国已有不少研究者开展了源清单编制基础研究工作，对全国、区域、城市不同尺度的非道路移动机械排放清单进行了计算。非道路移动机械的排放清单计算主要有功率法和油耗法两种不同的方法，运用油耗法计算时通过年鉴等方式获得燃油消耗量，可以不考虑机械的功率、使用时间、劣化系数等，结合基于油耗的排放因子计算得到清单，目前非道路移动机械清单多采用燃油法计算。用功率法计算清单时可得到各非道路移动机械的具体排放量，但需综合考虑发动机功率、年活动水平、保有量、基于做功的排放因子等因素，需要大量统计资料，国内如此详细的统计资料还不够完善，计算有一定的难度，因此目前用功率法进行城市尺度排放清单研究的还很少。尽管我国已经开展了非道路机械排放清单的编制工作，但现有基础数据还存在一定的问题。一是现有的排放因子数据主要来自发动机型式核准时的台架测试，台架测试结果与实际工况结果的关联性还不能确定；二是目前机械在实际工况下的测试数据偏少，难以保证排放清单计算结果的准确性；三是活动水平数据缺失。

2.1.4　排放量的测算方法和技术路线

2.1.4.1　工程机械排放量测算方法和技术路线

工程机械排放量根据动力法进行核算，见下式。

$$E = \sum_k P_k \times G_k \times LF_k \times hr_k \times EF_k$$

式中：k 为机型，主要包括挖掘机、装载机、压路机、平地机、摊铺机、叉车等；P 为保有量，辆；G 为发动机的平均功率，kW/台；LF 为负载因子；hr 为年作业小时数，h/a；EF 为排放因子，g/（kW·h）。

工程机械排放量测算的总体技术路线如图 2-1-8 所示。

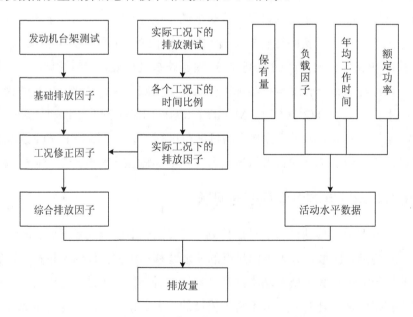

图 2-1-8　工程机械排放量测算的总体技术路线

2.1.4.2　农业机械排放量测算方法和技术路线

农业机械排放量根据动力法进行测算，见下式。

$$E = \sum_k D_k \times LF_k \times hr_k \times EF_k$$

式中：k 为机型；D 为总功率，为保有量与额定功率的乘积，kW；LF 为负载因子；hr 为年作业小时数，h/a；EF 为排放因子，g/（kW·h）。

农业机械排放量测算的总体技术路线如图 2-1-9 所示。

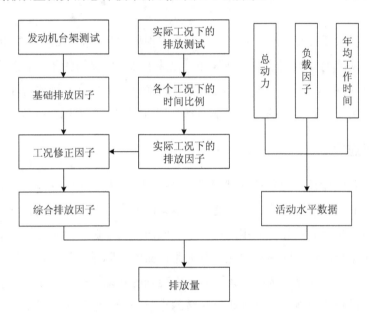

图 2-1-9　农业机械排放量测算的总体技术路线

2.2   排放量测算中各种计算参数获取方法及结果分析

2.2.1   排放因子

排放因子是排放量计算的核心参数。目前,工程机械和农业机械的排放因子类型主要包括基于发动机功率的排放因子 [g/(kW·h)]、基于油耗的排放因子(g/kg·燃油)和基于时间的排放因子(g/h)。其中,基于发动机功率的排放因子是目前排放量计算普遍采用的参数,本章也采用了这种类型的排放因子测算工程机械和农业机械的排放量。

2.2.1.1   获取途径

排放因子的获取途径主要包括文献调研和排放测试两种。由于国内外开展了很多非道路机械排放因子的测试研究工作,可以通过文献调研的方式获取目前的排放因子结果,目前大量的非道路机械排放量计算采用此种方法。然而,文献调研得到的排放因子具有一定的局限性,无法完全反映不同国家和地区非道路机械的实际排放状况,直接引用可能造成排放量计算结果的严重偏差。因此,为了得到更准确的本地区排放因子,一般会在该区域选择典型的机械进行实际测试,得到研究区域的排放因子。本章采用了实际测试的方法对国内的工程机械和农业机械进行排放测试,并建立了排放因子数据库。

2.2.1.2   结果分析

本节首先对各类型非道路机械排放台架测试结果进行整理和分析,建立了不同功率段、不同排放标准的非道路机械基础排放因子库。此外,采用便携式排放测试技术(PEMS技术)对非道路机械进行排放测试,获得了各类型机械实际工况下的排放数据。对于可直接读取发动机运行参数的机械(一般是国Ⅲ阶段的机械),将直接计算基于功率的排放因子;对于无法直接读取发动机运行参数的机械,将建立基于油耗的发动机功率估算模型,然后对机械的排放和估算功率进行关联计算,得到非道路机械的实际工况排放因子。该类型数据将对基础排放因子进行工况修正,最终建立各个类型非道路机械的排放因子库。

2.2.1.3　测试方法

本节采用车载排放测试技术对非道路机械展开排放测试。车载排放测试技术是指将车载排放测试设备安装在实际作业的机械上，测试其在实际工作条件下的排放特征。由于能真实反映发动机排放的实际状况，这种测试方法已经在道路车辆尾气排放上有了广泛的应用。本节利用车载排放测试设备对工程机械和农业机械进行典型工况下的排放测试，获得了各个工况下的排放数据和油耗数据。

2.2.1.3.1　测试设备

测试选用两种车载测试设备：日本 HORIBA 公司生产的 OBS-ONE 组合芬兰佩卡索尔的 PPS-M 微粒传感器 [图 2-2-1（a）] 和美国 SENSORS 公司生产的 ECOSTAR [图 2-2-1（b）]。

（a）OBS-ONE　　　　　　　　　　　　　　（b）ECOSTAR

图 2-2-1　便携式排放测试设备

OBS-ONE 车载排放分析仪组合芬兰佩卡索尔的 PPS-M 微粒传感器对测试机械尾气进行采样分析，主要进行气态污染物测量和颗粒物测量，在试验过程中能够对机械的 CO、CO_2、THC、NO_x（NO 和 NO_2）以及 PM、PN 排放进行瞬态测试。

OBS-ONE 使用 22～28V 直流电源供电，采用不分光红外法（NDIR）测量 CO_2 和 CO浓度，FID 法测量 THC，化学发光法（CLD）测量 NO_x 浓度。表 2-2-1 概括了 OBS-ONE气态分析仪技术规格。

表 2-2-1　OBS-ONE 气态分析仪技术规格

气态污染物成分	测量原理	量程	零气	量距气	零气/量距气压力	零气/量距气流量
CO	NDIR	10 vol%	净化空气	混合气（CO+CO_2+C_3H_8+NO/N_2）及 NO_2	100 kPa±10 kPa	约 3.0L/min
CO_2	NDIR	20 vol%				
NO_x	CLD	1 600 ppm				

PPS-M 微粒传感器用于对 PM 和 PN 的实时监测，主要部件有法拉第杯、喷射稀释器、喷射泵、中央电极以及静电计。此传感器的法拉第杯内有电晕充电器，微粒在此法拉第杯内被充电并被传感器内部的喷射稀释器推动。新鲜洁净的空气被铂电晕针产生的 2 000V 高压放电电离，正离子被推动通过喷射器喉部，此处产生的负压用于抽吸含有微粒的样气，喷射泵产生恒定的流量通过传感器，此流量并不受废气管中的流量变化影响。在喷射泵后，紊流混合确保离子与微粒的最佳接触以及微粒表面一定数量的离子沉积。自有阳离子被来自中央电极的正补集电压从样气中去除，产生的电场推动自由离子向传感器壁聚集，此处仅有离子化粒子离开传感器。传感器中的静电计用于测量法拉第杯在充电前（进口）与充电后（出口）的电流差，此差额与废气中微粒质量和数量浓度成比例。表 2-2-2 概括了 PPS-M 微粒传感器技术参数。

表 2-2-2　PPS-M 微粒传感器技术参数

最小粒径	最大粒径	微粒浓度	
几个 nm～23 nm（取决于捕集电压）	2.5 μm	$1\ \mu g$～250 mg/m³（T=−20～200℃）	10 μg～500 mg/m³（T=−20～600℃）

ECOSTAR 使用 10.5～14.5V 直流电源供电，采用不分光红外法（NDIR）测量 CO 和 CO_2 的浓度，不分光紫外法（NDUV）测量 NO 和 NO_2 的浓度，利用 FID 法测量总碳氢化合物（THC）。表 2-2-3 概括了 ECOSTAR 分析仪技术规格。

表 2-2-3　ECOSTAR 分析仪技术规格

污染物成分	测量原理	量程	分辨率	零气	量距气	零气/量距气流量
CO	NDIR	8 vol%	10 ppm	纯 N_2 或净化空气	混合气（$CO+CO_2+C_3H_8+NO/N_2$）及 NO_2	3L/min
CO_2	NDIR	18 vol%	0.01%vol. CO_2			
NO	NDUV	3 000 ppm	0.3 ppm			
NO_2	NDUV	1 000 ppm	0.3 ppm			

2.2.1.3.2　测试机械

（1）测试机械的选取原则

本节的测试对象包括工程机械和农业机械。为了充分掌握这两类非道路机械真实排放状况，各种测试机械的选取遵循以下原则。

1）能够代表主要的非道路机械类型及功率范围。

2）包含不同的排放标准。

3）发动机运行良好。

4）尾气管必须坚固且容易与采样管连接。

5）机械本身要有足够的空间安装排放测试设备。

（2）测试机械类型

根据以上原则，本节对 120 辆不同类型的非道路机械进行了汇总。表 2-2-4 为非道路测试机械信息汇总。

表 2-2-4　非道路测试机械信息汇总

机械类型	燃油类型	数　量
工程机械	柴　油	60
农业机械	柴　油	60

2.2.1.3.3　测试工况

非道路机械门类繁多，用途各异。为了全面了解和掌握非道路机械的实际排放情况，本节根据各门类机械的实际作业特点，分别选取代表性的工况进行排放测试。表 2-2-5 为各门类非道路移动机械的测试工况介绍。

表 2-2-5　各门类非道路移动机械的测试工况介绍

机械门类	测试工况	测试工况介绍
挖掘机	怠速	发动机处于低转速状态（通常为 600～800 r/min），且工程机械处于静止状态。无功率输出
	行走	机械在测试地点自由前行或后移，但作业机械部分保持静止状态
	作业	包括机械行走及利用铲斗进行挖掘、动斗、翻斗等作业
装载机	怠速	发动机处于低转速状态（通常为 600～800 r/min），且工程机械处于静止状态。无功率输出
	行走	机械在测试地点自由前行或后移，但作业机械部分保持静止状态
	作业	包括机械行走及利用铲斗进行起斗、掘进、翻斗等作业
压路机	怠速	发动机处于低转速状态（通常为 600～800 r/min），且工程机械处于静止状态。无功率输出
	行走	机械在测试地点自由前行或后移，但作业机械部分保持静止状态
	作业	机械行走同时利用碾轮进行碾压作业
平地机	怠速	发动机处于低转速状态（通常为 600～800 r/min），且工程机械处于静止状态。无功率输出
	行走	机械在测试地点自由前行或后移，但作业机械部分保持静止状态
	作业	机械行走同时利用刮刀平整作业

机械门类	测试工况	测试工况介绍
叉车	怠速	发动机处于低转速状态（通常为 600～800 r/min），且货叉处于最低位置并保持静止状态
	空载行走	叉车在测试地点自由前行或后移，且货叉处于静止空载状况
	抬举	叉车处于静止状况，利用货叉对货物进行上升下降操作，此工况模拟货物的装卸作业
	负载行走	叉车装载货物的情况下继续前行或后移，此工况模拟货物的水平运输作业
拖拉机	怠速	发动机处于低转速状态（通常为 600～800 r/min），且拖拉机处于静止状态，无功率输出
	行走	拖拉机在农田中自由行走且旋耕犁处于提升、静止状况，作业机构无功率输出
	作业	拖拉机在农田一边行走一边为旋耕犁提供动力，使其逐行对土壤细碎和地面平整作业
收割机	怠速	发动机处于低转速状态（通常为 600～800 r/min），且收割机处于静止状态，无功率输出
	行走	收割机在农田中自由行走且收割、脱粒等作业部件处于静止状态，作业机构无功率输出
	作业	收割机在农田一边行走一边进行作物的收割、脱粒、分离茎秆、清除杂物等工序

2.2.1.3.4 设备安装测试流程

具体的测试流程如下。

1）设备安装。将设备安装到测试非道路机械上，在安装 PEMS 设备前，应根据排气管的布置和尺寸选择合适的排气管连接工装，对工装进行强化固定，并在连接处使用耐高温胶带和锡箔纸或硅胶软管与卡箍进行密封，以保证试验过程中连接管路不漏气。

2）设备预热。待安装完成后，将 PEMS 启动切换至 Pause 状态进行热机，一般情况下需要 30～40 min，直至各项系数（压力、温度、流量等）达到稳定状态。

3）设备泄漏检查及流量计吹扫。在热机过程中，可同时进行泄漏检查，具体操作为：将采样探头与排气系统断开，并用手将采样口堵住，启动泄漏检查程序，分析仪采样泵开始工作，建立起一定的真空度，此时关闭采样泵，若一定时间真空度的降低情况在合理范围内，则认为通过泄漏检查；在每次实验前，使用纯 N_2 或合成空气吹扫流量计管路，达到去除相关端口凝结物和沉淀物的目的。

4）仪器标零和标量程。手动将设备切换至 Standby 状态，使用纯净空气对 NDIR 和 CLD 等模块进行标零，然后使用一定浓度的混合量距气（CO、CO_2 和 NO）及 NO_2 量距气对分析仪进行量程标定，以减少在测量时产生的零点错误和量程错误。一切就绪，准备开始测试。

5）选定工况测试。测试机械在选定的工况下进行操作，由 PEMS 记录相关排放数据。各个工况的测试时间不少于 20 min。

6）设备拆卸。检查测试数据结果，确定达到测试要求后，开始从测试机械上进行拆除。

7）测试结束。

2.2.1.3.5　数据处理

（1）GPS 数据处理

在实际的测试过程中，由于遇到外界干扰或者屏蔽时，GPS 存在数据突变的情况。这时需要对数据进行近似拆分处理。具体的处理方法是：当突变数据小于 5 s 时，采用数据插值拟合的方法对数据进行平滑处理。当突变数据大于 5 s 时，则只能将这段时间内的所有测试数据全部删除。

（2）污染物数据下载与时间同步处理

本节测试的原始数据包括：逐秒的速度、尾气的瞬时质量流量、CO、THC 和 NO_x 的体积浓度以及颗粒物的质量浓度。从测试设备上对记录的数据进行下载并进行预处理，各种测试仪器的响应时间有所不同，使得各种污染物逐秒的排放数据在时间上存在不一致的情况。因此，在进行各种污染物的瞬时质量排放速率计算之前，需要将测试数据进行时间对正。时间同步过程是以瞬时质量流量作为基准，分别与 GPS 数据、气态污染物的浓度以及颗粒物的浓度进行对正。具体的对正原则如下。

1）当车辆从怠速开始行驶时，尾气的瞬时质量突然变大，这时的速度也随之增加，从而实现速度与尾气质量流量的对正。

2）当尾气质量流量增加时，气态污染物的浓度也随之变大，从而实现气态污染物浓度与尾气质量流量的对正。

3）当尾气质量流量增加时，颗粒物的质量浓度也随之变大，从而实现颗粒物质量浓度与尾气质量流量的对正。

图 2-2-2 至图 2-2-6 给出了测试机械的部分数据时间对正示意图。

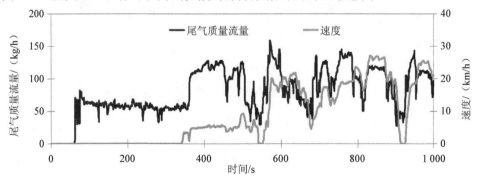

图 2-2-2　尾气质量流量与车速时间对正示意

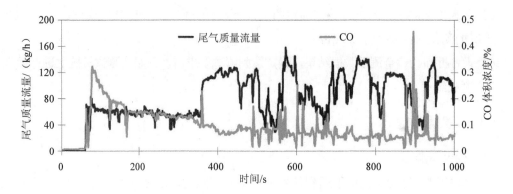

图 2-2-3 尾气质量流量与 CO 体积浓度时间对正示意

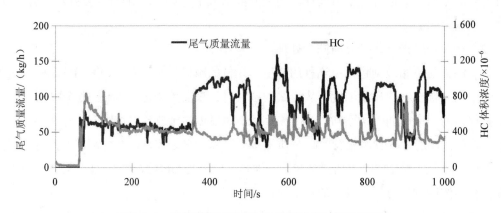

图 2-2-4 尾气质量流量与 HC 体积浓度时间对正示意

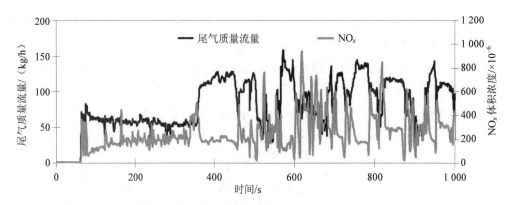

图 2-2-5 尾气质量流量与 NO_x 体积浓度时间对正示意

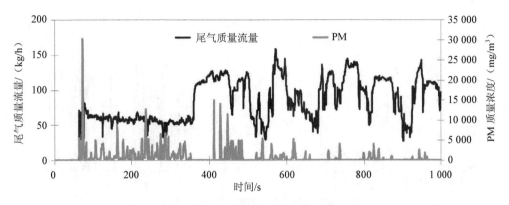

图 2-2-6　尾气质量流量与 PM 质量浓度时间对正示意

（3）测试工况划分

按照测试工况将数据结果进行分类，分类的依据一般是机械的速度和尾气流量。图 2-2-7 至图 2-2-9 为测试机械的工况划分结果。

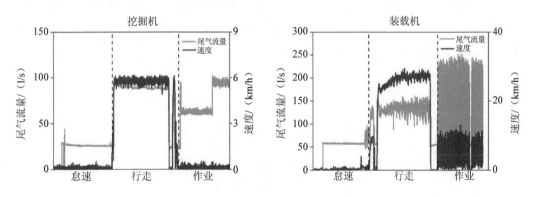

图 2-2-7　土方机械的工况划分结果

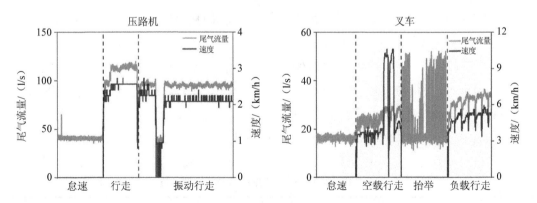

图 2-2-8　路面机械的工况划分结果

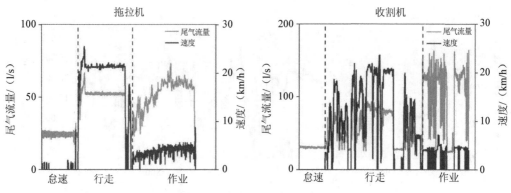

图 2-2-9　农业作业机械的工况划分结果

（4）瞬时质量排放速率的计算

测试系统测得的气态污染物数据为机动车污染物瞬时质量体积浓度，因此需要将其转化为瞬时质量排放速率再进行分析。

由于测试分析仪测得的尾气浓度为干基下的，即除去水分之后的体积浓度，而实际排放中尾气是含有水分的，因此为了计算质量排放首先需要将干基下的浓度转化为湿基下的浓度。计算公式见下式。

$$X_w = X_d \times K$$

其中，

$$K = \cfrac{1}{1 - 0.5 \times (CO_d + CO_{2d}) \times y - H_{2d}}$$

$$H_{2d} = \cfrac{0.5 \times y \times CO_d \times (CO_d - CO_{2d})}{CO_d - 3 \times CO_{2d}}$$

式中：K 为污染物干湿基转换系数；X_w、X_d 分别为某一污染物的湿尾气和干尾气浓度；CO_d、CO_{2d} 和 H_{2d} 分别为 CO、CO_2 和 H_2 的干尾气浓度。

瞬时质量排放速率（g/s）由湿基浓度排放乘以尾气的标准体积流量，再乘以每种污染物的标准密度。计算公式如下式所示。

$$P_i(\text{g/s}) = P_{i,\text{wet}} \times V_{\text{std}} \times \rho_{i,\text{std}}$$

式中：P_i 为第 i 种污染物；$P_{i,\text{wet}}$ 为第 i 种污染物的湿基浓度；V_{std} 为尾气标准体积流量；$\rho_{i,\text{std}}$ 为第 i 种污染物的标准密度。

柴油车辆主要排放污染物标准密度如表 2-2-6 所示。

表 2-2-6　柴油车辆主要排放污染物标准密度

污染物	CO_2	CO	$HC(CH_{1.8})$	NO_x（NO_2 计）
标准密度/（g/L）	1.830	1.164	0.574 6	1.913

（5）油耗速率的计算

由于非道路机械在实际工作中测量燃油消耗数据比较困难，本研究基于碳平衡原理，根据排放测量结果，计算得到逐秒的燃油消耗量。碳平衡法基于排气中 CO、CO_2、HC、颗粒物中碳元素的总量与所消耗燃油中碳元素相平衡的原理，因为排气颗粒物中的碳与排气中的其他碳元素相比，所占比例极小，可以忽略不计，因此一般 C 平衡公式都忽略了颗粒中 C 的影响，由此得到油耗的计算公式如下式所示。

$$FR = \frac{0.866ER_{(HC)} + 0.429ER_{(CO)} + 0.273ER_{(CO_2)}}{\rho_{diesel} \times 1\,000 \times CWF_F}$$

式中：FR 为柴油的消耗率，l/s；$\rho_{(diesel)}$ 为柴油密度，本书中取 0.868g/L；$ER_{(HC)}$、$ER_{(CO)}$ 和 $ER_{(CO_2)}$ 分别为 HC、CO 和 CO_2 的瞬时排放速率，g/s；CWF_F 为柴油中的碳含量，本书中取值为 0.866，代表我国柴油中典型的碳含量。

单位时间的油耗是指某一选定工况下单位小时的油耗消耗量平均值，计算公式如下式。

$$FC = \frac{\sum_{n=i}^{j} FR_n}{j-i} \times 3\,600$$

式中：FC 为单位时间的燃油消耗量，l/h；n 为某种工况持续的时间，s；i 和 j 分别是该工况的起始时间和结束时间，s；FR 为某一工况下的单位时间的油耗速率，l/s。

（6）排放因子的计算

按照功率，油耗等计算基于不同参数的非道路机械排放因子。

第一种是基于时间的排放因子，见下式。

$$EF_p = \frac{\sum_{n=i}^{j} ER_{p.n} \times 3\,600}{j-i}$$

式中：EF 为基于时间的排放因子，g/h；P 为车辆排放的某种污染物；N 为某一工况的持续时间；i 和 j 分别为该工况的起始时间和结束时间，s；ER 为某种污染物在某一工况下逐秒的排放速率，g/s。

第二种是基于功率的排放因子，见下式。

$$EF_i = \frac{\sum_i ER}{\sum_i P_a} \times 3\,600$$

式中：EF 为基于功率的排放因子，g/kWh；i 为测试工况；P_a 为 i 工况下的理论瞬时输出功率，kW；ER 为 i 工况下的排放速率，g/s。

在实际计算过程中，根据非道路机械设备测试工况的不同，分别采用合适的排放因子进行计算。

（7）缺失数据的估算

对于国Ⅲ非道路机械，各个生产厂家的非道路机械的 OBD 通信协议不同，导致部分机械对于某些发动机运行参数无法读取。对于国Ⅱ和国Ⅰ机械，由于发动机采用的是机械泵技术，因此无法获得发动机的转速、扭矩等运行参数。因此，对于无法获得发动机运行参数的机械，需要利用估算公式进行填补。

部分发动机运行参数缺乏摩擦扭矩，依据 OBD 数据中有摩擦扭矩百分比数的机械对缺乏摩擦扭矩参数的机械进行估算。图 2-2-10 为测试工况下扭矩百分比与摩擦扭矩百分比的实时记录。

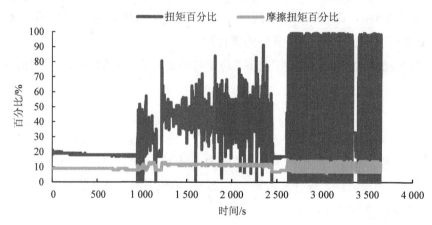

图 2-2-10 测试工况下扭矩百分比与摩擦扭矩百分比的实时记录

通过对各类型工程机械摩擦扭矩百分比的统计和分析，得出摩擦扭矩百分比的估算值。表 2-2-7 为本研究中装载机和收割机的摩擦扭矩百分比估算值。从表 2-2-7 中可知，怠速工况下的摩擦扭矩百分比最低，仅为 8%，其他两种工况下的摩擦扭矩百分比基本相同。

表 2-2-7 本研究中装载机和收割机的摩擦扭矩百分比估算值 　　　　　单位：%

机械类型	怠速	行走	作业
装载机	8	11	10
收割机	8	10	10

对于没有 OBD 数据的测试机械无法准确得到其发动机功率参数，依据有 OBD 数据的机械对同类型没有 OBD 数据的机械进行估算，估算步骤如下。

对于有 OBD 数据的非道路机械，可由下式计算其理论发动机功率。

$$P_a = \frac{ES \times (T_a - T_F) \times R_T}{95\,500}$$

式中：P_a 为理论发动机功率，kW；ES 为发动机转速，rpm；T_a 为发动机扭矩功率百分比，%；T_F 为摩擦扭矩百分比，%；R_T 为发动机参考扭矩，N·m。

对于没有 OBD 数据的机械由下式计算发动机的输出功率 P。

$$P = C \times FC \times \frac{1}{1\,000} \times F_e \times \frac{1}{100}$$

式中：P 为计算发动机功率，kW；C 为燃料的热值，柴油热值取 43 000 kJ/kg；FC 为燃油消耗量，g/s；F_e 为燃料的有效热效率，40%。

由下式计算修正系数 K。

$$K = \frac{P_a}{p}$$

对于有 OBD 数据的机械，其估算值与理论值之间的误差率分布如图 2-2-11 所示，误差率主要集中在 –40%～40%。

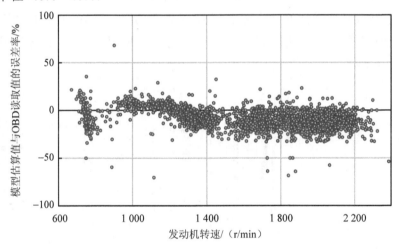

图 2-2-11　发动机功率估算值与理论值之间的误差率分布

因此，对于无 OBD 数据的机械由计算发动机功率和同机型机械的修正系数得出理论发动机功率，表 2-2-8 为收割机的功率修正系数。

表 2-2-8　收割机的功率修正系数

机械类型	功率修正系数		
	怠速	行走	作业
收割机	0.46	0.94	1.19

2.2.1.4 结果分析

2.2.1.4.1 污染物瞬时排放特征

工程机械主要是进行土方作业。针对各种类型工程机械实际作业方式的不同，本书选择了代表性的工况进行排放测试，其中挖掘机和装载机在作业工况下主要是进行土层挖掘和转运操作，平地机是对挖掘后的土地进行平整，压路机则是对平整后的土地进行压实作业。

在实际施工过程中，挖掘机和装载机都是通过铲、挖等方式，进行土石等物料的搬运转移。因此，两种机械具有相似的作业特点。图 2-2-12 和图 2-2-13 为挖掘机和装载机的瞬时排放片段。这两台工程机械的额定功率十分接近，都属于 75～130 kW 范围机械。由图可知，CO、HC、NO$_x$ 和 PM 的排放速率在各个测试工况下的变化各有不同。怠速工况下，发动机转速稳定且相对较低，4 种污染物的排放速率都相对较小且趋于稳定。而在行走和作业工况下，污染物排放速率变化十分明显，出现较多波动。特别是在作业工况下，出现较多峰值。通常情况下，这两种机械在行走工况时往往都在不停地重复前进、后退、加减速等操作。持续变化的行驶工况导致污染物排放速率的明显波动。而在作业工况下，机械不停挖掘、铲运等机械操作使得发动机转速和输出功率剧烈变化，从而导致污染物排放速率的急剧上升和下降。

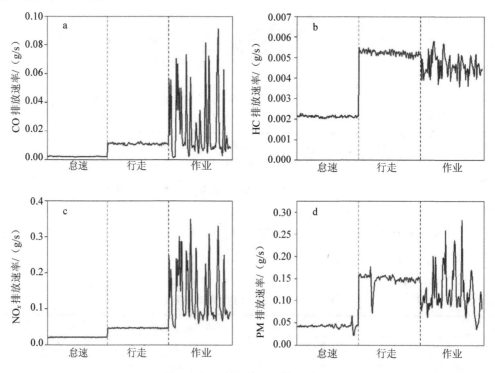

图 2-2-12　挖掘机瞬时排放片段

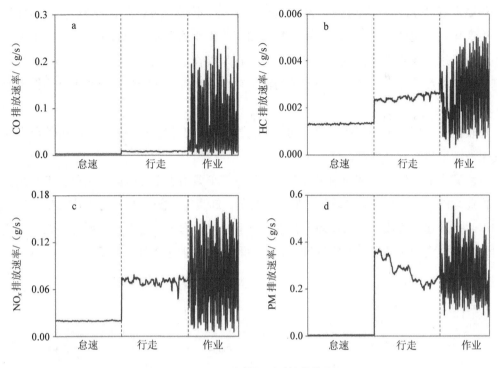

图 2-2-13　装载机瞬时排放片段

对比挖掘机和装载机的瞬时排放情况可知，装载机在行走和作业工况下污染物排放速率波动范围要大于挖掘机。这种差别主要是由于两种机械的结构和作业特点所决定的。在我国，挖掘机一般都是履带式结构。这是因为挖掘机本身自重较大，需要较大接地面积，才能在泥泞、湿地等地方行驶，另外因履带式挖掘机的爬坡能力较大，能适应矿山等野外地形，但其移动速度十分缓慢。而装载机大多为轮式结构。这种结构的优点是机动性强，行动速度快。在行走工况下，装载机的行驶工况更为多变，导致污染物排放速率波动更为明显。而在作业中，挖掘机多为原地作业，而装载机则在行走过程中进行机械作业。因此，装载机的油门变化往往较快，从而导致缸内燃烧温度和压力的变化。同时，装载机通常处于大负荷工作状态，导致作业工况下装载机排放速率波动范围大于挖掘机。

压路机和平地机都是在行走过程中进行碾压与刮削等平整作业的土方机械。因此在实际测试中，两种机械具有相同的测试工况。图 2-2-14 和图 2-2-15 为压路机和平地机典型工况下的瞬时排放速率片段。这两台机械具有相近的额定功率。通过对比这两种机械在各自不同工况下的排放速率可知，测试机械污染物排放速率在怠速工况下相对稳定，而在作业工况下出现了较多的排放峰值。这与机械作业类型有很大关系。对于压路机而言，目前最为常见的是钢轮式压路机，作业过程主要是依靠碾轮进行路基的表面压实。在作业工况下，发动机转速相对较高，油门踏板处于相对稳定状况。实际运行时受压实路面的坡度、土质疏松程度及行驶速度等的影响，发动机运行状况有所不同，从而使得 4 种污染物的排放速率产生变化。平地机是土方工程中用于整形和平整作业的主要机械。它在路基施工中的主要用途是平地作业、刷坡作业、填筑路堤等。在平整作业工况下，受所平路面土层结构、路基表面平整度等因素的影响，平地机的输出功率较高且变化较快，导致污染物排放速率的上下波动。

比较两种机械行走和作业工况下的污染物排放速率变化幅度可知，压路机的污染物排放速率波动明显大于平地机。

本测试中的工业叉车都为内燃叉车。此类型叉车多用于工业区露天场所。工业叉车的基本作业功能分为水平搬运、堆垛、取货、装货、卸货等。图 2-2-16 为工业叉车典型工况下的瞬时排放速率片段。由图可知，怠速工况下的污染物排放速率及油耗速率处于稳定且相对较小。较大的波动发生在空载行走、抬举和负载行走这 3 种工况下。

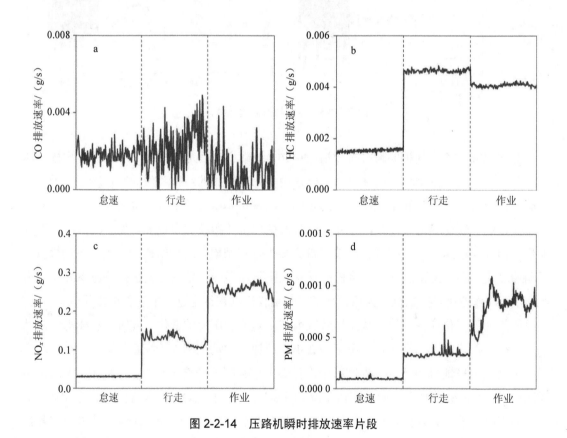

图 2-2-14　压路机瞬时排放速率片段

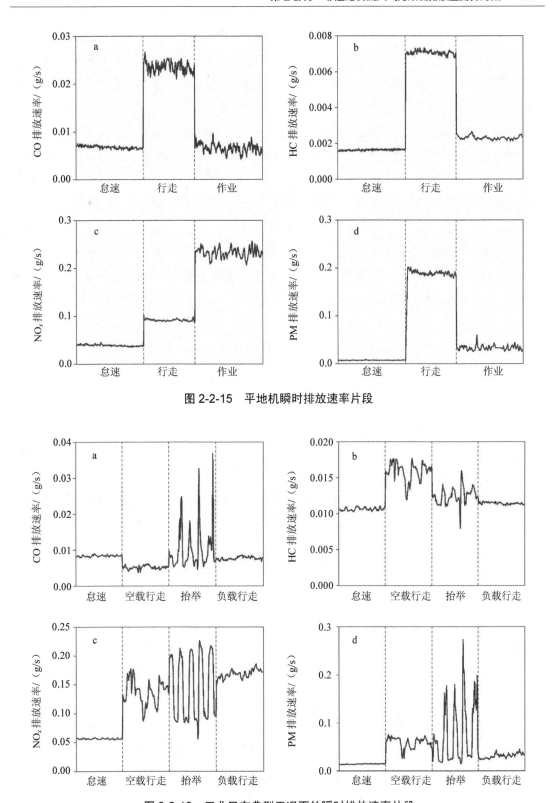

图 2-2-15 平地机瞬时排放速率片段

图 2-2-16 工业叉车典型工况下的瞬时排放速率片段

对比空载行走工况和负载行走工况可知，空载行走工况下污染物的排放速率变化频率高于负载行走工况。这是由于在行走工况下叉车处于空载状态，较高的移动速度以及频繁的加减速导致污染物排放速率及油耗速率的波动频率明显偏高。抬举工况下 CO、NO_x 和 PM 的排放速率变化幅度明显高于其他 3 种工况。这是由于叉车对货物进行原地上升时，发动机处于高负荷状况，导致缸内燃烧温度较高，有利于 NO_x 的反应生成。

图 2-2-17 为测试拖拉机不同工况下部分 CO、HC、NO_x、PM 的瞬时排放速率片段。从图中可以看出，怠速时 4 种污染物的排放趋于平稳，排放速率相对较小。而行走和作业模式下的波动较为明显，其中 CO、HC、NO_x、PM 行走工况下波动范围分别为 0.010～0.056 g/s、0.006 3～0.021 g/s、0.012～0.15 g/s、0.000 2～0.001 3 g/s。而在作业工况下，CO、HC、NO_x 和 PM 的波动范围更大，分别达到了 0.018～0.16 g/s、0.006～0.024 g/s、0.016～0.26 g/s、0.003～0.011 g/s。特别需要注意的是，作业工况下出现 3 组类似的波动曲线。每组曲线都代表旋耕一垄土地的过程。当拖拉机准备旋耕时，油门负荷开始加大，特别是当旋耕犁进入土地时，排放速率达到峰值。在整个旋耕过程中，各种污染物都持续处于高排放速率阶段。当拖拉机需要抬升旋耕犁进行转弯换垄，此时负荷相对较小，排放速率明显降低。

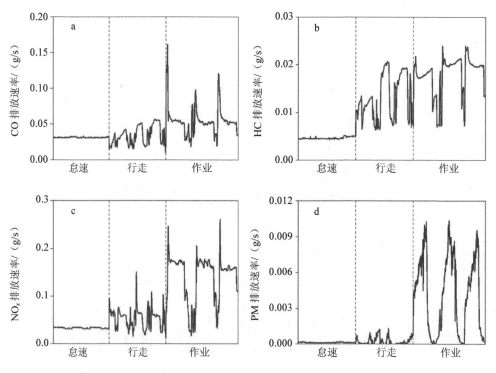

图 2-2-17　拖拉机瞬时排放速率片段

图 2-2-18 为收割机的 CO、HC、NO$_x$ 和 PM 瞬时排放速率片段。从图 2-2-18 中可以发现，4 种污染物的瞬时排放特征与拖拉机的排放相类似，怠速下各种污染物的排放比较稳定，波动出现在行走和作业工况，而大幅的波动基本在作业工况下。在行走工况下 CO、HC、NO$_x$ 和 PM 的波动范围为：0.003～0.044 g/s、0.006～0.017 g/s、0.007～0.19 g/s 和 0.000 03～0.014 g/s。在作业工况下 CO、HC、NO$_x$ 和 PM 的波动范围为：0.002～0.072 g/s、0.006～0.023 g/s、0.005～0.314 g/s 和 0.000 4～0.076 g/s。在作业开始时，功率突然加大导致气态污染物排放速率迅速升高，而在收获工作过程中，污染物排放速率基本保持稳定；而在收割工作结束时，输出功率降低，使得污染物的排放减小，排放速率出现谷值。

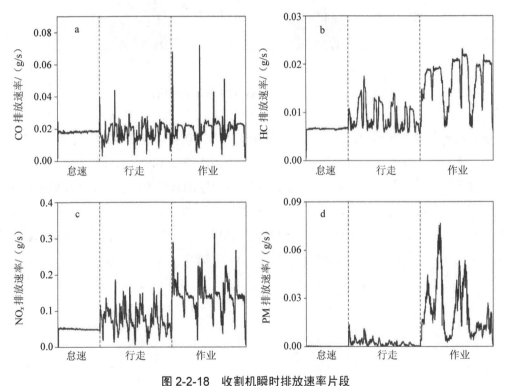

图 2-2-18　收割机瞬时排放速率片段

2.2.1.4.2　不同工况下的时间比例和发动机负载因子

不同工况下的时间比例主要依靠监控设备统计或者实际调研的方式。对于工程机械，本书在获取国内工程机械龙头企业在线监控数据的基础上，结合实际调研的方法获得了工程机械不同时间的比例（具体调研方法和过程详见第 2 部分 2.2.2 节相关内容）。图 2-2-19 为典型工程机械各种工况下的时间比例。从该图中可以看出，两种工程机械的工况时间比例有所不同。其中，挖掘机的怠速工况比例占到 19%，行走工况的比例仅为 1%，作业工况的比例最大，达到了 78%。而对于装载机，怠速工况的时间比例为 17%，与挖掘机基本相当，而行走工况的时间比例相对较高，达到了 36%，作业工况的时间比例约为 48%。

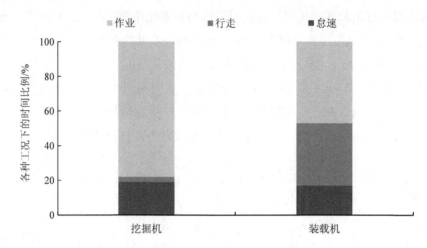

图 2-2-19　典型工程机械各种工况下的时间比例

　　农业机械的各工况的时间比例采用实际调研的方法获得。如图 2-2-20 所示，农业机械怠速的工作时间很短，作业的工作时间最长。各个工况的工作时间直接影响到相应的农机排放。由于我国各地区地势地貌有很大的差别，各地区的农机不同工况的工作时间比例也有很大差别。研究人员在着重调研各个地区农业机械活动水平的同时，也对各个地区农业机械各种工况的工作时间比例做了一定的修正。其中，中小型拖拉机和中大型拖拉机的怠速工况占比 1%，行走工况占比 19%，作业工况占比 80%

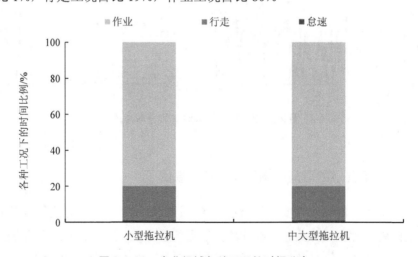

图 2-2-20　农业机械各种工况的时间分布

2.2.1.4.3　工况修正系数

对 PEMS 测试数据的分类计算，得到各种门类机械不同排放标准的排放因子。通过与发动机认证台架数据进行对比，可得到各门类非道路移动机械的工况修正系数。图 2-2-21 为典型非道路移动机械工况修正系数。从该图中可以看出，测试的非道路移动机械 VOCs 和 NO$_x$ 排放因子均大于台架的结果。而 PM 的测试结果与台架的数据差异较大。其中，挖掘机的实测结果高于台架测试的结果，而拖拉机的实测结果则低于台架测试的结果。造成这种结果的原因可能是，一方面台架测试主要采用滤纸称重法进行分析，而本书中主要采用电荷法进行测量。另一方面可能是各种门类机械的作业工况有所不同，导致发动机的实际运行参数差异明显，导致 PM 工况修正系数的不同。

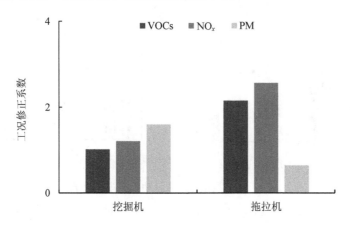

图 2-2-21　典型非道路移动机械工况修正系数

2.2.1.4.4　排放因子计算

本书将台架测试数据库中不同类型、不同排放阶段的发动机排放数据作为基本排放因子。采用实测的排放因子进行工况修正，结合非道路移动机械不同功率段和不同排放阶段的销售量数据，得到非道路移动机械的综合排放因子。图 2-2-22 展示了部分典型非道路移动机械排放因子。

2.2.2　活动水平数据

非道路移动机械的作业方式所有不同，针对不同类型的机械调研的活动水平数据也有一定的差异。本节针对工程机械和农业机械活动水平的特点采用了不同的方式进行调研，并对调研结果进行了分析和总结。

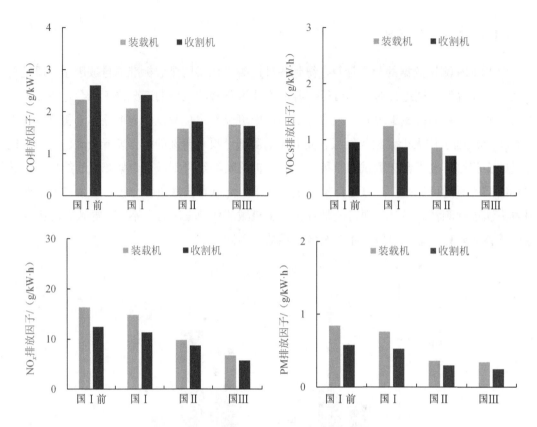

图 2-2-22　部分典型非道路移动机械排放因子

2.2.2.1　工程机械活动水平调研

2.2.2.1.1　工程机械的年均工作时间

工程机械的年均工作时间，又称年均开工小时数，是工程机械行业的重要指标。如挖掘机的这个数字在行业内被称为"挖掘机指数"，该指数是衡量挖掘机下游工作量情况的先行指标。

（1）工程机械年均工作时间数据来源

目前，工程机械年均工作时间数据来源包括定位监测终端和内置数据库的服务器，终端与服务器之间通过无线网络相连接，定位装置设置于被监控的工程机械设备上，用于采集机械的设备信息及所在位置的定位信息，并通过无线网络输出给服务器，服务器根据接收的信息来分析该机械设备的地理位置、连续工作时间、工作情况、保养情况及故障信息，并给出相应的维修方案（图 2-2-23）。

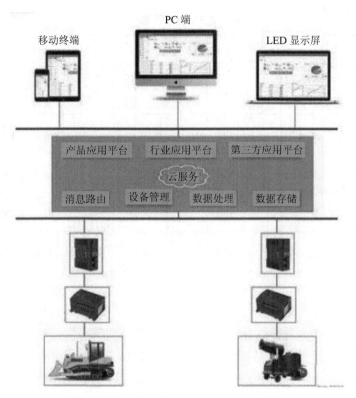

图 2-2-23　非道路机械远程在线监控系统

最初的远程监控系统是工程机械生产企业为了保护自身利益，在分期付款购进机械客户不按期付款时用来远程锁车，发展至今成为对机械设备的识别、定位、跟踪、监控、诊断处理和企业生产管理等的多功能平台工具。这些信息对污染物排放清单的测算非常关键，项目组联系企业进行合作，获取其所有监控机械的相关信息，其中包括额定转速、额定功率、工作小时数等。

调研对象：项目组联系了挖掘机和装载机每年产销量与保有量排名靠前（前 10）的生产企业，得到了部分行业骨干企业的配合和支持。

调查内容：由于不同企业的情况和数据格式不同，所以问卷内容有细微差异，但是重要内容基本相同。表 2-2-9 为企业提供数据的需求表的填写结果示例。

（2）工程机械年均工作时间结果分析

截至 2019 年 3 月 24 日，非道路工作组共收集到了挖掘机和装载机年均工作小时数据 120 万余条，后期还有一些补充数据对本次报告的结果进行修正。

数据前期处理：由于各企业提供的数据是每台机械在各地工作的小时数，所以首先要将数据格式统一，然后按各省各地市将每台机械进行归类汇总，计算得出 2017 年这两个机械类别在每个地区的保有量和总工作时间，最终得到 2017 年年均工作小时数。

表 2-2-9　填写结果示例

机械型号	机械序列号	机械类型	发动机型号	生产日期	额定功率	额定功率转速	燃料种类	监控起始时间	监控结束时间	地级市	工作时间	怠速时间	油耗
				年月	kW	r/min		年月日时	年月日时		小时	小时	L
******	****************	挖掘机	2GR-01	2011 01	130		柴油	2010 010111	2016 123124		4 000	1 000	
******	****************	挖掘机	2GR-01	2011 01	130		柴油	2017 010100	2017 022111	A 市	300	100	
******	****************	挖掘机	2GR-01	2011 01	130		柴油	2017 022111	2017 102111	B 市	700	300	
******	****************	挖掘机	2GR-01	2011 01	130		柴油	2017 102111	2017 123124	C 市	200	50	

根据行业习惯，挖掘机根据其吨位分为大、中、小型挖掘机，据了解市场上对挖掘机的小型、中型、大型的区分标准有多种，不同吨位对应的发动机功率也有差别，并且本书的污染物计算基于功率法，所以本次分析结合 GB 20891—2014 发动机标准中不同功率段限值不同的规定，对挖掘机的类型进行了划分，即装用的发动机功率小于 37 kW 的为小型挖掘机，装用的发动机功率在 37～200 kW 的为中型挖掘机，装用的发动机功率大于 200 kW 的为大型挖掘机。装载机也采用相同的划分原则。

（3）挖掘机年均工作时间

图 2-2-24 提供了部分省（自治区）挖掘机的年均工作时间。根据企业提供的数据可知，全国挖掘机使用年平均小时数为 850 h，略高于清单指南中推荐的 770 h。由图 2-2-24 可知，平均工作时间较长的区域集中在内蒙古、山西等地区。可能的原因是这些地区矿产资源丰富，矿区对工程机械使用要求较高，使用频率也较高。东部地区挖掘机大多用在城市基建等领域，经常受到有无项目以及城市内开工时间限制等因素的影响，导致年均工作时间受到一定的影响。

（4）装载机年均工作时间

装载机广泛用于公路、铁路、建筑、水电、港口、矿山等建设工程，它主要用于铲装土壤、砂石、石灰、煤炭等散状物料，也可对矿石、硬土等进行轻度铲挖作业。换装不同的辅助工作装置还可进行推土、起重和其他物料，如木材的装卸作业。在道路、特别是在高等级公路施工中，装载机用于路基工程的填挖、沥青混合料和水泥混凝土料场的集料与装料等作业。由企业提供的数据可知，全国装载机的年均工作时间约为 930 h。图 2-2-25 为部分省（自治区）装载机的年均工作时间，从图 2-2-25 中可以看出，装载机使用时长较长的地区集中在货运及基建行业发达的华北地区和有大型港口码头的沿海省份。

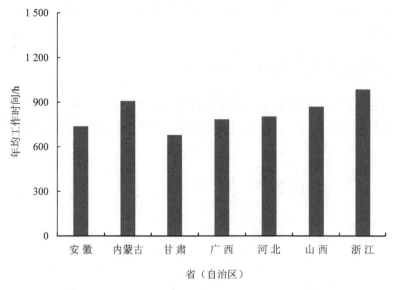

图 2-2-24　部分省（自治区）挖掘机的年均工作时间

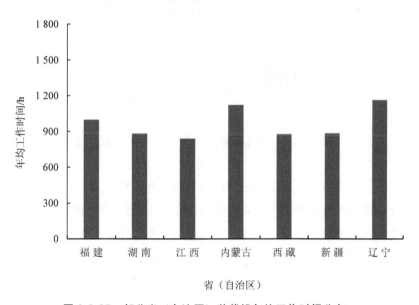

图 2-2-25　部分省（自治区）装载机年均工作时间分布

2017 年，我国装载机市场实现复苏式增长，受益于国内经济回暖、基础设施建设加码、PPP 项目（public-private partnership，即政府和社会资本合作，是公共基础设施中的一种项目运作模式）落地、产品更新周期等多重因素的叠加作用，装载机需求明显增长。同时基于 2016 年低基数效应，致使 2017 年实现平均增速为 56.78%，全年销量逼近 10 万台，2017年装载机月均销量在 8 000 台以上。2017 年，5 t 装载机累计销售 61 455 台，占总销量的

62.96%；3 t 装载机销售 20 969 台，占总销量的 21.48%；3 t 以下小型装载机销售 8 152 台，占总销量的 8.35%。

2.2.2.1.2 工程机械负载因子数据来源和分析

本节通过实际测试，获取了非道路移动机械在各个工况下的实际功率，根据机械的额定功率可计算得到各个工况下的发动机负载因子。如图 2-2-26 为装载机各个工况下的发动机负载因子。

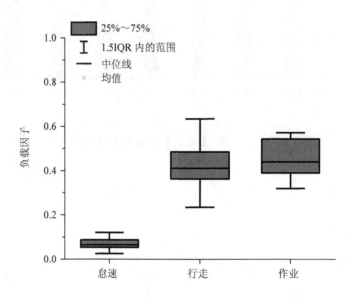

图 2-2-26 装载机各个工况下的发动机负载因子

由图 2-2-26 可知，装载机怠速工况下的负载因子相对稳定且处于较低水平。而在行走工况下，其行走速度相对较快，操作人员会驾驶装载机自行转移施工地点，且在其行走过程中存在一定程度的加减速情况，故其行走负荷因子变化较大。作业状态下反而因为翻斗在装满后需要举起后退或前进发动机运行工况变化频繁，负载因子出现一定范围的波动。

综合各个工况的时间比例和负载因子，可得到综合工况下的平均负载因子。如表 2-2-10 所示，装载机平均负载因子采用实测值进行加权计算。

表 2-2-10 装载机平均负载因子

机械类型	平均负载因子
装载机	0.45

2.2.2.1.3   工程机械平均功率数据来源和结果

各个省（区、市）工程机械的平均功率数据主要依据工程机械行业权威机构提供的统计数据。计算过程主要是根据提供的所有机械的功率加和计算出机械功率总和，功率总和除以机械总数得到全国此类机械平均功率。

2.2.2.1.4   工程机械保有量数据来源和结果

本书工程机械的保有量数据利用了国内工程机械行业权威机构提供的历年各门类机型的销售数据（包含进口机械），以及对应的存活曲线计算得到。图 2-2-27 以××市为例，展示了 1995—2017 年挖掘机的销售数据。从图中可以明显看出，2000 年以前，该市挖掘机的销售量相对稳定，并处于较低的水平。2000 年以后，各类型机械的销售量呈现上升趋势，特别是 2003 年以后，挖掘机的销售量进入快速增长阶段。

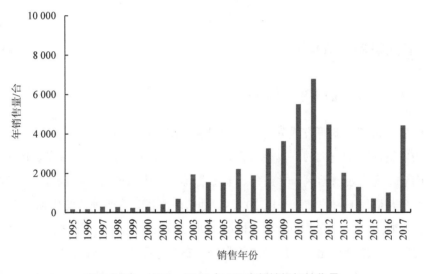

图 2-2-27   1995—2017 年 XX 市的挖掘机销售量

工程机械的存活曲线主要反映不同使用年数下各类型机械的存活比例。通常情况下，机械在第 0 年（销售当年）的存活率为 100%。之后，由于机械磨损、操作不当、意外损毁等情况的发生，工程机械的存活率呈现逐年递减的趋势。本书参考了 EPA 的 NONROAD 模型中的经验值以及其他调研结果，得到了图 2-2-28 所示的年限为 15 年和 20 年的工程机械存活曲线。从图 2-2-28 中可以看出，工程机械在使用的前 5 年内，存活率保持在较高的水平；5～10 年，存活率快速下降，之后的年份内，存活率又趋于缓慢降低，直到达到使用年限，各类型机械的存活率降为零。

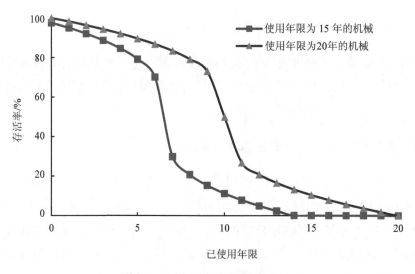

图 2-2-28　工程机械存活曲线

2.2.2.2　农业机械活动水平

2.2.2.2.1　农业机械活动水平数据来源

本书中农业机械的调研方式分为实地调研和网络调研两种形式，实地调研的地点选取分布在我国农机保有量较大的、典型有代表性的部分城市，分别是北京市、山东省、黑龙江省、河南省、内蒙古自治区、甘肃省、安徽省等。其中河南省、山东省、河北省作为我国的农业大省，是我国的黄淮海平原主产区，地势较平缓，主要种植的作物为小麦、玉米、青饲料等，其农业机械保有量和总动力情况都处于领先地位。黑龙江省位于中国的东北边陲，地域辽阔，是位置最北、纬度最高的省份。农业方面耕地相对集中连片，素以黑土地闻名天下，极具地域特色，是我国的东北平原主产区，主要种植玉米、水稻、青饲料等作物。安徽省同为农业大省，且在地域上为南方特色，为长江流域主产区，主要的种植作物为水稻、小麦、棉花等。北京市作为我国的首都，无论是在移动源排放还是在环境治理方面，其水平与标准都处于领先地位，农业方面的情况也更具城郊特色，相应的农业机械排放对城市空气质量影响更为直接。且北京市南北部作物的熟制也有很大不同，南部多为一年两熟，北部为一年一熟，南北部的农业机械活动水平因而有较大的差异。内蒙古自治区地处祖国北疆，有"塞外米粮仓"之称，是我国重要的粮食大省，且是我国河套灌溉的主产区，主要作物为小麦、青饲料等。甘肃省是位于我国西部的农业大省，在地势及作物种植方面具有自己的特色，处于甘肃新疆主产区，主要作物为棉花、小麦等。

（1）实地调研

实地调研有访问农户及农机大户、访问经销商及合作社、访问地方农机协会及问卷调查四种途径（图 2-2-29）。

图 2-2-29　调研过程照片

1）访问农户及农机大户。通过与农户实地直接交流，可掌握当地农作信息，农业机械需求量、各种农业机械实际作业水平等情况。对农机大户的访问可以反映出当地农业机械的使用情况，具有一定的代表性。本次走访了河北威县、山东莒县、甘肃武威古浪县、凉州区、民勤县等地的农机大户，深入农户家中，与各农机大户面对面交流，一线了解当地农村农业机械使用情况。但访问农户信息提取相对有限，无法对于整个区域做出较正确的估计。

2）访问经销商及合作社。经销商和合作社是农民购买农业机械的主要渠道，通过访问经销商和合作社能够了解该区域内对于各类农机需求量情况，以及各类农机品牌的销售情况，能够较好估计该地区大中小型农业机械功率段占比情况。本次走访了河北唐山市临榆、抚宁、迁西、滦县，黑龙江佳木斯市、齐齐哈尔，河北沧州、邢台，山东日照、济宁等地的农机经销商和合作社负责人、对该地区农机使用情况有所了解。但由于是间接估计当地农机活动水平，故需要对各类数据进行筛选、整理。

3）访问地方农机协会。通过访问地方农机协会，能够较清楚了解当地农业机械的使用情况。本次访问了北京平谷、河南漯河、河北保定、内蒙古呼和浩特等地的农机协会，对各地农机作业水平情况掌握得较为全面。它相比于访问当地农户，更能反映出地方区域农机活动水平，信息也更贴近于实际农业作业情况。

4）问卷调查。分发问卷能够较为方便地统计相关农机信息，对各区域农机活动水平进行有效补充，极大地节省时间和实地走访的程序。本次主要是针对各走访县市周边区域，如山东鱼台、临沂、聊城，河北魏县、赵县、张家口，黑龙江大庆、绥化等省市。但问卷样本统计相对离散，不能较准确估计各区域实际情况，需要后期进行整理。

（2）网络调研

网络调研主要是通过微信小程序调研（图 2-2-30）。网络调研能较为高效地、大范围地、全方位地将需要调研的信息传达给受访问者，通过网络调研，项目组高效地了解到全国不同地区农机活动水平及作物和种植模式等数据信息，极大地节省了调研周期与调研流程。本次主要是对各边远地区，如内蒙古、贵州、广西、云南、新疆、青海等省（自治区），但问卷样本统计信息相对离散，还需要结合各地文献资料进行后期整理。

2.2.2.2.2 不同机械的年均工作时间结果分析

（1）全国总体分布

本次调研的农业机械主要为拖拉机和联合收割机。拖拉机是农业生产中重要的动力机械，用于牵引和驱动作业机械完成各项移动式作业，目前市场上最常见的就是手扶拖拉机、轮式拖拉机和履带式拖拉机，用途非常广泛。例如，拖拉机与挂车连接，可实现农产品的运输；与相应的农机具连接，可进行耕地、整地、播种等田间作业，因此作业的时间范围比较广。联合收割机是一种能够一次完成谷类作物的收割、脱粒、分离茎秆、清除杂余物等工序，从田间直接获取谷粒的收获机械，作业时间一般为作物的收获期，相对于拖拉机来说联合收割机作业的时间范围较窄，且收获作物的种类目前为止较少，多为玉米、小麦、棉花等。

部分省份拖拉机年均工作小时分布如图 2-2-31 所示。整体来看，东北地区、华北地区、西北部分地区（新疆地区）等拖拉机年使用小时数较高，最高为新疆部分地区，年使用小时数约为 500 h。西南部分地区（四川、贵州等）、华中部分地区等拖拉机年使用小时数较低，为 150 h 以下。其余地区（甘肃、安徽等）拖拉机年使用小时数为 150～200 h。

不同地区农机年工作时长调查

您好，我是中国农业大学工学院的张学敏副教授，现开展一项关于中国各地区农机工作时长的调查，需要了解一些关于您所在地区（县/镇）的情况，希望您帮忙填写以下问卷，谢谢！

*1. 您的工作类型 【多选题】

- [ ] 个人种植户
- [ ] 合作社
- [ ] 农机服务提供者
- [ ] 生产企业
- [ ] 高校
- [ ] 行业协会
- [ ] 收理部门

*2. 您所在的地区：

___ 省 ___ 市 ___ 县

*3. 您所在地区的主要作物和种植模式（一年几熟）

___

*4. 主要使用的自带动力农机种类 【多选题】

- [ ] 拖拉机
- [ ] 小麦收割机
- [ ] 玉米收获机
- [ ] 水稻收获机
- [ ] 插秧机
- [ ] 烘干机

*5. 各类农机使用情况

农机种类1：___
机器型号：___
额定功率：___
机器用途：___
年使用时长（小时）：___
燃油类型：___
燃油型号：___
农机种类2：___
机器型号：___
额定功率：___
机器用途：___
年使用时长（小时）：___
燃油类型：___

年使用时长（小时）：___
燃油类型：___
燃油型号：___
还有其他请填在此处，填写本题涉及信息即可（谢谢）：___

*6. 您是否愿意我们到当地调研或提供信息帮助（提供当地信息，帮忙联系农户等）【多选题】

- [ ] 是
- [ ] 否
- [ ] 无所谓

提交

图 2-2-30　小程序调研页面

新疆地区的主要农作物为小麦、棉花和玉米，在生产过程中都有拖拉机的参与，且本地区的拖拉机用途较多，带的农机具较杂，多携带旋耕机、开沟机、起垄犁、培土机等农具，或用于运输，其工作一般为 100 d/a，尤其是在北疆的部分地区，年均工作时长可达到800 h 以上；东北地区以及华北地区从自然条件来看，地势较平坦，农业较发达，农业机械化程度较高，尤其是东北地区，大规模作业较多，小麦和谷类作物种植广泛，因此拖拉机年均工作时长也较高，达到了 250 h 以上；西南地区的主要农作物为水稻、小麦、玉米和油菜，由于温度较高导致农作物一般为一年三熟，拖拉机直接参与农作物生产和后期运输，且西南地区拖拉机保有量较低，同一地区或相邻地区协同作业情况较多，所以西南部分地区的拖拉机年均工作时长也达到 200 h 以上。但是西南的其余地区较低，主要由于山区较多，不利于拖拉机工作，年均工作小时数在 150 h 以下。

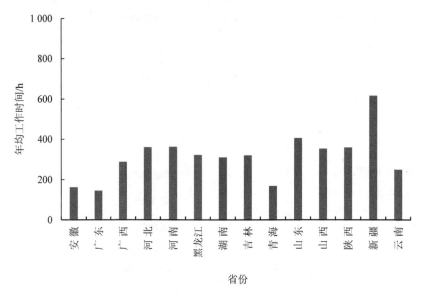

图 2-2-31　部分省份拖拉机年均工作小时分布

部分省份联合收割机年均工作小时分布如图 2-2-32 所示。与拖拉机相比较，联合收割机年均工作小时整体较少，其中新疆地区、东北部分地区、山东省、河南省、河北省等联合收割机年使用小时数较高，最高达 360 小时以上，其余地区联合收割机年均工作小时数整体偏低，为 200 h 以下。

与拖拉机不同，联合收割机的作业用途较单一，作业时间为作物的收获期。新疆地区主要农作物为棉花、小麦、玉米等，是全国举足轻重的棉花主产区，棉花收获期依赖采棉机，每年工作 40～50 天，每天工作约 12 h，部分地区协作情况较多，能达到每年工作 60～80 天，因此联合收割机使用小时数很高，最高能达到 720 h 以上。西南部分地区（四川、贵州等）联合收割机年使用小时数较低，最低为 200 h 以下。东北部分地区（黑龙江等）

联合收割机年使用小时数约为 240 h，地势较平坦，农业较发达，农业机械化程度较高，大规模作业较多，因此联合收割机年使用小时数较高。云南、广西等地区由于气候影响，一年两熟，且联合收割机保有量很低，因此相邻地区协作情况较多，所以这两个地区的联合收割机年均工作时长相比较来说也偏高，为 200 h 左右。

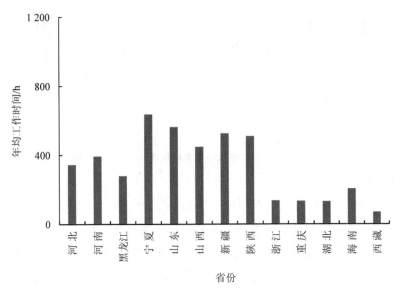

图 2-2-32　部分省份联合收割机年均工作小时分布

（2）不同功率段机械的年均工作时间

通过实地调研，获得了各门类机械不同功率段的年均工作小时分布。图 2-2-33（a）为拖拉机不同功率段的年均工作小时分布。整体来看，拖拉机不同功率段的年均工作小时数平均值相近，变化波动不大，且不同功率段的年均工作小时数范围相近，最高值大约为550 h，其中，$G<37$ kW 功率段的年均工作小时数为 230 h，且大约 50%的拖拉机年均工作小时集中在 150～300 h，最大差异为 150 h，数据离散程度较高。$37<G<75$ kW 功率段的年均工作小时数为 220 h，且大约 50%的拖拉机年均工作小时集中在 150～330 h，最大差异为 180 h，数据离散程度较高。$75<G<135$ kW 功率段的年均工作小时数为 220 h，且大约 50%的拖拉机年均工作小时集中在 145～325 h，最大差异为 180 h，数据离散程度较高。$G>135$ kW 功率段的年均工作小时数为 220 h，且大约 50%的拖拉机年均工作小时集中在 180～325 h，最大差异为 145 h，数据离散程度较高。

拖拉机不同功率段的年均工作小时数范围均较大，整体均较分散。主要由于我国不同地域之间农业种植差异较大，从北到南分别为一年一熟、两年三熟、一年两熟、一年三熟等，地域差异大，而拖拉机可进行耕地、整地、播种等田间作业，与各地区农作物息息相关，因此拖拉机的年均工作小时数差异大，整体分布较分散。

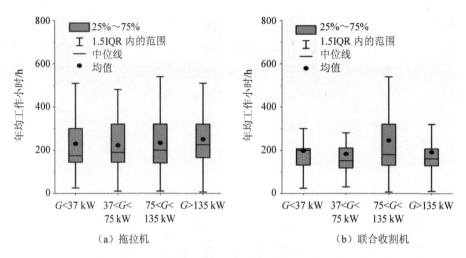

图 2-2-33 农业机械不同功率段的年均工作小时分布

图 2-2-33（b）为联合收割机不同功率段的年均工作小时分布。和拖拉机相比，联合收割机不同功率段的年活动小时数有很大差别，且平均值变化波动较大，各功率段的联合收割机年工作小时数范围也有显著差别，最高可达 550 h。其中，$G<37$ kW 功率段的年均工作小时数为 200 h，且大约 50%的联合收割机年均工作小时集中在 130～210 h，最大差异为 80 h，数据离散程度较低。$37<G<75$ kW 功率段的年均工作小时数为 175 h，且大约 50%的联合收割机年均工作小时集中在 120～215 h，最大差异为 95 h，数据离散程度较低。$75<G<135$ kW 功率段的年均工作小时数为 250 h，且大约 50%的联合收割机年均工作小时集中在 130～320 h，最大差异为 190 h，数据离散程度较低。$G>135$ kW 功率段的年均工作小时数为 190 h，且大约 50%的联合收割机年均工作小时集中在 130～200 h，最大差异为 70 h，数据离散程度较低。

整体来看，联合收割机 $75<G<135$ kW 功率段年均工作小时数范围较大，数据较分散，但其他三个功率段年均工作小时数范围较小，数据较集中。主要由于大部分联合收割机的功率均在 $75<G<135$ kW 功率段内，其他功率段的联合收割机数量较少，统计样本较小，因此数据离散程度不高。$75<G<135$ kW 功率段内的联合收割机使用频率较高，作业时间均为作物收获期，与不同地区农作物息息相关，而不同地域农业种植差异较大，因此离散程度较高。

2.2.2.2.3 不同工况的发动机负载因子数据来源和结果分析

根据测试得到的各个工况下的实际功率，结合发动机的额定功率可计算出各个工况下的平均负载因子（图 2-2-34）。从图 2-2-34 中可知，拖拉机在作业时，播种状态下的发动机负载因子为 0.55，部分拖拉机在工作时甚至达到了 0.8。当翻地时，发动机负载因子会继续增大，最高达到 1.2。在行走工况下，拖拉机的负载因子一般保持在 0.1～0.3，平均负载因子为 0.22。与拖拉机有所不同，联合收割机在作业时的发动机负载因子相对来说比较稳定，一般在 0.45 左右，而在行走工况下，一般保持在 0.08～0.15，平均负载因子为 0.11。与行走和怠速不同，怠速工况下两种机械的负载因子比较稳定，基本稳定在 0.2 左右。

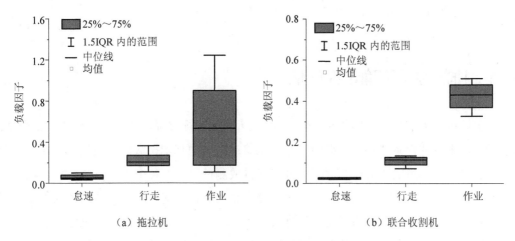

（a）拖拉机　　　　　　　　　（b）联合收割机

图 2-2-34　农业机械各个工况下的负载因子

通过实际测试的数据，获取了部分机械在各个工况下的实际功率，根据机械的额定功率可计算得到各个工况下的发动机负载率，然后通过各个工况下的时间分布得到各类型机械的平均负载因子，如表 2-2-11 所示。

表 2-2-11　农业机械平均负载因子

机械类型	拖拉机	联合收割机
平均负载因子	0.52	0.4

2.2.2.2.4　农业机械总动力

通过收集国内相关农业统计年鉴，可得到全国农业机械总动力，也可参考国内外的研究结果获得。

2.3　不确定性分析

2.3.1　排放因子不确定性评估

对于排放因子部分，首先收集整理了不同类型、不同排放阶段的发动机台架测试数据。基于不同功率段进行系统整理，得到了非道路移动机械的基本排放因子数据库。在此基础上，采用车载排放测试技术对非道路机械展开排放测试，获得各个工况下的排放数据和油耗数据，并基于开发的发动机实际功率估算模型对未能获得基于功率排放因子的机械进行计算，最终获得所有机械的基于功率的排放因子。将测试得到的不同类型机械排放因子作为工况修正因子，对台架认证数据进行修正，最终得到核算方法所需的排放因子。排放因子通过结合数据质量评价方法和定量方法评估，具体见本书机动车不确定性分析部分。

对于进行了实际工况测试的机械，排放因子的准确性较高，不确定性较小。对于参考其他文献的结果，存在一定的不确定性。表 2-3-1 为部分非道路移动机械排放因子的不确定度结果。

表 2-3-1　部分非道路移动机械排放因子的不确定性度结果

类别	机械门类	排放因子
工程机械	挖掘机	±30%
	摊铺机	±50%
农业机械	大中型拖拉机	±30%
	其他机械	±50%

2.3.2　活动水平数据的不确定性评估

2.3.2.1　不确定性评估方法

目前，活动水平数据主要依靠文献调研、行业调研等方式获得。评估活动水平不确定性范围的主要方法如下。

保有量或者总动力等参数主要采用宏观统计数据的不确定性评估方法，具体内容见本书机动车不确定性分析部分。对于其他类型的活动水平统计数据，可采用非宏观统计活动水平数据不确定评估方法。详见本书机动车不确定性分析方法部分。

2.3.2.2　工程机械活动水平不确定性分析结果

2.3.2.2.1　年均工作时间

本书中部分机械的年均工作小时数据来源于国内龙头企业的在线监控数据库。因此，该类型机械的工作小时数据具有广泛的代表性，不确定性范围是±20%。其他类型的工程机械主要参考了现有文献的结果，其准确性相对较低，不确定性范围是±40%。

2.3.2.2.2　负载因子

本书中部分类型机械的发动机负载因子均来自实际工况下的测试结果，其数据的准确性高，确定性范围是±20%。而其他类型机械的负载因子数据来自现有文献的调研结果，不确定性范围是±40%。

2.3.2.2.3　平均功率

各个省（区、市）工程机械的平均功率数据主要依据工程机械行业权威机构提供的统计数据计算得出，计算过程主要是根据提供的所有机械的功率加和计算出机械功率总和，功率总和除以机械总数得到全国此类机械平均功率。因此，平均功率的可靠性高，不确定性范围是±10%。

部分工程机械活动水平数据不确定度等级如表 2-3-2 所示。

表 2-3-2　部分工程机械活动水平数据不确定度等级

机械类型	年均工作小时	发动机负载因子	平均功率
挖掘机	±20%	±20%	±10%
压路机	±40%	±20%	±10%
摊铺机	±40%	±40%	±10%

2.3.2.3　农业机械活动水平不确定性分析结果

2.3.2.3.1　年均工作时间

本书中拖拉机和联合收割机的年均工作小时数据主要来自实地调研和文献调研，其结果的准确性相对较高，不确定性范围为±20%。

对于柴油灌溉机械、机动渔船以及其他类型农业机械，本书为对年均工作小时进行调研，仅仅采用了《非道路机械清单指南》中的推荐值，不确定性范围为±40%。

2.3.2.3.2 负载因子

本书中拖拉机和收割机的发动机负载因子均来自实际工况下的测试结果，其数据的准确性高，不确定性范围是±20%。对于其他类型农业机械，由于采用了文献推荐值，不确定性范围是±40%。

2.3.2.3.3 总动力

本书中的总动力数据来自国家统计年鉴以及行业的权威部门统计结果，数据的可靠性很高，不确定性范围为±10%。

部分农业机械活动水平数据的不确定度等级如表 2-3-3 所示。

表 2-3-3 部分农业机械活动水平数据的不确定度等级

机械类型	年均工作小时	发动机负载因子	总动力
大中型拖拉机	±20%	±20%	±10%
其他机械	±40%	±40%	±10%

2.4　非道路移动机械排放清单模型的开发和应用

2.4.1　排放模型清单计算方法

2.4.1.1　排放模型总体框架

非道路移动机械排放清单模型的总体架构如图 2-4-1 所示。

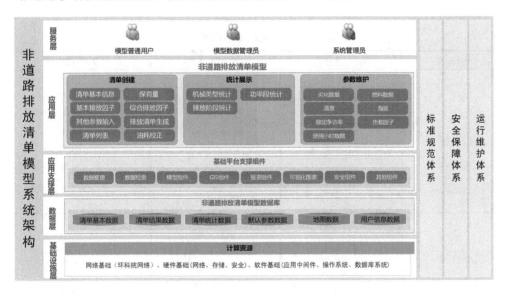

图 2-4-1　非道路移动机械排放清单模型的总体架构

1）基础设施层：基础设施建设是承载本项目的基础，具体包括主机、存储、网络及安全等基础软硬件设施，为整个平台的运行提供基础保障。

2）数据层：数据层是非道路排放清单模型的核心内容和基础，通过建设数据体系和数据管理、服务平台，统一管理非道路排放清单模型数据信息，为管理决策提供数据支持。

3）应用支撑层：采用成熟技术，提供数据管理、数据检索、模型组件、GIS 组件、报表组件、安全组件等公共服务组件，为非道路排放清单模型的建设提供基础服务功能。

4）应用层：非道路排放清单模型提供清单创建、统计展示、参数维护等应用功能。

5）服务层：通过非道路排放清单模型的建设，面对模型普通用户、模型数据管理员、系统管理员提供服务。

6）标准规范体系：贯彻落实统一标准规范，强化标准在本项目各个环节的基础支撑作用，规范当前和以后的非道路排放清单模型建设与管理工作。

7）安全保障体系：制定安全策略和采取先进、科学、适用的安全技术，对本项目系统实施安全防护和监控，借助机房统一安全认证体系，能方便地建立一个完整的多层次的安全保障体系。

8）运行维护体系：制订运行维护方案，规划运行维护服务体系，其中包括制度、组织、流程及技术服务平台组成，涉及制度、人、技术、对象四类因素。

2.4.1.2　排放模型技术路线

模型目前覆盖非道路移动机械分类如表 2-4-1 所示。

表 2-4-1　非道路移动机械分类

第一级分类	第二级分类	第三级分类	第四级分类
工程机械	挖掘机	<37 kW 37～75 kW 75～130 kW ≥130 kW	国 I 前 国 I 国 II 国 III 国 IV
	推土机		
	装载机		
	叉车		
	压路机		
	摊铺机		
	平地机		
	其他		
农业机械	拖拉机	<37 kW 37～75 kW 75～130 kW ≥130 kW	国 I 前 国 I 国 II 国 III 国 IV
	联合收割机		
	排灌机械		
	机动渔船		
	其他		
小型通用机械	手持	—	国 I 前 国 I 国 II 国 III 国 IV
	非手持	—	
柴油发电机组		<37 kW 37～75 kW 75～130 kW ≥130 kW	国 I 前 国 I 国 II 国 III 国 IV

由于非道路移动机械环保达标管理相对薄弱，可考虑排放阶段按时间进行划分。非道路移动机械排放阶段划分时间如表 2-4-2 所示。

表 2-4-2　非道路移动机械排放阶段划分时间

类型		国Ⅰ前	国Ⅰ	国Ⅱ	国Ⅲ
工程机械	挖掘机	~2008.10.1	2008.10.1~ 2010.10.1	2010.10.1~ 2016.4.1	2016.4.1~
	推土机				
	装载机				
	叉车				
	压路机				
	摊铺机				
	平地机				
农业机械	大中型拖拉机				
	小型拖拉机				
	联合收割机				
	三轮农用运输车	~2007.1.1	2007.1.1~ 2008.1.1	2008.1.1~	
	四轮农用运输车				
	排灌机械	~2008.10.1	2008.10.1~ 2010.10.1	2010.10.1~ 2016.4.1	2016.4.1~
	其他				
小型通用机械	手持式	~2012.3.1	2012.3.1~ 2014.1.1	2014.1.1~	
	非手持式	~2012.3.1	2012.3.1~ 2016.1.1	2016.1.1~	
柴油发电机组		~2 008.10.1	2008.10.1~ 2010.10.1	2010.10.1~ 2016.4.1	2016.4.1~

非道路移动机械排放量计算公式如下。

$$排放量 = \sum_{i,j,k,m} 保有量_{i,j,k,m} \times 额定净功率_{i,j,k} \times 负载因子_{i,j} \times 使用小时数_{i,j} \times 综合排放因子_{i,j,k,m}$$

式中：i、j、k、m 分别为非道路移动机械第一级分类、第二级分类、第三级分类、第四级分类。图 2-4-2 为模型的数据计算框架。

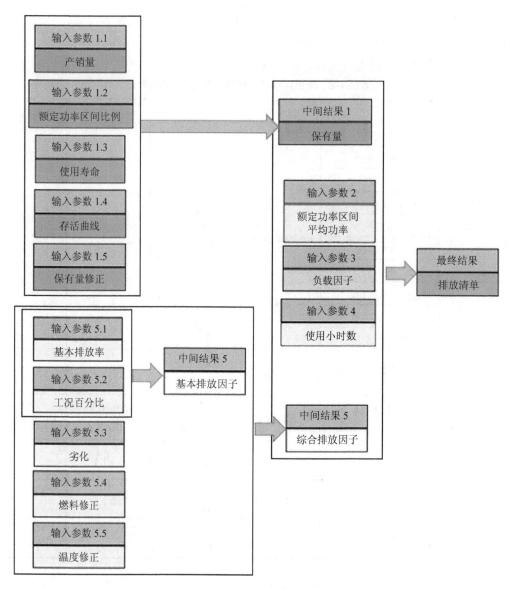

图 2-4-2　模型的数据计算框架

2.4.1.3　排放模型参数

非道路移动机械排放清单模型参数包括如下方面。

- 基础输入参数 8 个：产销量、各机械分类占比、使用寿命、额定功率、基本排放率、工况百分比、负载因子、使用小时数。产销量、各机械分类占比、使用寿命、额定功率、负载因子、使用小时数数据需要工具使用者根据研究对象不同自行输入。
- 修正参数 2 个：劣化系数、燃油修正参数。

- 输出参数 4 个：

1）一级输出参数 1 个：基本排放因子数据。

2）二级输出参数 2 个：综合排放因子数据、保有量数据。

3）三级输出参数 1 个：排放清单结果。

2.4.1.4　排放模型内嵌数据库

非道路移动机械排放模型数据库包括保有量、综合排放因子、其他输入参数及排放清单数据库，具体见表 2-4-3。

表 2-4-3　非道路移动机械排放模型数据库

1 保有量数据库
1.1 产销量数据库
1.2 额定功率区间比例数据库
1.3 四级分类产销量数据库
1.4 中位使用寿命数据库
1.5 存活率数据库
1.6 保有量数据库
2 综合排放因子数据库
2.1 基本排放因子数据库
2.2 排放因子修正数据库
2.3 综合排放因子数据库
3 其他输入参数
4 排放清单数据库

2.4.1.5　排放模型计算方法

2.4.1.5.1　基本排放因子的计算

按第一级分类、第二级分类、第三级分类、第四级分类划分的各污染物基本排放因子为基本排放率与工况百分比的加权值，计算公式如下。BC、OC、SO_2、NH_3 除外，直接给出基本排放因子。

$$基本排放因子_{i,j,k,m} = \sum_n 基本排放率_{i,j,k,m,n} \times 工况百分比_{i,j,k,m,n}$$

2.4.1.5.2　综合排放因子的计算

按第一级分类、第二级分类、第三级分类、第四级分类划分的各污染物综合排放因子为基本排放因子、劣化系数、各修正系数的乘积，计算公式如下。

$$综合排放因子_{i,j,k,m}=基本排放因子_{i,j,k,m}×劣化系数_{i,j,k,m}×燃料修正系数_{i,j,k,m}×$$
$$温度修正系数_{i,j,k,m}$$

2.4.1.5.3　保有量的计算

$$保有量=产销量 × 存活率$$

将产销量数据按下式拆分四级分类数量。

$$四级分类保有量 = 产销量 × 三级分类占比 × 排放阶段划分时间表中相应排放阶段$$
$$该年实施月份数/12$$

$$销售年保有量 = 产销量 × 三级分类占比$$

（1）中位使用寿命

$$机龄=当前年度−销售年+1$$

（2）存活率

存活率根据存活曲线函数求得，自变量为机龄/中位使用寿命。非道路移动机械存活曲线如图 2-4-3 所示。非道路移动机械按第一级分类、第二级分类划分的使用寿命。

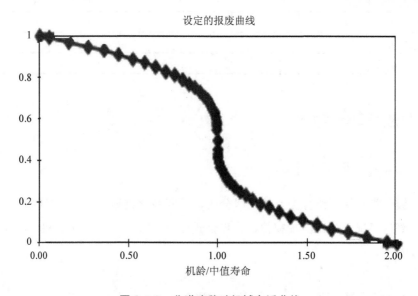

图 2-4-3　非道路移动机械存活曲线

（3）保有量修正

参考保有量数据，对前述计算所得保有量根据第二级、第三级（输入参数 1.2）、第四级（销售年）保有量进行修正，即将保有量误差部分按保有结构比例分摊。

（4）最终输出结果

各污染物排放清单计算公式如下。

$$排放量 = \sum_{i,j,k,m} 保有量_{i,j,k,m} \times 综合排放因子_{i,j,k,m}$$

2.4.2　排放模型页面示例

2.4.2.1　功能入口

功能入口如图 2-4-4 所示。

图 2-4-4　功能入口

2.4.2.2　清单创建

清单创建如图 2-4-5 所示。

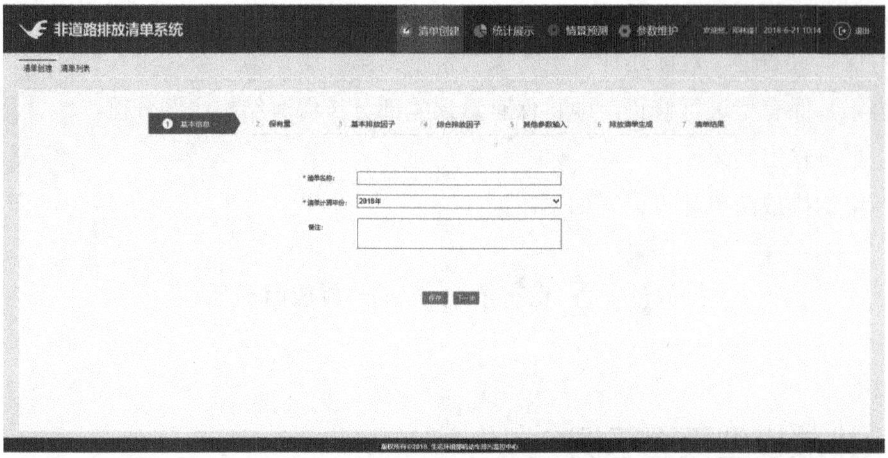
非道路排放清单系统
清单创建
统计展示
情景预测
参数维护
清单创建 清单列表
基本信息
保有量
基本排放因子
综合排放因子
其他参数输入
排放清单生成
清单结果
保存
下一步

（a）

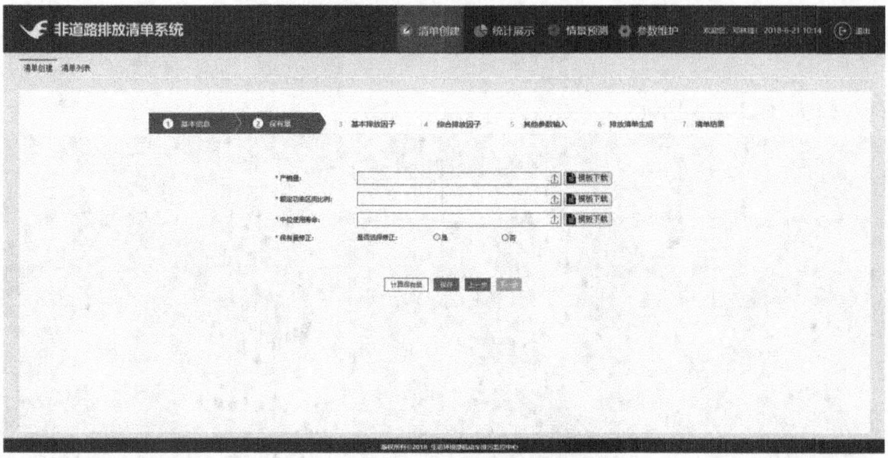
非道路排放清单系统
清单创建
统计展示
情景预测
参数维护
清单创建 清单列表
基本信息
保有量
基本排放因子
综合排放因子
其他参数输入
排放清单生成
清单结果
模板下载
保存
上一步
下一步

（b）

非道路排放清单系统
清单创建
统计展示
情景预测
参数维护
清单创建 清单列表
基本信息
保有量
基本排放因子
综合排放因子
其他参数输入
排放清单生成
清单结果
模板下载
保存
上一步
下一步

（c）

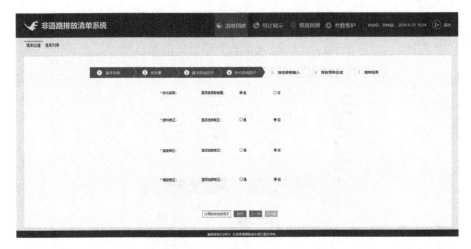

（d）

（e）

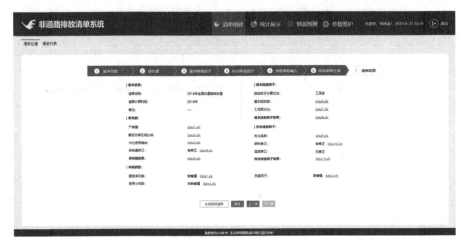

（f）

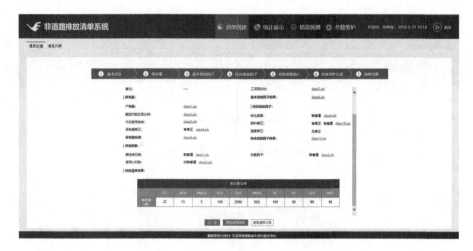

（g）

图 2-4-5 清单创建

2.4.2.3 统计展示

统计展示如图 2-4-6 所示。

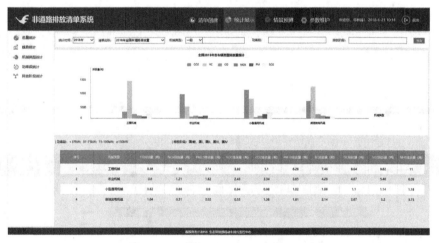

（a）

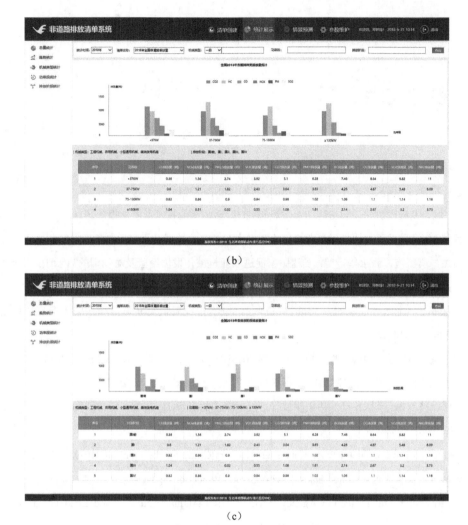

（b）

（c）

图 2-4-6　统计展示

2.5　参考文献

[1]　生态环境部. 2018 中国生态环境状况公报[R]. 北京：2018.

[2]　生态环境部. 中国机动车环境管理年报 2018[R]. 北京：2018.

[3]　黄峥. 城市基础设施建设与房地产业发展研究[J]. 金华职业技术学院学报，2011，11（2）：50-53.

[4]　国务院. 国务院关于加快推进农业机械化和农机装备产业转型升级的指导意见[R]. 北京，2018.

[5]　王瑞杰，樊玉霞，张永华，等. 发达国家促进农业机械化发展经验及对我国的启示[J]. 云南农业大学学报，2006（5）：681-685，689.

[6]　环境保护部. 非道路移动机械用柴油机排气污染物排放限值及测量方法（中国第三、四阶段）GB 20891—2014 [S]. 2014.

[7]　中国工程机械协会. 中国工程机械工业年鉴 2019[R]. 北京：中国工程机械协会，2019.

[8]　中国农业机械化科学研究院. 2017 中国农机化发展白皮书[R]. 北京：2018.

[9]　肖翠翠，杨姝影. 美国移动源污染排放管理及对我国的启示[J]. 环境与可持续发展，2015，40（1）：30-38.

[10]　United States Environmental Protection Agency. Users Guide for the Final NONROAD 2005 Model [R]. NW Washington，DC：United States Environmental Protection Agency，2005：1.

[11]　U. S. Environmental Protection Agency. Median Life，Annual Activity，and Load Factor Values for Non-road Engine Emissions Modeling [R]. NW Washington，DC：United States Environmental Protection Agency，2004：3.

[12]　U. S. Environmental Protection Agency. Median Life，Annual Activity，and Load Factor Values for Non-road Engine Emissions Modeling [R].NW Washington，DC：United States Environmental Protection Agency，2004：1-15.

[13]　U. S. Environmental Protection Agency. Exhaust and crankcase emission factors for non-road engine modeling-compression- ignition [R]. NW Washington，DC：United States Environmental Protection Agency，2004：6-23.

[14]　U. S. Environmental Protection Agency. Exhaust Emission Effects of Fuel Sulfur and Oxygen on Gasoline Non-road Engines[R]. NW Washington，DC：United States Environmental Protection Agency，2005：2-7.

[15]　U. S. Environmental Protection Agency. Temperature Corrections for Non-road Exhaust Emissions[R]. NW Washington，DC：United States Environmental Protection Agency，2005：1-2.

[16] U. S. Environmental Protection Agency. Calculation of Age Distributions in the Non-road Model Growth and Scrap page [R]. NW Washington，DC：United States Environmental Protection Agency，2005：1-5.

[17] U. S. Environmental Protection Agency. Median Life，Annual Activity，and Load Factor Values for Non-road Engine Emissions Modeling[R]. NW Washington，DC：United States Environmental Protection Agency，2004：8-15.

[18] 樊守彬，聂磊，阚睿斌，等. 基于燃油消耗的北京农用机械排放清单建立[J]. 安全与环境学报，2011（1）：145-148.

[19] 张礼俊，郑君瑜，尹沙沙，等. 珠江三角洲非道路移动源排放清单开发[J]. 环境科学，2010，31（4）：886-891.

[20] 伏晴艳，陈明华，钱华. 上海市空气中 NO_x 的污染现状及分担率[J]. 上海环境科学，2001，20（5）：224-226.

[21] 鲁君，黄成，胡磬遥，等. 长三角地区典型城市非道路移动机械大气污染物排放清单[J]. 环境科学，2017，38（7）：2738-2746.

[22] 谢轶嵩，郑新梅. 南京市非道路移动源大气污染物排放清单及特征[J]. 污染防治技术. 2016（4）：47-51.

[23] 隗潇. 京津冀非道路移动源排放清单的建立[C]. 中国环境科学学会学术年会. 2013.

[24] Li，Zhen，Hu，et al. An overview of non-road equipment emissions in. China[J]. Atmospheric Environment，2016，132：283-289.

[25] 生态环境部. 非道路移动机械用柴油机排气污染物排放限值及测量方法（中国第三、四阶段）GB 20891—2007 [S]. 2007.

[26] Hong Huo，Zhiliang Yao，Yingzhi Zhang，et al. On-board measurements of emissions from diesel trucks in five cities in China[J]. Atmospheric Environment，2012，54：159-167.

[27] Armas O.，Lapuerta M.，Mata C. Online Emissions from a Vibrating Roller Using an Ethanol-Diesel Blend during a Railway Construction[J]. Energy & Fuels，2009，23：2989-2996.

[28] Zissis Samarasa，Karl-Heinz Zierock. Off-road vehicles：a comparison of emissions with those from road transport[J]. Science of the Total Enviroment，1995，169（1）：249-255.

[29] 张意，Andre Michel，李东，等 天津市非道路移动源污染物排放清单开发[J]. 环境科学，2007（11）：4447-4453.

[30] 李东玲，吴烨，周昱，等. 我国典型工程机械燃油消耗量及排放清单研究[J]. 环境科学，2012（2）：518-524.

[31] 叶子铭，李肇铸，黄继章，等. 广州市典型非道路移动机械大气污染物排放清单研究[J]. 环境科学与管理，2018（11）：63-66.

[32] Fu M L，Ge Y S，Tan J W，et al. Characteristics of typical non-road machinery emissions in China by using

portable emission measurement system[J]. Science of the Total Environment，2012，437：255-261.

[33] 付明亮，丁焰，尹航，等. 基于燃油消耗的工程机械排放因子研究[J]. 北京理工大学学报，2014（2）：138-142.

第 3 部分

船舶大气污染物排放量测算方法

3.1　概述

3.1.1　研究背景

船舶运输具有运量大、成本低等优点，是国际贸易中最重要的运输方式之一，80%以上的国际货物通过海运完成，我国更是高达 90% 以上。按货物吞吐量计算，世界十大港口中有七个在中国，货物吞吐量连续多年位居世界第一。

据交通运输部统计，截至 2017 年年底全国拥有水上运输船舶 14.49 万艘，比 2016 年下降 9.5%；净载重量 25 652 万 t，下降 3.6%；载客量 96.75 万客位，下降 3.5%；集装箱箱位 216.30 万标准箱，增长 13.2%。

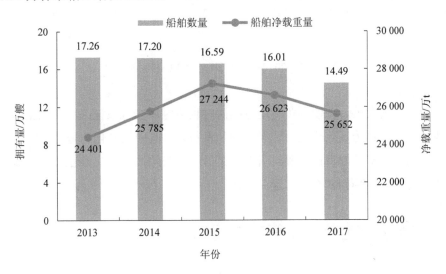

图 3-1-1　2013—2017 年全国水上运输船舶拥有量

2017 年全年完成客运量 2.83 亿人，比 2018 年增长 3.9%；旅客周转量 77.66 亿人·km，增长 7.4%；完成货运量 66.78 亿 t，增长 4.6%；货物周转量 98 611.25 亿 t·km，增长 1.3%。其中，内河运输完成货运量 37.05 亿 t、货物周转量 14 948.68 亿 t·km；沿海运输完成货运量 22.13 亿 t、货物周转量 28 578.71 亿 t·km；远洋运输完成货运量 7.60 亿 t、货物周转量 55 083.86 亿 t·km。

2017 年全国港口完成旅客吞吐量 1.85 亿人，比上年增长 0.2%。其中，沿海港口完成 0.87 亿人，增长 5.7%；内河港口完成 0.98 亿人，下降 4.1%。全年我国邮轮旅客运输量 243 万人，增长 11.6%。

2017 年全国港口完成货物吞吐量 140.07 亿 t，比上年增长 6.1%。其中，沿海港口完成 90.57 亿 t，增长 7.1%；内河港口完成 49.50 亿 t，增长 4.3%。2013—2017 年全国港口货物吞吐量如图 3-1-2 所示。

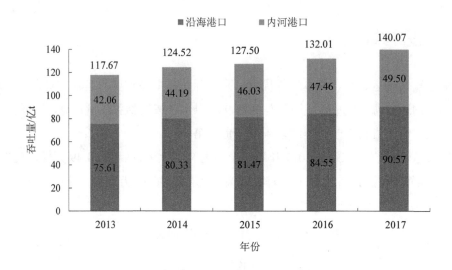

图 3-1-2　2013—2017 年全国港口货物吞吐量

航运业的快速发展，在便利贸易运输的同时也给区域空气质量改善带来压力。船舶柴油机主要排放污染物为氮氧化物、硫氧化物和颗粒物，其中氮氧化物是导致雾霾的重要前体物，颗粒物则是雾霾的直接来源。研究结果显示，船舶排放已成为沿海沿江地区大气污染的重要来源之一，受到社会的广泛关注。

3.1.2　船舶大气污染物测算方法研究现状

3.1.2.1　国外研究现状

国际海事组织（International Maritime Organization，IMO）及其他国际机构先后开展了船舶排放清单及其控制对策工作。已有的船舶大气排放清单按空间尺度可分为全球范围和区域范围两类。在全球范围的船舶大气污染物排放研究上，国际海事组织已经逐步用基于 AIS（automatic identification system，船舶自动识别系统）的自下而上的清单代替原有的基于燃油消耗量的自上而下的清单。

（1）国际海事组织

2014 年 6 月，国际海事组织发布了第三次温室气体研究报告（The third IMO GHG study）。该报告在第二次温室气体研究报告的基础上，使用基于 AIS 的动力法排放清单取代了之前的燃油法排放清单，估算了全球船舶温室气体和主要大气污染物的排放量。该报告汇总了全球多个精英团队的科研成果，包括英国的 UCL Energy Institute、Tau Scientific，美国的 Energy & Environmental Research Associates（EERA）、Starcrest，芬兰的 Finnish Meteorological Institute（FMI），中国香港的思汇政策研究所（Civic Exchange），荷兰的 CE Delft，日本的 Ocean Policy Research Foundation（OPRF），加拿大的 exact Earth 和印度的 Emergent Ventures。

另外，该报告也对 2012—2050 年的船舶排放情况进行了预测（图 3-1-3、图 3-1-4、表 3-1-1）。

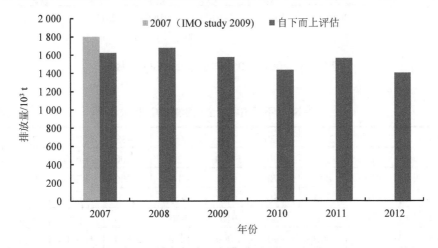

图 3-1-3　2007—2012 年全球船舶 PM 排放量

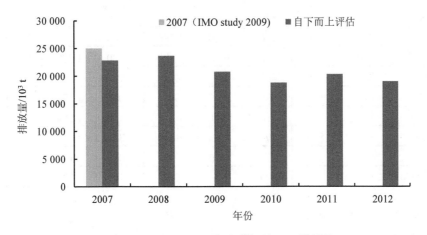

图 3-1-4　2007—2012 年全球船舶 NO_x 排放量

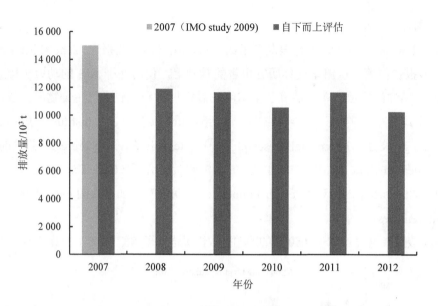

图 3-1-5　2007—2012 年全球船舶 SO_x 排放量

表 3-1-1　不同情境下全球船舶 CO_2 排放趋势　　　　　单位：10^6 t

情景	基准年	2015	2020	2025	2030	2035	2040	2045	2050
情景 1	810	800	890	1 000	1 200	1 400	1 600	1 700	1 800
情景 2	810	800	870	970	1 100	1 200	1 300	1 300	1 400
情景 3	810	800	850	910	940	940	920	880	810
情景 4	810	800	850	910	960	1 000	1 000	1 000	1 000
情景 5	810	800	890	1 000	1 200	1 500	1 800	2 200	2 700
情景 6	810	800	870	970	1 100	1 300	1 500	1 700	2 000
情景 7	810	800	850	910	940	1 000	1 100	1 100	1 200
情景 8	810	800	850	910	960	1 100	1 200	1 300	1 500
情景 9	810	810	910	1 100	1 200	1 400	1 700	1 800	1 900
情景 10	810	810	890	990	1 100	1 200	1 300	1 400	1 400
情景 11	810	800	870	940	970	980	960	920	850
情景 12	810	810	870	930	990	1 000	1 100	1 100	1 100
情景 13（BAU）	810	810	910	1 100	1 200	1 500	1 900	2 400	2 800
情景 14（BAU）	810	810	890	990	1 100	1 300	1 600	1 800	2 100
情景 15（BAU）	810	800	870	940	970	1 000	1 100	1 200	1 200
情景 16（BAU）	810	810	870	930	990	1 100	1 300	1 400	1 500

（2）国际清洁交通委员会

国际清洁交通委员会（The International Council on Clean Transportation，ICCT），采用商用卫星 AIS 数据，基于调研得到的数据处理规则，遵照 IMO 第三次温室气体排放研究报告的计算方法,建立了国际尺度的船舶排放清单。同时,也开展了 AIS 数据的处理规则研究,包括信号缺失时间段的插值规则、船舶工况的划分规则等。目前典型船舶的插值规则已经得到解决,并取得了比较好的效果。

(3)欧洲排放清单研究

欧洲对船舶排放清单的研究始于 2000 年第一次 IMO 温室气体研究（1 st IMO GHG Study 2000）,在这次研究报告中,首次使用了自上而下的方法,建立了基于燃油消耗量的欧洲船舶大气污染物排放清单。2002 年,Entec 公司的 Whall & Ritchie 等使用了自下而上的方法建立了基于船舶工况（航行数据库）的排放清单,此方法同时被用于第二次 IMO 温室气体研究（2nd IMO GHG Study 2009）。之后随着船舶 AIS 系统的发展,Entec 等机构逐步开始使用自下而上的方法,建立基于岸基 AIS 数据库和卫星 AIS 数据库的船舶大气污染物排放清单。欧洲的研究表明航运是 SO_x 和 NO_x 的主要排放源,其排放占丹麦的39%和28%,占荷兰、瑞典、挪威、英国、法国、意大利、比利时、芬兰和德国的 10% 至 31% 不等。

自下而上基于 AIS 动力法是当前国际建立船舶大气污染排放清单公认的方法,也是未来一段时期内的主导方法。

3.1.2.2　国内研究现状

2014 年 12 月 31 日,环境保护部发布《非道路移动源大气污染物排放清单编制技术指南（试行）》,其中对内河和沿海船舶的排放清单编制采用了燃油法。

基于 AIS 数据的计算方法,不仅可以得到不同类型船舶的排放量,而且可以对船舶排放进行时空分布,确定排放热点及轨迹,建立网格化的高分辨率排放清单,从而为科学决策提供有效支撑,近年来在国家和地方船舶大气排放清单编制中得到广泛应用。

生态环境部发布的《中国移动源环境管理年报（2019）》显示,2018 年船舶排放二氧化硫、碳氢化合物、氮氧化物和颗粒物分别为 58.8 万 t、8.9 万 t、151.1 万 t、10.9 万 t,其中氮氧化物和颗粒物分别占非移动源排放的 29.2%和 31.5%。非道路移动源 NO_x、PM 排放量构成如图 3-1-6、图 3-1-7 所示。

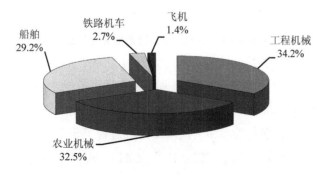

图 3-1-6　非道路移动源 NO_x 排放量构成

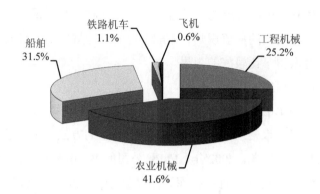

图 3-1-7 非道路移动源 PM 排放量构成

　　船舶港口污染呈明显的区域性。上海、广州、深圳、香港等港口城市大气源解析研究显示，船舶港口排放已成为重要的排放源之一。

　　上海市研究成果显示，2013 年上海港进出船舶共排放颗粒物 PM_{10} 0.33 万 t、$PM_{2.5}$ 0.27 万 t、DPM 0.32 万 t，气态污染物 NO_x 5.4 万 t、SO_x 2.3 万 t、CO 0.4 万 t、HC 0.2 万 t。各船舶类型污染物排放分担率如图 3-1-8 所示。

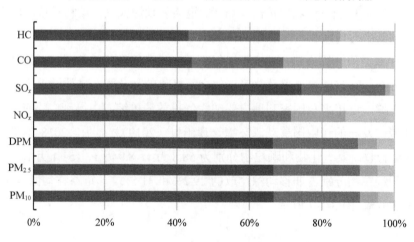

图 3-1-8 各船舶类型污染物排放分担率

　　可以看出远洋及沿海船舶是上海船舶大气污染物排放的主要来源，占到总排放量的 2/3 以上，其中 PM_{10} 和 SO_x 占到总排放量的 90% 以上。

　　广州市基于动力法分别对沿海和内河港口排放进行了研究，发现沿海港口中远洋船舶是主要排放源，尤其是 SO_2 和 PM（超过 85%、50%），内河船舶次之。内河港口中船舶及进出港运输车辆的排放分担率较高。港口局部范围内港区作业机械的排放超过进出港运输车辆，港区作业机械的排放量不容忽视，如图 3-1-9 所示。

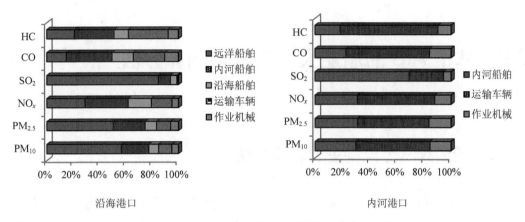

图 3-1-9　沿海、内河港口排放分担率

深圳市环境科学研究院研究结果显示，2013 年深圳船舶排放的细颗粒物、氮氧化物和二氧化硫占深圳市大气排放的比例分别为 5.2%、16.4% 和 58.9%，船舶中的氮氧化物和二氧化硫是深圳大气污染的重要来源。

香港环境保护署发布的 2017 年度香港空气污染物排放清单显示，水上运输二氧化硫、氮氧化物、可吸入悬浮粒子及微细悬浮粒子排放分担率分别达到 52%、37%、34% 及 41%，已成为城市污染最大的排放源（图 3-1-10）。

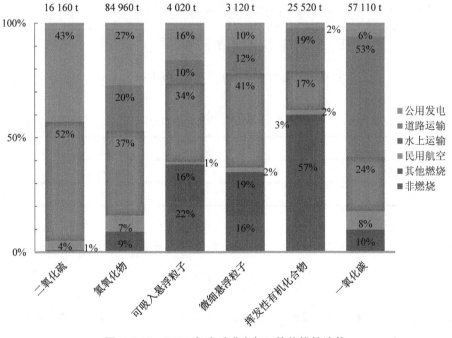

图 3-1-10　2017 年度香港空气污染物排放清单

3.2　基于 AIS 的船舶大气污染物测算方法

3.2.1　船舶大气污染物主要测算方法

　　船舶排放清单的计算方法主要有两种，一种是"自上而下"的估算方法，根据船舶的统计信息，如某地区货物吞吐量、船舶平均活动水平、船舶燃油使用情况等，选择合适的排放因子，如基于燃油消耗的排放因子（g/kg 燃料）、基于吨公里的排放因子（g/km·t）等，估算此地区船舶排放情况；另外一种是"自下而上"的估算方法，利用 AIS 采集到的船舶的实时航行信息，通过匹配船型信息，选择合适的排放因子，即可准确计算每一艘船舶的排放情况。

　　（1）基于客货周转量的燃料法

　　通过客货周转量得到燃油消耗量，进而得到排放量。主要大气污染物包括 CO、HC、NO_x、PM、SO_2。

　　CO、HC、NO_x、PM 等大气污染物排放量计算公式如下。

$$E = Y \times EF \times 10^{-6}$$

式中：E 为排放量，t；Y 为燃油消耗量，kg；EF 为排放因子，g/kg 燃料，如表 3-2-1 所示。

表 3-2-1　内河、沿海船舶排放因子　　　　　　　　　　单位：g/kg 燃料

燃油类型	CO	HC	NO_x	PM
普通柴油	23.80	6.19	47.60	3.81
燃料油	7.40	2.70	79.30	6.20

　　内河、沿海船舶燃油消耗量通过客、货周转量计算获得，计算公式如下。

$$Y = (0.065 \times Z_{客} + Z_{货}) \times YX$$

式中：$Z_{客}$ 为客运周转量，万人·km；$Z_{货}$ 为货物周转量，万 t·km；YX 为油耗系数，kg/（万 t·km），采用推荐值 50。

SO₂ 排放量根据燃油中的硫含量计算如下。

$$E = 2 \times Y \times S \times 10^{-6}$$

式中：E 为 SO₂ 排放量，t；Y 为燃油消耗量，kg；S 为燃油硫含量，g/kg 燃料。硫含量水平需要进行实地调研，如无数据可以参考燃料油标准限值。

（2）基于 AIS 的动力法

船舶大气污染物排放量计算的重点在于获取活动水平和对应的排放因子。首先，根据船舶静态数据获取主发动机和副发动机功率及转速、船舶类型、设计航速、建造年份等，根据 AIS 数据获取实际航速、标记定位时间等；其次，结合船舶静态数据、AIS 数据和研究设计数据，获取锅炉功率、主发动机和副发动机负荷系数、航行时间等；最后，根据研究设计数据、建造年份、发动机转速，确定排放因子，并在此基础上计算出船舶大气污染物排放量。

在基础信息缺乏的情况下，燃油法可以简单快速地估算船舶污染物排放，但是无法对排放数据进行时空分布和精细化分析，地方统计的客货周转量仅为当地注册企业经营船舶运输量，无法全面反映进出港船舶排放情况，不能有效支撑科学决策。基于 AIS 数据的计算方法，不仅可以得到不同类型船舶的排放量，而且可以对船舶排放进行时空分布，确定排放热点及轨迹，建立网格化的高分辨率排放清单，从而对科学决策提供有效支撑，近年来得到广泛应用，成为未来发展的主要方向。

（3）基于船舶艘次的动力法

首先，根据船舶进出港数据，获取船舶类型、进出港艘次、航行距离等，根据船舶静态数据，获取主发动机和副发动机额定功率；其次，结合船舶静态数据、进出港数据和研究设计数据，获取锅炉功率、主发动机和副发动机负荷系数、航行时间等；最后，根据研究设计数据，确定排放因子，并在此基础上计算出船舶大气污染物排放量。

（4）基于单船能耗的燃料法

首先，根据海事危防管理一体化系统，获取主发动机、副发动机和锅炉燃油消耗量；其次，根据研究设计数据，确定排放因子，并在此基础上计算出船舶大气污染物排放量。

基于客货周转量的燃油法、基于 AIS 的动力法、基于船舶艘次的动力法、基于单船能耗的燃料法、基于区域能耗的燃料法等，各种方法在数据需求、适用尺度和精确度等方面存在一定差异。各种方法的使用范围见表 3-2-2。

表 3-2-2　各种方法的使用范围

方法	活动水平需求	适用尺度排序	计算结果特征	计算结果准确度
基于 AIS 的动力法	AIS 数据 船舶静态数据	1. 全国 2. 区域 3. 港口	可提供高精度空间分布 可提供高精度时间分布 可计算研究范围内的过境船舶	准确度较高
基于船舶艘次的动力法	船舶艘次 船舶静态数据	1. 港口 2. 区域 3. 全国	可提供低精度空间分布 时间分布精度由活动水平数据的时间精度决定 不能计算过境船舶	准确度较高
基于单船能耗的燃料法	单船能耗	全国、区域、港口排序相同	可提供低精度空间分布 时间分布精度由活动水平数据的时间精度决定	准确度高
基于区域能耗的燃料法	区域能耗	1. 全国 2. 区域	不能提供空间分布 不能提供时间分布 计算范围边界不清晰，不能计算过境船舶	准确度较低
基于客货周转量的燃料法	客货周转量	1. 全国 2. 区域	不能提供空间分布 不能提供时间分布 计算范围边界不清晰，不能计算过境船舶	准确度低

3.2.2　船舶大气污染物测算 AIS 法

基于 AIS 数据的计算方法，不仅可以得到不同类型船舶的排放量，而且可以得到船舶排放空间分布，确定排放热点及轨迹，建立网格化的高分辨率排放清单，从而为科学决策提供有效支撑。

3.2.2.1　AIS 简介

AIS 是一种船舶助航系统，其不仅可以保存船舶的航行信息，提高船舶路径的准确性、空间细节和辨识度，而且也为统计船舶活动水平提供了便利。AIS 通常分为岸基 AIS 和星基 AIS，星基 AIS 是通过卫星搭载 AIS 装置，可以实现全球覆盖。岸基 AIS 主要是在沿海和沿河架设 AIS 基站，其覆盖范围受基站和船载终端的功率、基站的架设高度、遮挡物等多方面的因素影响。

AIS 数据包括船舶海上移动业务识别码（MMSI）、船舶主机最大连续额定功率、船舶发动机额定转速、船舶设计航速、船舶类型、船舶载重吨、船舶实际航速、船舶实时位置的经纬度、船舶运行状态、船舶标记的定位时间等船舶的基本信息。国际海事组织要求 2002年 7 月 1 日起所有总吨大于 300 的国际航行船舶、不从事国际航行的总吨大于 500 的货船以及所有的客运船只，应按照规定时间期限配备 AIS。2010 年 4 月，中国海事局印发《国内航行船舶船载电子海图系统和自动识别系统设备管理规定》，要求国内沿海内河船舶限期配备 A 级或 B 级 AIS 设备。依据《中华人民共和国内河海事行政处罚规定》，对不按照规定保持船舶自动识别系统处于正常工作状态，或者不按照规定在船舶自动识别设备中输入准确信息，或者船舶自动识别系统发生故障未及时向海事机构报告的，将从严处罚。目前，我国 300 GT 及以上国际航行的船舶，500 GT 及以上非国际航行的货船，以及所有客船，均已配备 AIS 设备，可通过调查或购买等途径获取。但其他船舶如渔船，不受海事部门管辖，由渔业部门管理，尚未强制安装 AIS 设备，除个别大型渔船装有 AIS 设备外，大部分渔船没有安装，同时渔船 AIS 使用也不规范，有时渔船为了偷捕，会把 AIS 关掉。大多数渔船安装的是 B 级 AIS 设备，价格便宜、功率小、发送距离有限，容易造成数据丢失。

3.2.2.2　测算范围

测算地理范围包括内河和沿海水域。内河是一个国家中的水域，江、河、湖、水库、人工运河和渠道等。沿海包括内水、领海、毗连区、专属经济区、近海和大陆架等。排放清单地理范围可以依据实际需要科学划定。不同的地理范围对排放清单的结果有重要的影响。一般为我国领海基线外 12 nmile 以内海域。

测算船型包括从事营运的运输船舶、港作船舶以及其他船舶。港作船包括拖轮、驳船等。运输船舶包括干散货船（散货船、散装化学品船、散装水泥运输船、散装沥青船）、集装箱船（集装箱船、冷藏船）、液货船（散装化学品船/油船、油船、一般液货船）、杂货船（杂货船、多用途船、重大件运输船、木材船等）、滚装船（车辆运输船、客滚船和滚装货船）、客船（高速客船、邮轮和普通客船）和其他船舶等。

测算污染物包括 HC、CO、CO_2、NO_x、PM、SO_2 等。

3.2.2.3　测算方法及技术路线

通过交通海事部门获取核算水域 AIS 数据、营运船舶登记注册数据、船舶进出港数据等。同时还可以通过购买劳氏数据、克拉克森数据等，对船舶静态数据库进行扩充。对 AIS 数据进行解析、清洗、缺失数据补全后与船舶静态数据库进行匹配，对无法匹配的数据进行估算。通过 AIS 数据和船舶静态数据，可以获取船舶的主机功率、副机功率、锅炉功率、最大设计航速等排放计算相关数据。利用动力法分别计算每艘次船舶主机、副机、锅炉不同污染物排放量，求和后得到每艘次船舶污染物排放量，累加核算水域内所有艘次船舶排放量可得到船舶总排放量。

通过 AIS 数据中的航速和船舶类型数据中的最大航速信息，确定主机负荷系数和航行状态；通过船舶类型和航行状态，确定辅机负荷系数。通过 AIS 数据中的时间信息，确定不同状态的航行小时数。通过船舶实际循环工况调查，确定不同状态的工况特征，结合 PEMS 排放测试，确定主机、辅机、锅炉排放因子，燃料、控制措施等修正因子。船舶大气污染物测算技术路线如图 3-2-1 所示。

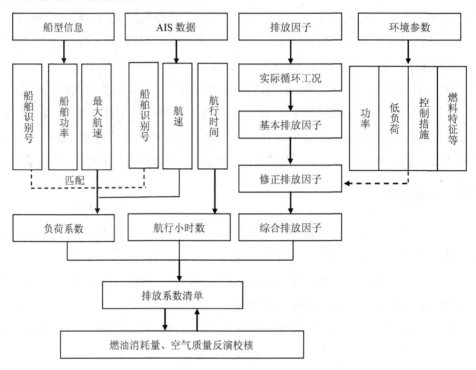

图 3-2-1　船舶大气污染物测算技术路线

基于 AIS 的动力法测算船舶污染物总排放量公式如下。

$$E = \sum_{i=1}^{n} E_i$$

式中：i 代表每艘次船舶；E 为所有艘次船舶总排放量，t；E_i 为 i 每艘次船舶排放量，t。

每艘次船舶排放量 E_i 包括主发动机排放、副发动机排放、锅炉排放，计算公式如下：

$$E_i = E_{主,i} + E_{副,i} + E_{锅,i}$$

式中：$E_{主,i}$ 为 i 艘次船舶主发动机排放量，t；$E_{副,i}$ 为 i 艘次船舶副机发动机排放量，t；$E_{锅,i}$ 为 i 艘次船舶锅炉排放量，t。

（1）主机排放测算方法

根据主发动机额定净功率、负荷系数、航行时间等参数进行计算。公式如下。

$$E_{主,i} = MCR \times LF \times hr \times EF \times 10^{-6}$$

式中：MCR 为船舶主发动机额定净功率，kW；LF 为负荷系数，量纲一；hr 为不同状态下（包括系泊、锚泊、港内机动、巡航、低速巡航）的航行时间，h；EF 为污染物排放因子，g/（kW·h）。

（2）辅机测算方法

根据副发动机额定净功率、负荷系数、航行时间等参数进行计算。公式如下。

$$E_{副,i} = MCR \times LF \times hr \times EF \times 10^{-6}$$

式中：MCR 为船舶副发动机额定净功率，kW；LF 为负荷系数，量纲一；hr 为不同状态下（包括系泊、锚泊、港内机动、巡航、低速巡航）的航行时间，h；EF 为污染物排放因子，g/（kW·h）。

（3）锅炉测算方法

根据锅炉实际功率、航行时间等参数进行计算。公式如下。

$$E_{锅,i} = G \times hr \times EF \times 10^{-6}$$

式中：G 为锅炉实际功率，kW；hr 为不同状态下的航行时间，h；EF 为污染物排放因子，g/（kW·h）。

3.2.2.4　航行状态确定方法

船舶航行状态包括系泊、锚泊、港内机动、低速巡航、巡航。

系泊：通过缆线将船舶与码头相连，使船舶能停留在岸边的定位方式。当船舶处于系泊状态时，船舶主机停止工作，船舶辅机和锅炉处于工作状态。

锚泊：用锚及锚链、锚缆将船系留于海上，限制洋流和风等引起的漂移，使其保持在预定位置上的定位方式。当船舶处于锚泊状态时，船舶主机停止工作，船舶辅机和锅炉处于工作状态。

港内机动：船舶在某个港口的防波堤到码头区域内的航行状态。

低速巡航：船舶在限速区域内的航行状态。

巡航：船舶在某个港口的边界到防波堤或限速区域内的航行状态。

按照以下顺序判定船舶航行状态。

（1）使用 AIS 数据中的航行状态字段判断；

（2）使用实际船速及主机负荷，见表 3-2-3 判定法则 1；

（3）使用实际航速，见表 3-2-3 判定法则 2。

表 3-2-3   船舶航行状态判定依据

航行状态	判定法则 1	判定法则 2
系泊	航速＜1 节	航速＜1 节
锚泊	1 节≤航速＜3 节	1 节≤航速＜3 节
港内机动	航速≥3 节且主机负荷＜20%	3 节≤航速＜8 节
低速巡航	航速≥3 节且 20%≤主机负荷＜65%	8 节≤航速＜12 节
巡航	主机负荷≥65%	航速≥12 节

3.2.2.5   主机、辅机负荷系数确定方法

（1）船舶主机负荷系数计算公式如下。

$$LF = \left(\frac{\text{Speed\_Actral}}{\text{Speed\_Maximum}} \right)^3$$

式中：LF 为船舶主机负荷系数，量纲一；Speed_Actual 为船舶航行的实际航速，节；Speed_Maximum 为船舶的最大设计航速，节。

（2）副机的实际功率是其发动机负荷系数与其额定功率的乘积，副机负荷系数通过船舶类型和航行状态确定，见表 3-2-4。

表 3-2-4   船舶副机负荷系数

船型	巡航	低速巡航	港内机动	锚泊	系泊
客船	0.80	0.80	0.80	0.64	0.64
液货船	0.24	0.28	0.33	0.26	0.26
散货船	0.17	0.27	0.45	0.22	0.22
集装箱船	0.13	0.25	0.48	0.19	0.19
杂货船	0.17	0.27	0.45	0.22	0.22
滚装船	0.15	0.30	0.45	0.26	0.26
其他货船	0.17	0.27	0.45	0.10	0.10

3.2.2.6   辅机、锅炉功率确定方法

（1）优先采用辅机调查数据，如无调查数据，副机额定功率可以通过其与主机功率的比值确定，如表 3-2-5 所示。

表 3-2-5　船舶辅机功率与主机功率之比

船舶类型	辅机功率与主机功率的比值
客船	0.278
液货船	0.211
散货船	0.222
集装箱船	0.220
杂货船	0.222
滚装船	0.259
其他货船	0.191

（2）辅机仅当主机负荷系数小于等于 20%时开启。优先采用锅炉调查数据，如无调查数据，根据表 3-2-6 参数确定锅炉的功率。

表 3-2-6　锅炉实际功率　　　　　　　单位：kW

船型	巡航	低速巡航	机动	锚泊	系泊
客船	—	—	1 000	1 000	1 000
油船	—	—	371	3 000	3 000
液化气船	—	—	371	3 000	3 000
散装化学品船	—	—	371	3 000	3 000
散货船	—	—	106	106	106
集装箱船	—	—	506	506	506
滚装船	—	—	109	109	109
其他货船	—	—	109	109	109
顶推船拖轮	—	—	0	0	0
非运输船	—	—	371	371	371
标准船	—	—	371	371	371

3.2.3　排放因子及其获取方法

3.2.3.1　排放因子

船舶排放因子是船舶大气污染排放清单的关键因子，直接决定核算结果的可信度。目前，全球范围内尚无统一的排放因子。国际上主要的排放因子有 EPA、洛杉矶港的排放因子、欧盟排放因子、瑞典排放因子和 ICCT 的排放因子。

船舶污染物排放因子公式为

$$EF = BEF \times LCF \times FCF \times CF$$

式中：BEF 为基本排放因子；g/（kW·h）；LCF 为低负荷修正因子；FCF 为燃料修正因子；CF 为排放控制技术修正因子。

船舶主机、副机和锅炉基本排放因子根据发动机类型、燃油类型确定。通常假定船舶主机负荷大于等于 20% 时，排放状况维持不变；当主机负荷低于 20% 时，随着负荷的减少，其排放因子变大。船舶燃油修正因子可依据船舶燃油硫含量抽样调查数据进行调整。排放控制技术也会对船舶排放产生影响。如在船用主机上安装燃油滑阀、涡轮增压系统增加断路器以及进行汽缸润滑油系统优化等。

总体来看，欧盟排放因子相互参考，基本差别不大，只是个别参数有差异。另外，欧美排放因子都基于船舶发动机台架测试数据建立，且主要针对远洋船舶，鲜见内河船舶的排放因子报道。我国已有研究和核算工作基本都参考欧美排放因子，缺乏本地化的排放因子，已有国家尺度、地方尺度和港口尺度的核算都直接参考欧美排放因子。

目前，国内外学者在计算和建立船舶排放清单时使用的基本排放因子，大部分直接采用国内外公开的排放因子数据，如采用 EPA、洛杉矶、欧盟和瑞典等国家的排放因子及排放清单数据，由于不同国家内河、沿海区域环境及船舶的差异，船舶的排放因子数据也会存在差异，如果计算不同国家排放清单时直接使用这些数据而不加修正，必定带来很大的不确定性，因此，需要根据各国船舶排放情况进行修正。本次普查在美国和欧盟船舶排放因子的基础上，根据船舶发动机测试数据和实际船舶大气污染排放测试数据，建立符合我国实际情况的排放因子。

修正方法为：基于我国船舶发动机台架测试数据及大量的实际船舶测试数据，初步计算了我国船舶排放因子，并与国外数据进行了对比，在此基础上进行适当修正，其中台架数据和实际船舶测试数据均来自我国多家相关单位的研究结果，数据可靠性能够得到保障。

具体修正步骤为如下。

（1）建立实船测试数据库

采用便携式尾气分析仪 PEMS 测试船舶排气污染物，获得了各种污染物的排放数据及排放因子（图 3-2-2）。在山东青岛港区域，测试了途经日照港、青岛港、烟台港、大连港等区域航行在黄海及渤海水域的多种船型，共测试 8 艘不同类型的船只，包括 2 艘集装箱船、2 艘客货滚装船、2 艘港务交通船、1 艘油轮和 1 艘拖轮。

在此之前测试了长江南京段和京杭运河、广东珠海、大连近海等多个地区的船舶排放，包括客运船舶和货运船舶，货运船舶包括干货船、液货船、油船等，共 42 艘。同时，汇总了南开大学、同济大学、复旦大学、暨南大学、大连海事大学等单位测试的船舶的排放数据，进行汇总统计分析，计算了我国船舶排放因子。

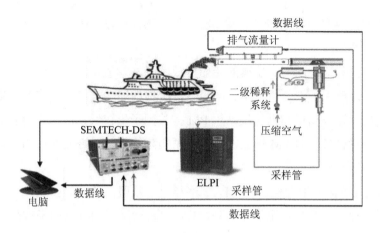

图 3-2-2　船舶 PEMS 排放测试设备

将各测试设备的数据按照 1HZ 的频率导出，并根据《重型柴油车、气体燃料车排气污染物车载测量方法及技术要求》（HJ 857—2017）计算基于时间的瞬时排放因子，然后利用以下公式计算瞬时功率，得到基于功率的排放因子。

$$P = C \times n^3$$

式中：P 为主机的瞬时功率，kW；n 为发动机的瞬时转速，r/min；C 为常数。

根据以上计算方法，依据不同时间段，并考虑不同硫含量汇总整理各阶段的平均排放因子。

（2）建立船舶发动机台架测试数据库

考虑到实船排放测试容易受环境（气温、风向）以及水流速度及方向的影响，利用便携式排放测试系统及各单位 CVS 台架测试分析系统，对船舶发动机进行台架试验，测试了船舶发动机推进器工况和恒速主推进工况下的发动机排放特性，作为船舶基本排放因子的比较数据。

船舶发动机排放测量方法是采用 GB/T 15907—2008 中规定的方法。按推进器原理运转的主、辅发动机采用 E3 试验循环。共测试了 20 台满足船舶国 I 排放标准的柴油机。同时，汇总了沪东重机股份公司、复旦大学、大连海事大学等研究机构的发动机排放测试数据，通过统计分析得到船舶发动机排放因子，以便对船舶排放因子进行验证和修正。通过整理分析，建立船舶发动机排放的台架测试数据库。

（3）船舶排放因子修正

参照国际海事组织的标准，在计算我国的排放清单时，建议将基本排放因子分为三个阶段，即对应 Tier 1、Tier 2、Tier 3 三个时间段，参考的基准船舶排放因子数据来自 EPA、洛杉矶、欧盟和瑞典公布的排放因子推荐值，以及国际清洁交通委员会最新统计的数据。

首先，对比分析 EPA、洛杉矶、欧盟、瑞典及 ICCT 公布的排放因子推荐值。其次，对比我国的船舶排放实测数据和船舶发动机台架数据，对排放因子库进行修正，得到我国船舶排放因子推荐值。

对比 EPA、洛杉矶、欧盟、瑞典的船舶排放因子推荐值，可以看出 EPA、洛杉矶、欧盟、瑞典的船舶排放因子推荐值基本相同，EPA 给出的船舶排放因子推荐表数据较全，但使用轻质柴油的中速发动机和高速发动机 PM 排放因子值较低，低于实际船舶 PM 排放，也低于船舶发动机台架试验 PM 排放，需要依据实际船舶 PM 排放和船舶发动机台架试验 PM 排放结果进行修正。

ICCT 船舶排放因子推荐值，与 EPA、洛杉矶、欧盟、瑞典的船舶排放因子推荐值基本相同，船舶排放因子数据更全面。另外，ICCT 将远洋船舶排放因子按照排放阶段给出了排放因子推荐值。

ICCT 船舶排放因子推荐值缺少主机为高速机的船舶排放因子数据和燃料为普通柴油的船舶排放因子数据，并且没有油耗数据，依据已有公开的数据和本次普查实际船舶排放及船舶发动机台架试验排放结果进行补充。

另外，依据柴油机台架试验结果，当硫含量降低时，NO_x 排放也会相应降低。因此，当硫含量不同时，NO_x 排放因子采用相同数值也缺乏合理性，也需要依据实际船舶 NO_x 排放和船舶发动机台架试验 NO_x 排放结果进行修正。

依据我国实船测试和台架测试的数据可以看出，CO、CO_2、HC 的排放因子与国外公开的数据相差不大，尤其是通过台架测试获得的排放因子，基本上略低于国外限值，因此不对上述 CO、CO_2、HC 进行修正，推荐使用国际清洁交通委员会最新统计的数据。

将实船测试和台架测试得到的 NO_x、PM_{10}、$PM_{2.5}$ 排放因子与国外公开数据进行比较，并进行调整，最终得到适合我国本地化船舶排放因子数据推荐值，如表 3-2-7 所示。

表 3-2-7　船舶主机、副机和锅炉基本排放因子

用途	发动机分类	燃料类型	硫含量/%	排放阶段	排放因子/（g/kW·h）		
					氮氧化物	颗粒物	二氧化硫
主机	低速柴油机	重油	2.70	Tier0（＜1999）	18.1	1.42	10.29
				Tier1（2000—2010）	17	1.42	10.29
				Tier2（2011—2015）	15.3	1.42	10.29
		船用燃料油	0.30	Tier0（＜1999）	17	0.45	1.2
				Tier1（2000—2010）	16	0.38	1.2
				Tier2（2011—2015）	14.4	0.32	1.2
	中速柴油机	重油	2.70	Tier0（＜1999）	14	1.43	11.24
				Tier1（2000—2010）	13	1.42	11.24
				Tier2（2011—2015）	11.2	1.41	11.24

用途	发动机分类	燃料类型	硫含量/%	排放阶段	排放因子/（g/kW·h）		
					氮氧化物	颗粒物	二氧化硫
主机	中速柴油机	船用燃料油	0.30	Tier0（＜1999）	13.2	0.45	1.3
				Tier1（2000—2010）	12.2	0.38	1.3
				Tier2（2011—2015）	10.5	0.32	1.3
		柴油	0.035	Tier0（＜1999）	13.2	0.29	0.14
				Tier1（2000—2010）	12.2	0.28	0.14
				Tier2（2011—2015）	10.5	0.27	0.14
		柴油	0.005	Tier0（＜1999）	14	0.25	0.02
				Tier1（2000—2010）	13	0.23	0.02
				Tier2（2011—2015）	11.2	0.21	0.02
		柴油	0.001	Tier0（＜1999）	13.2	0.19	0.004
				Tier1（2000—2010）	12.2	0.17	0.004
				Tier2（2011—2015）	10.5	0.16	0.004
	高速柴油机	重油	2.70	Tier0（＜1999）	14	1.5	11.5
				Tier1（2000—2010）	13	1.5	11.5
				Tier2（2011—2015）	11.2	1.5	11.5
		船用燃料油	0.30	Tier0（＜1999）	13.2	0.32	1.3
				Tier1（2000—2010）	12.2	0.32	1.3
				Tier2（2011—2015）	10.5	0.32	1.3
		柴油	0.035	Tier0（＜1999）	12.2	0.29	0.14
				Tier1（2000—2010）	11.2	0.28	0.14
				Tier2（2011—2015）	10.5	0.27	0.14
		柴油	0.005	Tier0（＜1999）	11.5	0.25	0.02
				Tier1（2000—2010）	11.01	0.23	0.02
				Tier2（2011—2015）	10.5	0.21	0.02
			0.001	Tier0（＜1999）	11.2	0.19	0.004
				Tier1（2000—2010）	10.2	0.17	0.004
				Tier2（2011—2015）	9.5	0.16	0.004
				2015 年以后	9.5	0.15	0.004
	燃气轮机	重油	2.70	all	6.1	0.05	16.5
		船用燃料油	0.30	all	5.7	0.01	1.8
	蒸汽轮机	重油	2.70	all	2.1	0.8	16.5
		船用燃料油	0.30	all	2	0.17	1.8

用途	发动机分类	燃料类型	硫含量/%	排放阶段	排放因子/（g/kW·h）		
					氮氧化物	颗粒物	二氧化硫
副机	柴油机	重油	2.70	Tier0（＜1999）	14.7	1.5	12.3
				Tier1（2000—2010）	13	1.5	12.3
				Tier2（2011—2015）	11.2	1.5	12.3
		船用燃料油	0.30	Tier0（＜1999）	13.8	0.32	1.4
				Tier1（2000—2010）	12.2	0.32	1.4
				Tier2（2011—2015）	10.5	0.32	1.4
		柴油	0.001	Tier0（＜1999）	11.2	0.19	0.004
				Tier1（2000—2010）	10.2	0.17	0.004
				Tier2（2011—2015）	9.5	0.16	0.004
				2015 年以后	9.5	0.15	0.004
锅炉	蒸汽锅炉	重油	2.70	all	2.1	0.8	16.5
		船用燃料油	0.30	all	2	0.17	1.8

3.2.3.2 低负荷修正因子

通常假定船舶主机负荷大于等于 20%时，排放维持不变；当主机负荷低于 20%时，随着负荷的减少，其排放因子变大。

船舶主机低负荷调整系数公式如下：

$$LF = \left(\frac{\text{Speed\_Actral}}{\text{Speed\_Maximum}} \right)^3$$

式中：LF 为船舶主机低负荷调整系数，量纲一；Speed_Actual 为船舶航行的实际航速，节；Speed_Maximum 为船舶的最大设计航速，节。

船舶主机负荷修正因子见表 3-2-8。

表 3-2-8　船舶主机低负荷修正因子　　　　　　　　　　单位：%

负荷系数	氮氧化物	颗粒物	二氧化硫
1	11.47	19.17	5.99
2	4.63	7.29	3.36
3	2.92	4.33	2.49
4	2.21	3.09	2.05
5	1.83	2.44	1.79
6	1.60	2.04	1.61
7	1.45	1.79	1.49
8	1.35	1.61	1.39
9	1.27	1.48	1.32

负荷系数	氮氧化物	颗粒物	二氧化硫
10	1.22	1.38	1.26
11	1.17	1.30	1.21
12	1.14	1.24	1.18
13	1.11	1.19	1.14
14	1.08	1.15	1.11
15	1.06	1.11	1.09
16	1.05	1.08	1.07
17	1.03	1.06	1.05
18	1.02	1.04	1.03
19	1.01	1.02	1.01
20	1.00	1.00	1.00

3.2.3.3　船舶燃油修正因子

船舶燃油硫含量是影响船舶大气污染物排放的主要因子之一。由于我国船舶燃油来源复杂，硫含量差异大，虽然近两年我国海事部门对船舶燃油硫含量进行了抽样调查，但在 2018 年之前抽样调查少。同时，近几年我国出台了《珠三角、长三角、环渤海（京津冀）水域船舶排放控制区实施方案》和《船舶大气污染物排放控制区实施方案》（交海发〔2018〕168 号）等船舶大气污染控制方案，对靠泊船舶和在我国排放控制区内航行船舶的燃油硫含量提出要求。《珠三角、长三角、环渤海（京津冀）水域船舶排放控制区实施方案》要求 2017 年 1 月 1 日起，船舶在排放控制区内的核心港口区域靠岸停泊期间（靠港后的一小时和离港前的一小时除外，下同）应使用硫含量≤0.5% m/m 的燃油。《船舶大气污染物排放控制区实施方案》要求 2019 年 1 月 1 日起，海船进入排放控制区，应使用硫含量不大于 0.5%m/m 的船用燃油，大型内河船和江海直达船舶应使用符合新修订的船用燃料油国家标准要求的燃油；其他内河船应使用符合国家标准的柴油。2020 年 1 月 1 日起，海船进入内河控制区，应使用硫含量不大于 0.1%m/m 的船用燃油。

控制政策的实施直接导致船舶燃油硫含量在时空方面的差异。2017 年是我国船舶燃油硫含量变化的分水岭，增加了船舶燃油排放因子的不确定性。2017 年仅对核心港口靠港船舶使用低硫油提出要求，非核心港口靠港船舶仍使用高硫油，从全国层面看，船舶燃油质量差异大；同时，2017 年之前船舶燃油硫含量的年际变化不大，2017 年、2018 年等政策实施期内船舶燃油油含量变化显著。2018 年以后我国海事部门抽样调查数据可能不能准确反映 2017 年的实际情况。为此，研究采取以下方法确定船舶燃油排放因子。

（1）沿海和远洋船舶燃油排放因子依据我国海事部门抽样调查数据，结合 IMO 的抽样调查数据确定。

2017 年以前，我国海事部门依据《中华人民共和国海事局关于开展船舶燃油质量专项检查活动的通知》（海便函〔2015〕597 号）抽样调查了部分船舶燃油硫含量。如广东的抽样结果表明海船燃油平均硫含量为 2.7% m/m，且样本差异显著，惠州的调查结果表明国际航行船舶燃油船用重油（180 380）平均硫含量为 3.015% m/m；山东抽样结果表明国际航行船舶燃油质量平均硫含量为 2.51%m/m，且抽样样本差异大。总体来看，2017 年之前抽样调查结果表明船舶燃油硫含量高，且区域差异大。各地区船舶燃油硫含量平均介于 1.5%～3.5% m/m。IMO 的抽样调查结果也说明了这点，IOM 共调查了 141 175 个样本，船舶燃油平均硫含量为 2.60%m/m，且 66.72% 的调查样本介于 2.5%～3.5% m/m（图 3-2-3）。

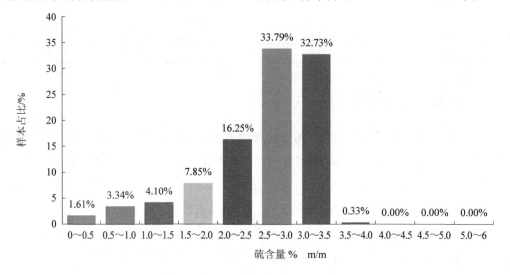

图 3-2-3　IMO 抽样调查船舶燃油硫含量分布

基于上述分析，结合对海事部门的征求意见，选取沿海和远洋船舶燃油排放因子为 2.7% m/m。

（2）内河船舶燃油排放因子。

根据相关法规，2017 年之前内河船舶主要使用硫含量水平为不大于 350 mg/kg 的普通柴油，但实际情况是燃油质量差别很大。根据中山海事部门的调查，内河船用燃油硫含量差异大，在 0.001%m/m、0.01%～0.05%m/m、0.1%～0.5%m/m 等范围检出比例高（图 3-2-4）。

根据国家发展改革委等七部门印发的《加快成品油质量升级工作方案》，自 2016 年 1 月 1 日起，在东部地区重点城市供应国Ⅳ标准普通柴油（硫含量水平 50 mg/kg 以下）；2017 年 7 月 1 日起，全国全面供应国Ⅳ标准普通柴油；2018 年 1 月 1 日起，全国全面供应国Ⅴ标准普通柴油（硫含量水平 10 mg/kg 以下）。因此，内河船舶燃油硫排放因子规定如下：2017 年 7 月之前按 350 ppm（parts permillion，百分比浓度，1 ppm=1 mg/kg=1 mg/L=1×10^{-6}）计算；2017 年 7 月及以后按照 50 ppm 计算。

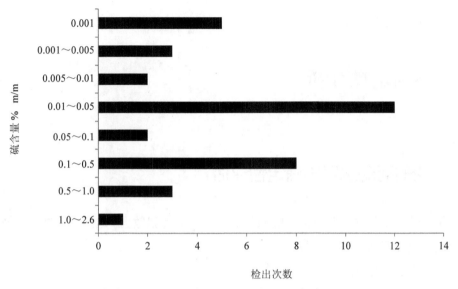

图 3-2-4　内河船舶抽样调查船舶燃油硫含量分布

船舶燃油修正因子如表 3-2-9 所示。

表 3-2-9　船舶燃油修正因子

船舶类型	硫含量	
沿海远洋船舶	排放控制区内核心港口区域靠岸停泊期间硫含量≤0.5% m/m	其他期间硫含量≤2.7% m/m
内河船舶	350 mg/kg（2017 年 1 月 1 日—6 月 30 日）	50 mg/kg（2017 年 7 月 1 日—12 月 31 日）

3.2.3.4　排放控制技术修正因子

一些排放控制技术也会对船舶排放产生影响。如在船用主机上安装燃油滑阀，涡轮增压系统增加断路器以及进行汽缸润滑油系统优化等。由于排放控制技术修造因子获取困难，如无具体数据可以忽略不计。

3.3 不确定性分析

3.3.1 船舶活动水平不确定性评估

船舶活动水平数据主要包括 AIS 数据和船舶注册登记数据。这两个数据本身及处理过程均存在一定的不确定性。

（1）AIS 数据的不确定性

各基站接收到的 AIS 数据不仅是船载台发出的信息，也包括渔网、航标等非船载台发出的信息，如何剔除无效数据，识别 AIS 信息是一项很困难的工作。虽采取了严格的数据筛选方法，剔除了大量非船载台发出的 AIS 信息，但不能保证全部剔除，也不能确定是否有少量 AIS 信息被误删除。另外，剔除无效数据、数据清洗、数据融合等过程也会影响数据的质量。

（2）船舶注册登记信息的不确定性

由于我国船舶数量多、类型复杂，已有注册登记的数据库缺失部分船舶信息，船舶大气污染物核算所需的主机功率、副机功率等关键参数缺失严重。虽采取比已有工作更为科学的缺失信息补全方法，但因已有数据库样本量的限制，不能补全所有船舶的关键信息，特别是内河船舶的相关参数。

（3）无 AIS 信息船舶数量估算的不确定性

假设沿海和远洋船舶 AIS 开机率高，一般不会恶意关闭 AIS，不排除实际有船舶恶意关闭或 AIS 船台出问题等原因造成信息缺失。

通过对比交通运输部内河主要航道断面观测的船舶流量与该断面 AIS 统计船舶流量，结合实际断面观测数据与咨询相关专家和职能部门，估算内河无 AIS 信息船舶数量。无论是交通运输部观测数据、项目组实际观测数据还是调研数据，都存在很大不确定性。交通运输部和项目组断面观测数据仅反映的是典型断面特定时间的船舶流量，以此估算整个航道的船舶流量具有很大的不确定性。AIS 断面统计数据也存在信号丢失、重复统计等方面的不确定性。

对于非宏观统计活动水平数据不确定性通过结合数据质量评价方法和定量方法评估，具体见表 3-3-1。

表 3-3-1　非宏观统计活动水平数据不确定性评估方法

级别	获取方法	评判依据	不确定性范围
A	来源于实际调查，可代表该类源	样本量大 代表性高	±20%
B	来源于实际调查，可代表该类源	样本量足够大 代表性较高	±40%
C	来源于实际调查	样本量小 代表性低	±80%
D	来源于文献调研，可代表该类源		±100%
E	来源于文献调研，可代表该类源		±150%
F	来源于文献调研，参考相近源		±300%

　　根据非宏观统计数据不确定性评估方法，对船舶活动水平不确定性进行评估。其中，主机额定功率数据质量级别为 A，副机额定功率数据质量级别为 C，锅炉额定功率数据质量级别为 D；主机负荷系数数据质量级别为 A；工作时间数据质量级别为 A。

表 3-3-2　全国船舶活动水平不确定度等级　　　　　　　　单位：%

过程	不确定度等级	不确定度
主机额定功率	A	20
副机额定功率	C	80
锅炉额定功率	D	100
主机负荷系数	A	20
工作时间	A	20

3.3.2　船舶排放因子不确定性评估

（1）基础排放因子的不确定性

　　目前我国尚无本地化的船舶排放因子，已有研究基本都直接采用欧美的排放因子，直接采用国外排放因子不能准确反映我国船舶数量多、类型复杂的现实。虽然已局部修订了已有船舶排放因子，但不足以说明整体情况，特别是内河船舶的排放因子尚需进一步完善。其中氮氧化物和颗粒物排放因子引用 IMO、美国洛杉矶港口船舶排放清单、欧盟 EEA/EMEP 排放清单指南及部分国内研究成果。二氧化硫排放因子主要依据燃料硫含量水平采用物料守恒法进行计算推导得到。船舶不同污染物排放因子不确定等级如表 3-3-3 所示。

表 3-3-3　船舶不同污染物排放因子不确定等级

排放因子	二氧化硫	氮氧化物	颗粒物
不确定等级	B	C	C

注：A 等级为基于大量测试数据的统计值

　　B 等级为基于少量测试数据的统计值

　　C 等级为基于文献调研数据的估计值

　　D 等级为基于软件模拟数据的估计值

（2）船舶燃油修正因子的不确定性

我国船舶燃油质量差异大，同一水域不同船舶的燃油硫含量也存在很大差异，这给普查工作带来很大挑战。针对海船和内河船舶采取不同的燃油修正因子的确定方法。

海船燃油排放因子依据我国海事部门抽样调查数据，结合 IMO 的抽样调查数据确定，由于 2017 年及以前我国船舶燃油硫含量的抽检样本量少，且已有抽检数据的差异大，采用有限区域的部分样本平均值表示海船燃油硫含量不能完全反映全国海船的燃油质量。

内河船舶依据我国针对内河船舶燃油管控的法规来确定，假设船东完全执行相关法规，忽略个体的违规行为，确定的船舶燃油修正因子可能小于实际情况。

（3）低负荷修正因子的不确定性

低负荷修正因子采用经验公式和参数，忽略船舶类型、吨位、船龄、载重和驾驶人员等因素的影响。

3.4　参考文献

[1]　Brandt J, et al. Assessment of past, present and future helth-clos externalities of air pollution in Europe and the contribution from international ship traffic using the EVA model system.

[2]　田玉军，赫伟建，彭传圣，等. 珠江口湾区靠港船舶转用低硫油的成本与环境效益[J]. 环境科学研究. 2018，31（7）：1322-3128.

[3]　徐文文，殷承启，许雪记，等. 江苏省内河船舶大气污染物排放清单及特征[J]. 环境科学，2019（6）：2595-2606.

[4]　封学军，苑帅，张艳，等. 长江江苏段船舶大气污染物排放清单及时空分布特征研究[J]. 安全与环境学报，2018，18（4）：1609-1614.

[5]　王延龙. 2013 年中国海域船舶排放对空气质量的影响及其不确定性分析[D]. 广州：华南理工大学，2018.

[6]　王延龙，李成，黄志炯，等. 2013 年中国海域船舶大气污染物排放对空气质量的影响[J]. 环境科学学报，2018，38（6）：2157-2166.

[7]　王征，张卫，彭传圣，等. 中国近周边海域船舶排放清单及排放特征研究[J]. 交通节能与环保，2018，14（1）：11-15.

[8]　朱倩茹，廖程浩，王龙，等. 基于 AIS 数据的精细化船舶排放清单方法[J]. 中国环境科学，2017，37（12）：4493-4500.

[9]　顾建，王伟，彭宜蔷，等. 基于 STEAM 的靠港船舶大气污染物排放清单研究[J]. 安全与环境学报，2017，17（5）：1963-1968.

[10]　李楠. 广东省 2012 年大气排放源清单定量不确定及校验研究[D]. 广州：华南理工大学，2017.

[11]　孙井超. 大连港口船舶排放清单研究[D]. 大连：大连海事大学，2017.

[12]　尹佩玲，黄争超，郑丹楠，等. 宁波-舟山港船舶排放清单及时空分布特征[J]. 中国环境科学，2017，37（1）：27-37.

[13]　刘启明，方梦圆，曹湘怡，等. 2006—2015 年厦门港船舶大气污染物排放清单的初步估算[J]. 生态环境学报，2016，25（9）：1483-1486.

[14]　王征，张卫，耿雄飞，等. 典型航线船舶排放清单及排放特征研究[J]. 交通节能与环保，2015，11（5）：44-49.

[15]　谭建伟，宋亚楠，葛蕴珊，等. 大连海域远洋船舶排放清单[J]. 环境科学研究，2014，27（12）：

1426-1431.

[16] 叶斯琪，郑君瑜，潘月云，等. 广东省船舶排放源清单及时空分布特征研究[J]. 环境科学学报，2014，34（3）：537-547.

[17] 伏晴艳，沈寅，张健. 上海港船舶大气污染物排放清单研究[J]. 安全与环境学报，2012，12（5）：57-64.

[18] 刘静，王静，宋传真，等. 青岛市港口船舶大气污染排放清单的建立及应用[J]. 中国环境监测，2011，27（3）：50-53.

[19] 张礼俊，郑君瑜，尹沙沙，等. 珠江三角洲非道路移动源排放清单开发[J]. 环境科学，2010，31（4）：886-891.

[20] 金陶胜，殷小鸽，许嘉，等. 天津港运输船舶大气污染物排放清单[J]. 海洋环境科学，2009，28（6）：623-625.

[21] Cao Y L，Wang X，Yin C Q，etc. Inland Vessels Emission Inventory and the emission characteristics of the Beijing-Hangzhou Grand Canal in Jiangsu province[J]. Process Safety and Environmental Protection，2018：498-506.

第 4 部分

铁路内燃机车和民航飞机大气污染物排放量测算方法

4.1　铁路内燃机车大气污染物排放量测算

4.1.1　研究背景

我国从 1958 年北京生产出第一台铁路内燃机车开始,内燃机车经历了近 60 年的发展,经过了早期试制、定型生产、自主开发、采用先进技术开发新型内燃机车四个阶段,累计生产了 4 代 200 多种型号的 18 000 多台内燃机车。随着电气化铁路的增长,内燃机车数量减少,并且第一代内燃机车已于 2005 年之后全部淘汰。根据 2019 年中国国家铁路集团有限公司统计公报,全国铁路机车拥有量为 2.2 万台,其中内燃机车 0.80 万台,占 37%;电力机车 1.37 万台,占 63%。根据第二次全国污染源普查,2017 年国家铁路内燃机车为 8 243 台,第三代内燃机车为主流,还有一定的第二代内燃机车和新研发的第四代内燃机车。

(1)第二代内燃机车(1966—1988)代表产品:以液力传动为主,东风 DF4A、B、C、东风 DF5、东风 DF7、东风 DF8。20 世纪 80 年代后期,中国停止生产传动效率比较低的干线液力传动内燃机车。

(2)第三代内燃机(1989—1998):干线机车采用与国外合作开发或进一步自主开发的新型 16V240ZJ(及其系列)和 16V280ZJA 型柴油机。20 世纪 90 年代研制成功了快速客运内燃机车 DF11 型和大功率货运内燃机车 DF8B 等新一代内燃机车。代表产品:DF6、DF11、DF8B、DF4D、DF10F 等。

(3)第四代内燃机车(1999 年至今):中国的交-直-交电力传动内燃机车研制取得成功,研制出了东风 DF4DAC、东风 DF8BJ、东风 DF8CJ 等交流传动电力机车。开始采用机车微机控制和柴油机电子喷射技术。代表产品:捷力号(日本三菱公司 IPM)、DF8CJ、DF8DJ(西门子 IGBT 功率模块)、HXN5(GE)和 4400HP 机车等(DF8BJ 牵引变流器采用 GTO)。

从现实情况可以看出,内燃机车除担负着铁路支线的客运任务、货运任务和行包专运任务、部分补机任务外,还担负着中国铁路总公司下属 18 个铁路局的全部调车任务。可见,内燃机车在货运站调车编组、站内调车、厂区内运输和一些没有实现电气化的铁路区段仍然发挥着自己独特的作用。所以作为电力运输的补充,作为我国国防战备的需要,内燃机车将是铁路运输组织中不可或缺的一部分。

铁路内燃机车主要分为干线牵引内燃机车(包括货运和客运)、调车内燃机车和调车小运转内燃机车。内燃机车主要用于铁路干线上牵引客、货列车；调车场进行列车编组、解体作业及站段内调车或兼作短途小运转牵引作业；以及市郊或邻近城市间的短途客运。铁路内燃机车按传动形式可分为机械传动、电力传动和液力传动，如东风系列的内燃机车采用了电力传动方式，电力传动内燃机车又分为直-直流传动、交-直流传动和交-直-交流传动。按机车总轴数可以分为四轴、六轴和八轴内燃机车，如东风系列则是六轴内燃机车。中国铁路内燃机车按年代技术发展分为二代、三代和四代。

目前国家铁路内燃机车主要有四种系列：东风 DF 系列、和谐 HX 系列和高原运行的 NJ 系列以及早期引进美国通用技术制造的 ND 系列。DF 最早是引进苏联技术，该系列制造年代跨度最长，数量最多。HX 系列引进世界先进技术包括美国易安迪等内燃机车公司技术的大功率内燃机车，主要是 2003 年后开始制造，数量其次。NJ 系列是近年引进美国通用技术，主要在青藏格尔木机务段使用。ND 系列是早期引进美国通用技术 1982—1992 年制造，呈逐渐淘汰趋势。

目前，我国还没有铁路机车内燃机的国家排放标准，只发布了铁路部门的行业标准，1997 年等效采用国际铁路联盟（International Union of Railways，UIC）1993 年的限值标准，制定了《铁路牵引用柴油机排放污染物限值及测试规则》（TB/T 2783—1997），2007 年对标准进行了修改发布，等同采用 UIC Ⅱ 的排放标准（TB/T 2783—2006）。2017 年再次修订，于 2017 年 6 月 5 日批准，2018 年 1 月 1 日开始执行，《牵引动力装置用柴油机排放试验》（TB/T 2783—2017），等同采用 UIC Ⅲ 的新排放标准。TB/T 2783—1997 的测量方法采用 ISO 8178 规定的 3 点工况法。

表 4-1-1　ISO 8178 规定的 3 点工况循环

测试点	3 点工况循环（F 循环）		
	1	2	3
转速	标定转速	60%标定转速	怠速
扭矩/%	100	50	—
加权系数	0.25	0.15	0.6

4.1.2　国内外研究现状

4.1.2.1　国外研究成果

2013 年，Johnson 等于澳大利亚布里斯班在火车实际运行条件下，采用移动实验室，下风向移动源实时采样监测了 56 列火车运行时污染物的排放水平，计算得到不同污染指标颗粒数 PN、PM$_{2.5}$、NO$_x$ 和 SO$_2$ 排放因子分别为 EF（PN）＝（1.7±1）×10^{16} g/kg、EF（PM$_{2.5}$）＝（1.1±0.5）g/kg、EF（NO$_x$）＝（28±14）g/kg 和 EF（SO$_2$）＝（1.4±0.4）g/kg。燃油消耗率范围为每总重吨千米 0.003～0.005 L，即 0.003～0.005 L/gross tonne-km（GTK），相当于总重 25～42 kg/万 t·km。

2014 年，Krasowsky 等监测了美国洛杉矶港货运线路机车颗粒污染物排放状况，机车部分运行线路在地面 10 m 下，采样仪器布置在铁路轨道上大约比火车头的烟囱高出 1 m 的位置。检测试验测量了 88 列火车，颗粒数、PM$_{2.5}$ 和黑炭的平均排放因子分别是 EF（PN）＝（2.1±1.5）×10^{16} g/kg、EF（PM$_{2.5}$）＝1.6±1.3 g/kg 和 EF（BC）＝0.9±0.5 g/kg。

国外近年来发表的相关柴油内燃机车污染物排放测试结果如表 4-1-2 所示。

表 4-1-2 国外近年来发表的相关柴油内燃机车污染物排放测试结果

	污染物排放因子/（g/kg）		
	颗粒数 PN	PM$_{2.5}$	NO$_x$
铁路内燃机 Line haul diesel locomotive（2014）	1.7±1×10^{16}	1.1±0.5	28±14
铁路内燃机 Environment-Australia（1999）	—	1.69	72.1
铁路内燃机 Transport Canada（2007）	—	0.93	75.48
铁路内燃机 other published diesel locomotive data	—	1.2～2.2	33.2～57.3

EPA 标准 40 CFR part 1033，相应技术报告提供了美国内燃机车逐年变化的 NO$_x$、HC、CO 和 PM 平均排放因子，如表 4-1-3 所示。

表 4-1-3 EPA 技术报告提出的铁路内燃机车污染物逐年平均排放因子

年份	NO$_x$		HC		CO		PM	
	g/gal	g/kg	g/gal	g/kg	g/gal	g/kg	g/gal	g/kg
2006	185.6	58.38	10.1	3.18	27.4	8.62	6.4	2.01
2007	177.0	55.68	9.8	3.08	27.4	8.62	6.2	1.95
2008	172.5	54.26	9.6	3.02	27.4	8.62	6.0	1.89
2009	168.3	52.94	9.4	2.96	27.4	8.62	5.9	1.86
2010	163.0	51.27	9.1	2.86	27.4	8.62	5.7	1.79
2011	161.1	50.68	9.1	2.86	27.4	8.62	5.7	1.79
2012	158.5	49.86	8.9	2.80	27.4	8.62	5.6	1.76
2013	155.9	49.04	8.8	2.77	27.4	8.62	5.5	1.73
2014	153.4	48.25	8.7	2.74	27.4	8.62	5.4	1.70
2015	151.0	47.50	8.5	2.67	27.4	8.62	5.3	1.67
2016	148.5	46.71	8.4	2.64	27.4	8.62	5.2	1.64
2017	146.5	46.08	8.3	2.61	27.4	8.62	5.1	1.60
2018	144.4	45.42	8.2	2.58	27.4	8.62	5.1	1.60
2019	142.4	44.79	8.1	2.55	27.4	8.62	5.0	1.57
2020	140.3	44.13	7.9	2.49	27.4	8.62	4.9	1.54

4.1.2.2 国内研究成果

1996 年，蔡惟瑾等利用 KNOS-600 等先进测试仪器，参照 UIC623 及 ECER49 等法规标准，对路内 3 种主要机型机车柴油机 6～7 个工况条件下排放的气态污染物 NO_x、CO 及 SO_2 进行了测试研究，获取了现行机车废气排放的基础数据，提出了国家铁路主型机车柴油机标定工况下排气中 NO_x、CO 和 SO_2 的比排放量按照 g/kW·h 表达分别为 1.05～2.03、7.89～13.23 和 0.17～0.76；排放系数按照 g/kg 燃料表达分别为 5.08～9.46、36.35～62.92 和 0.81～4.23。与国外同型机车柴油机排放水平进行了对照比较，并以国际标准为参照，进行了测试结果评估。测试结果如表 4-1-4 所示。

表 4-1-4　测试结果

机型	柴油机型号	转速 n/（r/min）	功率（P）/kW	排放系数/（g/kW·h）			排放系数/（g/kg）		
				NO_x	CO	SO_2	NO_x	CO	SO_2
东风 4B	16V240ZJB	1 000	2426	10.26*	1.05	0.17	49.45	5.08	0.81
#东风 4B	16V240ZJB	1 000	2426	11.28*	2.03	0.36	52.43	9.46	1.7
东风 8	16V280ZJA	1 000	3874	13.23*	1.57	0.55	62.92	7.74	2.6
东风 7C	12V240ZJ6	1 000	1620	7.89	1.3	0.76	36.35	5.97	3.52

注：*超过欧共体法规标准；#厂修（其他为新造）。

铁道部于 2006 年从美围 GE 公司引进了专用于青藏铁路的 NJ2 型内燃机车，在采购合同中对机车的排放指标提出了要求。铁道部产品质量监督检验中心机车车辆检验站作为 NJ2 型内燃机车综合性能验收试验的承担单位，在与上海沪江柴油机排放检测科技有限公司的共同合作下，于 2006 年 8 月分别在格尔木（海拔 2 828 m）和唐古拉山（海拔 5 072 m）对 NJ2 型内燃机车进行了排放测量，获得了宝贵的试验数据和测量经验。

图 4-1-1 所示为本次试验的测量系统框图。试验中，测量设备放置于试验车上，被测机车牵引试验车抵达试验地点后，定置状态进行排放测量。由于试验条件所限，机车排气烟道到设备的距离较远，加热管线大约 10 m。图 4-1-2 所示为采样探头布置方式，探头安装位置及安装方式均满足 EPA 所规定的要求。试验中，测量循环及加权系数均按 EPA 要求进行，如表 4-1-5 所示。每个工况点将连续取样分析 10 min，其中稳定 7 min，最后 3 min 数据用来计算。当工况点稳定后，在测量废气中 CO、HC 和 NO 的浓度时，同时采集排放计算所必需的其他参数，如柴油机转速、柴油机功率、大气压力、大气温度、燃油消耗量、中冷后空气温度及压力等。

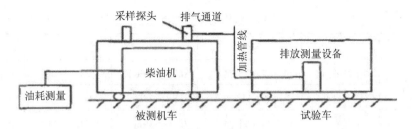

图 4-1-1　本次试验的测量系统框图

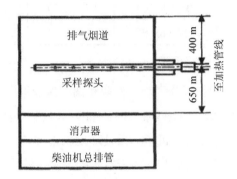

图 4-1-2　采样探头布置方式

表 4-1-5　NJ2 型内燃机车排放测量值及评定限值

成分	格尔木（海拔 2 828 m）				唐古拉山（海拔 5 072 m）			
	测量值/ [g/（hp·h）]	限值/ [g/（hp·h）]	测量值/ (g/kg)	限值/ (g/kg)	测量值/ [g/（hp·h）]	限值/ [g/（hp·h）]	测量值/ (g/kg)	限值/ (g/kg)
NO$_x$	9.4	11.5	61.49	75.23	10.43	12.5	68.23	81.77
CO	0.95	2.2	6.214	14.39	1.11	2.2	7.261	14.39
HC	0.29	0.55	1.897	3.598	0.23	0.55	1.505	3.598

　　此次试验机车的排放指标符合当时的合同要求。在不同海拔高度，HC、CO 排量跟 NO$_x$ 相比，排放量很小，这符合柴油机排放特性。此外，还可以看出海拔高度（大气压力）对机车的排放水平的影响较小，对于 NO$_x$ 排量来讲，海拔高度升高 2 000 多米，NO$_x$ 排放量仅增加 10%。这主要受益于 NJ2 型内燃机车具有良好的涡轮增压器和柴油机匹配性能，以及高效的中冷器。试验中还发现在空转和动力制动工况下，气体排放量接近 0。

　　2007 年，樊守彬等估算北京铁路机车尾气排放清单，基于 EPA 的排放因子。根据我国和美国排放标准的比较，以及国内测试数据，确定国家铁路内燃机车尾气排放因子，如表 4-1-6 所示。

表 4-1-6　北京铁路内燃机车排放因子　　　　　　单位：g/（kW·h）（g/kg 燃料）

制造时间	火车类型	NO$_x$	HC	CO	PM$_{10}$
1997 年前	干线拖车	17.57（85.74）	0.75（3.66）	1.73（8.44）	0.43（2.10）
	调车作业	23.52（114.78）	1.58（7.71）	2.47（12.05）	0.59（2.88）
1997—2007 年	干线拖车	14.76（71.74）	0.75（3.66）	1.73（8.44）	0.43（2.10）
	调车作业	21.63（105.55）	1.58（7.71）	2.47（12.05）	0.59（2.88）
2007 年后	干线拖车	9.05（44.16）	0.7（3.42）	1.73（8.44）	0.23（1.12）
	调车作业	13.37（65.25）	1.5（7.32）	2.47（12.05）	0.32（1.56）

该计算方法参照 EPA 标准，区分了牵引作业和调车作业不同的排放因子。但值得注意的是，EPA 在 2006 年前的 Tier0、Tier1 和 Tier2 标准中，调车内燃机车的排放因子高于牵引作业，这是因为早些时候铁路内燃机车的后处理设施未安装，调车作业的运行功率普遍低于牵引作业，因此排放因子反而更高。随着技术的发展，铁路内燃机车的排放标准愈加严格，后处理设施的逐步完善，使得美国 2006 年后 Tier3 和 Tier4 标准中，调车内燃机车和牵引作业的排放因子基本相同。

2008 年，北京交通大学在北京梨树沟隧道开展了铁路内燃机车污染物排放的样品采集与分析，结果见表 4-1-7。梨树沟隧道位于五座楼森林公园，隧道外周围为自然植被良好的山岭。除隧道管理处以外，隧道以南 2 km 是生活区，向南沿铁路线 2 km 是黑山寺车站。除这两处生活区及车站外，在隧道内和隧道口周围除机车污染物外，无其他人为空气污染物排放源。梨树沟隧道长 3 304 m（图 4-1-3），为单轨的南北越岭隧道，位于北京市往内蒙古自治区通辽市的交通干线上，距北京市 178 km，隧道的横截面积是 31.3 m^2，隧道内采用通风机通风。

表 4-1-7　排放因子计算结果

排放因子	客运机车及机车编号 DF$_{8B}$
NO$_x$	11.9 g/（kW·h）（58.07 g/kg）
CO	1.6 g/（kW·h）（7.81 g/kg）

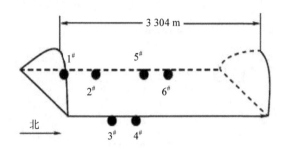

图 4-1-3　北京梨树沟隧道采样点设定位置

在国内的机车中，DF$_{8B}$ 所用内燃机 16V280ZJ 的燃油消耗率为 214±3 g/（kW·h），且所用的机车设计年代较早，在设计上采取抑制污染物排放的措施少，因此污染物排放因子较高。

韩晓军等分别于 2009 年和 2010 年，在北京对和谐系列内燃机车的排放进行了测试，对 HC、CO、NO$_x$ 排放量进行了检测。设备准备和测试操作主要依据为 EPA 40 CFR 92 法规，此标准与 UIC 624 标准最主要的区别在于测试循环的不同，前者采用 10 点工况法，而后者采用 3 点工况法（表 4-1-8）。

表 4-1-8　和谐 HX 内燃机车排放测量值及评定限值

成分	北京（EPA 40 CFR 92 10 点工况法）				北京（UIC 624 规定 3 点工况法）			
	测量值/[g/(kW·h)]	EPA 限值 Tier2/[g/（kW·h）]	测量值/(g/kg)	EPA 限值 Tier2/(g/kg)	测量值/[g/(kW·h)]	UIC 624 限值/[g/（kW·h）]	测量值/(g/kg)	UIC 624 限值/(g/kg)
NO$_x$	7.14	7.4	34.84	36.11	7.04	9.9	34.36	48.31
HC	0.15	0.4	0.73	1.95	0.14	0.8	0.68	3.90
CO	0.29	2.0	1.42	9.76	0.26	3.0	1.27	14.64

和谐 HX 测试结果根据 EPA 40 CFR 92 对原始数据进行了处理，获得了 10 点工况法下的加权气体排放物排放量，同时按照 UIC 624 规定对原始数据进行了处理，获得了 3 点工况法下的加权气体排放物排放量。试验结果表明，机车的排放指标能够满足 EPA Tier2 和 UIC 624 标准的要求。

4.1.3　测算方法

铁路内燃机车排放量根据燃油消耗量和综合排放因子进行计算，公式如下。

$$E = \text{Feul} \times EF \times 10^{-6}$$

式中：E 为铁路内燃机车某类污染物的排放总量，t；Feul 为燃油消耗量，kg；EF 为铁路内燃机车某类污染物的综合排放因子，g/kg 燃料。

4.1.4 综合排放因子模拟

4.1.4.1 模拟方法

根据中国铁路总公司不同年代不同类型内燃机车制造台数和实际运行排放因子，按照加权平均获得综合排放因子。

$$EF = \sum_{i,j} \frac{A_{i,j}}{N} \times BEF_{i,j}$$

式中：EF 为铁路内燃机车某类污染物的综合排放因子，g/kg 燃料；i 为铁路内燃机车不同制造年代分类数，4 类（1982—1992 年、1993—1997 年、1998—2002 年、2003—2017 年）；j 为铁路内燃机车不同系列车型分类数，3 类 [DF（ND）、HX、NJ]；$A_{i,j}$ 为不同制造年代不同系列车型铁路内燃机车数量，台；N 为铁路内燃机车总数量，台；BEF 为不同制造年代、不同系列车型铁路内燃机车基本排放因子，g/kg 燃料。

4.1.4.2 基本排放因子

铁路内燃机车基本排放因子与相应制造年代对应排放限值的关系如下：

$$BEF_{i,j} = EC_{i,j} \ \alpha_{i,j}$$

式中：BEF 为不同制造年代、不同系列车型铁路内燃机车基本排放因子，g/kg 燃料；i 为铁路内燃机车不同制造年代分类数，4 类（1982—1992 年、1993—1997 年、1998—2002 年、2003—2017 年）；j 为铁路内燃机车不同系列车型分类数，3 类 [DF（ND）、HX、NJ]；EC 为铁路内燃机车制造年代对应的某类污染物排放标准规定的排放限值，g/kg 燃料；$\alpha_{i,j}$ 为铁路内燃机车制造年代对应的某类污染物实际运行排放因子与标准规定的排放限值的比例系数。

通过文献调研得到了不同制造年代、不同机型铁路内燃机车排放因子，并且与对应制造年代排放限值执行标准进行了对比，结果如图 4-1-4 所示。同时得出了实际运行测量值与排放限值的比例，如表 4-1-9 所示。虽然经过了全面文献调研，但是目前关于铁路内燃机车污染物排放因子的实测值还是非常有限，也没有覆盖现在所有年代车型，如文献没有报道过 1993 年前制造的铁路内燃机车排放实测值。截至 2017 年，我国 1993 年前制造的铁路内燃机车还有 659 台。

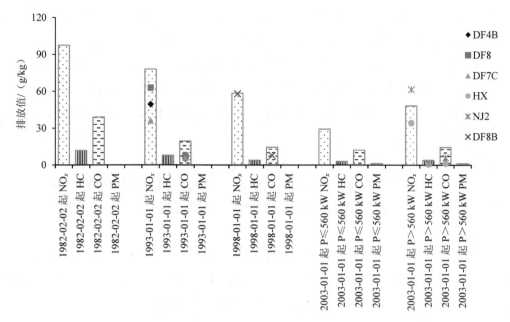

图 4-1-4　文献实测值与对应执行标准对比

表 4-1-9　实际测量值与排放限值的比例系数

时间	内燃机车型号	NO$_x$	HC	CO	PM
1993—1997 年	DF7C（1 250 kW）	46.6%		30.4%	
	DF4B（2 125 kW）	63.3%		26.0%	
	DF8（3 680 kW）	80.6%		39.7%	
1998—2002 年	DF8B（3 680 kW）	99.2%		53.3%	
2003—2017 年	NJ2 型（2 580 kW）（格尔木 2 828 m 测试）	127.3%	48.6%	42.4%	
	NJ2 型（2 580 kW）（唐古拉山 5 027 m 测试）	141.2%	38.6%	49.6%	
	HX（3 934 kW）	71.1%	17.4%	8.7%	

　　DF 系列内燃机车随功率增加，NO$_x$ 和 CO 排放因子实测与标准值的比例系数增加。1993—1997 年，小功率 DF 系列 NO$_x$ 和 CO 污染物实测排放因子约占其制造年代《铁路牵引用柴油机排放污染物限值及测试规则》（TB/T 2783—1997）中排放限值的 50% 和 30%。1993—1997 年制造的大功率 DF8 型内燃机车和 1998—2002 年制造的 DF8B 型机车 NO$_x$和 CO 占其制造年代《铁路牵引用柴油机排放污染物限值及测试规则》（TB/T 2783—1997、TB/T 2783—2006）中排放限值的 80%～99% 和 40%～53%。

　　从 18 个铁路局集团不同制造年代、不同车型内燃机车数量来看，DF 系列跨越了所有年代，1982—1992 年 497 台，以小功率 1 200 kW 左右的 DF7、DF7A、DF7B 为主；1993—

1997 年 1 780 台，1998—2002 年 2 700 台，2003—2017 年 1 581 台，以大中功率为主。小功率的内燃机车大多承担调车任务，无论是从台数上还是从燃油消耗量上来看，都很小可将其忽略。牵引内燃机车目前以大功率为主，无论是台数还是燃油消耗量都占比很大，因此 DF 系列内燃机车实际排放因子与其相应制造年代排放限制的比例取值以大功率内燃机车作为取值依据。ND 系列内燃机车仅有 162 台，并都是早期 1982—1992 年制造，将其归为 DF 系列一起考虑。

国家从 2003 年起开始制造大功率 HX 系列牵引内燃机车，截止到 2017 年统计有 1 445 台。HX 系列内燃机车在装备制造和动力方面都有极大改善，其污染物排放量也随之减少，从文献调研中可以看出 HX 型内燃机车 NO_x 大约占排放限值的 70%、CO 占 20%、HC 占 10%左右。

NJ 系列内燃机车主要用于青藏铁路高原地区。NJ2 型铁路内燃机车作为青藏线专用，由于测试路段为海拔 2 828 m 的格尔木高原，受到高原影响，其 NO_x 排放因子超出 TB/T 2783—2006（$P>560$ kW）中所规定的排放限值，NO_x 和 CO 随海拔增加排放系数增加，这是因为随着海拔增加空气含氧量降低，燃烧需要的空气量提高，导致 NO_x 和 CO 增加。但是 HC 的排放因子随海拔增加而减少，这是因为海拔增加空气温度降低，导致 HC 挥发性降低。因为高原地区的特殊情况，本项目将高原地区污染物实际排放因子系数单独给出，并以 NJ2 型内燃机车排放因子系数实际测定值作为参考依据。

我国参考文献中没有任何铁路内燃机车颗粒物排放实测数据。颗粒物之前关注较少，随着雾霾爆发，才逐渐进入研究者的视线，所以可以参考的依据较少。通过参考国外 PM 排放因子实测值结果，本项目 PM 的排放因子比例系数取值统一按照排放限制的 70%考虑。

综上所述，通过查阅文献、综合铁路内燃机车数量、功率、用途、燃油消耗量等数据确定各污染物排放因子比例系数。根据国家铁路运行实际，分别按照平原和高原给出不同年代、不同车型实际运行污染物排放因子与排放限值的比例系数，如表 4-1-10 所示。

表 4-1-10　不同年代、不同车型污染物实际排放因子与排放限值的比例系数

污染物	制造年代		
	1982—2017 年（DF）	2003—2017 年（HX）	2003—2017 年（NJ 高原）
NO_x	0.9	0.7	1.3
HC	0.6	0.2	0.4
CO	0.6	0.1	0.5
PM	0.7	0.7	0.7

不同类型、不同年代铁路内燃机车实际运行排放因子如表 4-1-11 所示。

表 4-1-11　不同类型、不同年代铁路内燃机车实际运行排放因子　　单位：g/kg

车型	污染物	制造年代			
		1982—1992 年	1993—1997 年	1998—2002 年	2003—2017 年
DF（ND）	NO$_x$	87.84	70.27	52.70	43.48
	CO	20.69	10.35	7.76	7.76
	HC	7.02	4.69	2.34	2.34
	PM	2.73	2.73	2.73	0.85
HX	NO$_x$				33.82
	CO				1.46
	HC				0.78
	PM				0.85
NJ（高原）	NO$_x$				63.80
	CO				7.32
	HC				1.56
	PM				0.85

4.1.4.3　综合排放因子

根据中国铁路总公司 2017 年所支配的不同年代内燃机车制造台数和基本排放因子，按照公式加权平均获得综合排放因子，如表 4-1-12 所示。

表 4-1-12　铁路内燃机车综合排放因子　　单位：g/kg

污染物	NO$_x$	HC	CO	PM
综合排放因子（全国）	54.14	2.95	8.25	2.02
综合排放因子（高原）	63.80	1.56	7.32	0.85

4.1.4.4　综合排放因子验证

（1）通过计算得到铁路内燃机车综合排放因子，并将其与环境保护部 2014 年 8 月发布的《非道路移动源大气污染物排放清单编制技术指南（试行）》中给出的铁路内燃机车排放因子进行对比，如表 4-1-13 所示。

表 4-1-13　本项目综合排放因子取值与指南发布值比较　　单位：g/kg

污染物	NO$_x$	HC	CO	PM
指南排放因子	55.73	3.11	8.29	2.07
全国综合排放因子	54.14	2.95	8.25	2.02

通过与《非道路移动源大气污染物排放清单编制技术指南（试行）》分析比较发现，根据中国铁路总公司不同年代、不同车型台数和实测排放因子，按照加权平均获得综合排放因子与《非道路移动源大气污染物排放清单编制技术指南（试行）》相接近。

（2）将计算所得的排放因子与调研国外文献中实测综合排放因子进行对比，如表 4-1-14 所示。

表 4-1-14   本项目综合排放因子取值与国外文献发布值比较   单位：g/kg

污染物种类	NO_x	HC	CO	PM
本研究全国综合排放因子	54.14	2.95	8.25	2.02
澳大利亚	28±14			1.1±0.5
美国				1.6 ± 1.3
EPA 技术报告 2017 年预测值	46.08	2.61	8.62	1.6
加拿大	75.48			0.93
其他	33.2～57.3			1.2～2.2

从国外实测数据可以看出，各国污染物排放因子实测数据有高有低，本研究全国铁路综合排放因子取值在其实测数值范围内。

因此，通过全面查阅国内外相关测试数据的文献资料，获取不同类型铁路内燃机车在类似运行工况下，主要污染物 CO、HC、NO_x 和微粒（PM）的排放因子。结合中国铁路 2017 年内燃机车数量分布，所给出的全国铁路综合排放因子是合理的。

4.1.5   燃油消耗量获取

国家铁路内燃机车燃油消耗量可由中国国家铁路集团有限公司获得，以机务段为单位进行统计。中国国家铁路集团有限公司目前下辖 18 个铁路局集团公司、75 个有内燃机车的机务段：北京局（9 个）、沈阳局（8 个）、广州局（7 个）、南昌局（7 个）、上海局（5 个）、哈尔滨局（5 个）、成都局（4 个）、西安局（4 个）、呼和浩特局（3 个）、太原局（3 个）、济南局（3 个）、郑州局（3 个）、武汉局（3 个）、乌鲁木齐局（3 个）、兰州局（3 个）、南宁局（2 个）、青藏铁路公司（2 个）、昆明局（1 个）。

4.1.6   大气污染物排放不确定性评估方法

4.1.6.1   排放因子不确定性评估

排放因子不确定性评估通过结合数据质量评价方法和定量方法评估，具体见表 4-1-15。

表 4-1-15　排放因子不确定性评估方法

级别	获取方法	评判依据	不确定性范围
A	现场测试	1）行业差异不大 2）测试对象可代表我国该类源平均水平 3）测试次数＞10 次	±30%
B	现场测试	1）行业差异不大 2）测试对象可代表我国该类源平均水平 3）测试次数 3～10 次	±50%
	公式计算	1）行业差异不大 2）经验公式得到广泛认可 3）公式内参数准确性和代表性高	
C	现场测试	1）行业差异大 2）测试对象可以代表我国该类源平均水平 3）测试次数＞3 次	±80%
	公式计算	1）行业差异不大 2）经验公式得到广泛认可 3）公式内参数准确性和代表性高	
D	法规限值 现场测试	法规实施效果好 1）行业差异大 2）测试对象不能代表我国该类源平均水平	±150%
	公式计算	1）行业差异大 2）经验公式得到广泛认可 3）公式内参数取自国外参考文献	
E	法规限值 其他	法规实施效果差 无排放因子，参考相近活动部门的排放因子	±300%

本书中排放因子数据来源于文献调研，基本可代表相关车型的排放水平，不确定性范围约为±150%。

4.1.6.2　燃油消耗量不确定性评估

宏观数据不确定性通过结合数据质量评价方法和定量方法评估，具体见表 4-1-16。

表 4-1-16　宏观统计数据不确定性评估方法

级别	获取方法	评判依据	不确定性范围
A	来源于统计数据	—	±15%
B	来源于权威机构汇总数据	—	±30%

级别	获取方法	评判依据	不确定性范围
C	分配系数分配统计数据 依据其他统计信息，利用转化系数估算获取	分配系数可靠性高 1）依据的统计信息相关度高 2）转化系数可靠度高 3）估算结果得到了验证	±50%
D	分配系数分配统计数据 依据其他统计信息，利用转化系数估算获取	分配系数可靠性低 1）依据的统计信息相关度高 2）转化系数可靠度高 3）估算结果得到验证	±80%
E	依据其他统计信息，利用转化系数估算获取	1）依据的统计信息相关度高 2）转化系数可靠度低 3）估算结果未得到验证	±100%
F	依据其他统计信息，利用转化系数估算获取	1）依据的统计信息相关度高 2）转化系数可靠度低	±150%

国家铁路内燃机车燃油消耗量主要来源于中国国家铁路集团有限公司汇总数据，不确定性范围为±30%。

4.1.6.3　排放量不确定性评估

将众多输入信息的不确定性传递至排放量结果的不确定性方法主要包括：误差传递方法、蒙特卡罗模拟等评价方法。其中，误差传递方法要求输入信息概率密度函数为正态分布，且相对标准偏差＜30%；蒙特卡罗模拟法没有使用限制条件，基本原理为在各输入数据的个体概率密度函数上选择随机值，计算相应的输出值，重复定义次数，每次计算结果构成了输出值的概率密度函数，当输出值的平均值不再变化时，结束重复计算，得到排放清单的不确定度。

4.2　民航飞机大气污染物排放量测算

4.2.1　研究背景

过去 10 年，我国航空运输业增长迅速，2018 年我国三大机场（北京首都国际机场、上海浦东国际机场、香港国际机场）吞吐量全球排名前十。

2019 年，我国境内运输机场（不含香港、澳门和台湾地区，下同）共有 238 个，其中定期航班通航机场 237 个，定期航班通航城市 234 个。其中，年旅客吞吐量 1 000 万人次以上的机场达到 39 个，较上年净增 2 个，完成旅客吞吐量占全部境内机场旅客吞吐量的 83.3%，较上年降低 0.3 个百分点。年旅客吞吐量 200 万～1 000 万人次机场有 35 个（含北京南苑机场），较上年净增 6 个，完成旅客吞吐量占全部境内机场旅客吞吐量的 9.8%（含北京南苑机场），较上年提高 0.2 个百分点。年旅客吞吐量 200 万人次以下的机场有 165 个，较上年减少 4 个，完成旅客吞吐量占全部境内机场旅客吞吐量的 6.8%，较上年下降 0.1 个百分点。

2019 年，我国机场全年旅客吞吐量超过 13 亿人次，完成 135 162.9 万人次，比上年增长 6.9%。分航线看，国内航线完成 121 227.3 万人次，比上年增长 6.5%（其中内地至香港、澳门和台湾地区航线完成 2 784.8 万人次，比上年减少 3.1%）；国际航线完成 13 935.5 万人次，比上年增长 10.4%。

完成货邮吞吐量 1 710.0 万 t，比上年增长 2.1%。分航线看，国内航线完成 1 064.3 万 t，比上年增长 3.3%（其中内地至香港、澳门和台湾地区航线完成 94.5 万 t，比上年减少 4.9%）；国际航线完成 645.7 万 t，比上年增长 0.4%。

完成飞机起降 1 166.0 万架次，比上年增长 5.2%（其中运输架次为 986.8 万架次，比上年增长 5.3%）。分航线看，国内航线完成 1 066.4 万架次，比上年增长 5.0%（其中内地至香港、澳门和台湾地区航线完成 19.6 万架次，比上年减少 0.3%）；国际航线完成 99.6 万架次，比上年增长 6.8%。

飞机在起飞着陆（landing-taking off，LTO）阶段会产生大量 NO_x、SO_2、CO、$PM_{2.5}$、VOCs 等污染物，能源消耗和废气排放量惊人。据国外媒体报道，一架大型飞机起降废气排放相当于 600 辆双班出租车排放量。目前，我国机场环境污染主要关注的是飞机起降噪声，已开展分析全国各城市机场对大气污染贡献率情况。

目前，我国对于机场大气污染物排放的研究尚处于起步阶段。2018 年 1 月环境保护部印发的《机场建设项目环境影响评价文件审批原则（试行）》（环办环评〔2018〕2 号）中规定，年旅客吞吐量超千万人次机场要设置机场环境空气质量自动监测系统。2018 年 7 月印发的《环境影响评价技术导则 大气环境》（HJ 2.2—2018）中明确指出对新建、迁建及飞行区扩建的枢纽及干线机场项目，应考虑机场飞机起降及相关辅助设施排放源对周边城市的环境影响，评价等级取一级。目前已审批的机场环境影响评价报告书采取 EDMS/AEDT 软件进行机场废气污染情况调查的有北京新机场、广州白云机场、西宁曹家堡机场、呼和浩特新机场等。随着国民经济的发展和科技的进步，我国开始关注机场废气对周边环境的影响，需要对机场废气污染物排放规律、排放量，以及扩散模型进行调查。

4.2.2   国内外研究现状

为了掌握飞机大气污染物的排放情况，前期在全球、全国以及珠三角、京津冀等重点区域开展了不同尺度飞机大气污染物排放清单的相关研究，为完善城市和区域尺度大气污染物排放清单提供了重要基础。

目前，国内外一般的计算方法是采用 ICAO（International Civil Aviation Organization，国际民用航空组织）推荐的标准 LTO 循环各阶段工作时间估算从地表到大气边界层顶部约 915 m 之间的飞机尾气排放。这种定义固定高度的计算方法忽略了大气边界层高度实时变化的客观性。

为探讨飞机排放对空气质量的影响，所使用的分析技术一般分为基于监测和基于扩散模型的方法。其中，针对单个机场的小规模分析，监测方法测量相关变量（如飞机活动、气象条件、污染物浓度等），然后对这些测量值进行统计分析，给出飞机排放量的影响因素。基于扩散模型的方法采用气象学和数学方法从水平与垂直方向大规模模拟空气质量的影响。比较两种方法的优点和缺点，虽然监测方法精度较高，但在研究周期、空间覆盖范围、气象条件和飞行活动等方面可能会有一定的局限性。

然而，目前我国关于航空排放及其环境影响的研究还存在一定的不足。一方面，缺少综合考虑中国所有机场的航空排放对环境的影响。特别是以往的研究通常局限于中国的一个或几个机场。例如，樊守彬等根据 LTO 总次数、飞机总数等信息，采用 EDMS 计算了 2007 年首都机场排放清单；2017 年，伯鑫等以 2012 年首都国际机场的排放为研究对象，采用 EDMS 模拟其对周边大气环境的影响；储艳萍等对上海浦东国际机场的飞机尾气排放对周围环境的影响进行了研究。另一方面，在样本相对充足的研究中，如 2008 年，夏卿等对中国 123 个机场的研究，计算了航空排放，而忽略了对空气质量的相关贡献。

4.2.3　测算方法

飞机大气污染物排放量根据机场数据获取的难易程度分为两种计算方法，即机场等级分类因子法和机型分类因子法。

机场等级分类因子法中，不同飞行等级机场的机型比例仅代表调研机场现阶段的飞行比例，随着航空事业的发展，不同飞行等级的机场对应的大型机型的比例会增加，污染物排放系数也会有所增加。如能够获取 B、C、D、E、F 类机型年飞行架次的机场推荐采用机型分类因子法；否则，采用机场等级分类因子法。

4.2.3.1　机型分类因子法

机型分类因子法根据飞机等级进行计算。按照飞机在跑道入口时的速度，以及设定航空器在最大允许着陆重量时，着陆状态中失速速度的 1.3 倍而划分的。根据航空器降落时的主要特性，可以将飞机分为 5 个大类，见表 4-2-1。

表 4-2-1　机型分类

分类	跑道入口速度/（nm/h）	起始进近速度/（nm/h）	最后进近速度/（nm/h）	最大盘旋速度/（nm/h）	目视机动最大盘旋速度/（nm/h）	复飞最大速度/（nm/h）	
A	<91	90~150（110*）	70~100	90	100	100	110
B	91~120	120~180（140*）	85~130	120	135	130	150
C	121~140	160~240	115~160	140	180	160	240
D	141~165	185~250	130~185	165	205	185	265
E	166~210	185~250	155~230		240	230	275

注：*表示反向和直角程序的最大速度。

民航飞机排放量计算公式如下。

$$E = \sum \frac{N_{i,j}}{2} \times EF_{i,j} \times 10^{-6}$$

式中：E 为民航飞机排放量，t；i 为机场；j 为飞机等级；N 为起降架次，架次；EF 为飞机起降时排放因子，g/LTO。

4.2.3.2 机场等级分类因子法

机场等级分类因子法根据机场等级进行计算。飞行区等级常用来指称机场等级。常直接使用机场飞行区等级指称机场等级。机场飞行区为飞机地面活动及停放提供适应飞机特性要求和保证运行安全的构筑物的统称，包括跑道及升降带、滑行道、停机坪、地面标志、灯光助航设施及排水系统。

根据机场飞行区使用的最大飞机的翼展和主起落架外轮外侧间的距离，从小到大分为A、B、C、D、E、F六个等级。

4F 级机场，指在标准条件下，可用跑道长度大于等于 3 600 m，可用最大飞机的翼展在[65 m，80 m]区间，主起落架外轮外侧间距在 14~16 m 区间的机场。

4E 级机场，指在标准条件下，可用跑道长度大于等于 3 000 m 小于 3 600 m，可用最大飞机的翼展为 52~65 m 和主起落架外轮外侧间距在 9~14 m 区间的机场。

4D 级机场，指在标准条件下，可用跑道长度大于等于 2 400 m 小于 3 000 m，可用最大飞机的翼展为 36~52 m 和主起落架外轮外侧间距在 9~14 m 区间的机场。

4C 级机场，指在标准条件下，可用跑道长度大于等于 1 800 m 小于 2 400 m，可用最大飞机的翼展为 24~36 m 和主起落架外轮外侧间距在 6~9 m 区间的机场。

3C 级机场，指在标准条件下，可用跑道长度大于等于 1 200 m 小于 1 800 m，可用最大飞机同 4C 级机场。

民航飞机排放量计算公式如下。

$$E = \sum_k \frac{N_k}{2} \times EF_k \times 10^{-6}$$

式中：E 为民航飞机排放量，t；k 为机场等级；N 为起降架次，架次；EF 为飞机起降时排放因子，g/LTO。

4.2.4 综合排放因子模拟

4.2.4.1 模拟方法

根据飞机类型、发动机（引擎）类型等及对应的参数进行计算。公式如下。

$$EF = \sum n_e \times F_{e,m} \times BEF_{e,m} \times t_m$$

式中：EF 为某类机型对应的排放因子，g/LTO；e 为发动机类型；m 为 LTO 工况模式；n 为发动机数量；F 为燃油消耗量，kg/s；BEF 为基本排放因子，g/kg；t 为时间，s。

4.2.4.2　LTO 工况模式

《国际民用航空公约》附件 16 中第 2 卷规定，飞机在机场的全部活动分为起飞、爬升、进近和滑行 4 个阶段，可用起飞着陆（LTO）循环表示（图 4-2-1）。标准 LTO 中将爬升阶段定义为从起飞结束到大气边界层顶部 915 m（3 000 英尺）的地方。起飞着陆（LTO）工况模式时间采用 ICAO 的标准起降时间（表 4-2-2）。

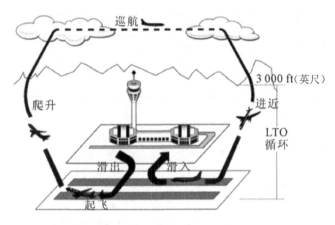

图 4-2-1　标准飞行循环

表 4-2-2　ICAO 标准时间

模式	时间/min	发动机推力/%
进近	4.0	30
滑行	26.0	7
起飞	0.7	100
爬升	2.2	85

4.2.4.3　燃油和排放指数

每种工作模式下的燃油消耗和排放指数取自 ICAO 的发动机排放数据库（engine emissions data bank）。ICAO 中的发动机排放因子是发动机生产产商在取得生产证明的过程中，在海平面静态条件下用发动机测试台完成的测量。ICAO 发动机排放数据库包含基本的、来源于 ICAO 发动机认证的发动机排放数据。这些数据在规定条件下使用 LTO 循环作为标准过程被测定。ICAO 机型排放因子见附表。

4.2.4.4　飞机等级比例分布

以首都机场、广州白云机场、咸阳机场为 4F 机场代表，石家庄国际机场、呼和浩特白塔机场、南昌昌北机场为 4E 机场代表，林芝机场、潮汕机场、东营机场为 4D 机场代表，张家口机场、宜春机场、惠州机场、唐山机场为 4C 机场代表，开展飞机等级比例分布调查。不同机场等级飞机等级比例分布见表 4-2-3。

表 4-2-3　不同机场等级飞机等级比例分布

机型 飞行区等级	B	C	D	E	F
4C 及以下	2.96	97.38	—	—	—
4D	1.94	97.48	0.58	—	—
4E	3.22	93.66	1.94	0.97	—
4F	1.56	67.3	4.86	25.19	1.09

4.2.4.5　排放因子

不同类型飞机污染物排放系数见表 4-2-4。

表 4-2-4　不同类型飞机污染物排放系数　　　　　单位：kg/LTO

污染物 机型	NO$_x$	CO	VOCs	PM
B	2.17	5.94	0.52	0.54
C	9.81	7.53	0.72	0.54
D	22.83	12.50	1.28	0.54
E	41.03	20.49	2.42	0.54
F	69.06	39.83	3.19	0.54

根据调研获取我国不同飞行区等级机场主要机型 B、C、D、E、F 类的排放因子和飞行比例，计算得到不同机场等级的排放因子，见表 4-2-5。

表 4-2-5　不同等级机场不同类型飞机污染物排放系数　　　　　单位：kg/LTO

污染物 飞行区等级	NO$_x$	CO	VOCs	PM
4C 及以下	9.62	7.50	0.72	0.32
4D	9.74	7.61	0.73	0.32
4E	10.09	7.69	0.74	0.34
4F	18.84	11.36	1.20	0.62

4.2.5　活动水平获取

民航飞机起降架次可由中国民用航空局获取。

4.2.6　大气污染物排放不确定性评估方法

4.2.6.1　排放因子不确定性评估

排放因子不确定性评估通过结合数据质量评价方法和定量方法评估，具体见表 4-2-6。

表 4-2-6　排放因子不确定性评估方法

级别	获取方法	评判依据	不确定性范围
A	现场测试	1）行业差异不大 2）测试对象可代表我国该类源平均水平 3）测试次数>10 次	±30%
B	现场测试	1）行业差异不大 2）测试对象可代表我国该类源平均水平 3）测试次数 3～10 次	±50%
	公式计算	1）行业差异不大 2）经验公式得到广泛认可 3）公式内参数准确性和代表性高	
C	现场测试	1）行业差异大 2）测试对象可代表我国该类源平均水平 3）测试次数>3 次	±80%
	公式计算	1）行业差异不大 2）经验公式得到广泛认可 3）公式内参数准确性和代表性高	
D	法规限值 现场测试	法规实施效果好 1）行业差异大 2）测试对象不能代表我国该类源平均水平	±150%
	公式计算	1）行业差异大 2）经验公式得到广泛认可 3）公式内参数取自国外参考文献	
E	法规限值 其他	法规实施效果差 无排放因子，参考相近活动部门的排放因子	±300%

本书中排放因子数据来源于文献调研，基本可代表相关机型的排放水平，不确定性范围约为±80%。

4.2.6.2　起降架次不确定性评估

宏观数据不确定性通过结合数据质量评价方法和定量方法评估，具体见表 4-2-7。

表 4-2-7　宏观统计数据不确定性评估方法

级别	获取方法	评判依据	不确定性范围
A	来源于统计数据	—	±15%
B	来源于权威机构汇总数据	—	±30%
C	分配系数分配统计数据 依据其他统计信息，利用转化系数估算获取	分配系数可靠性高 1）依据的统计信息相关度高 2）转化系数可靠度高 3）估算结果得到了验证	±50%
D	分配系数分配统计数据 依据其他统计信息，利用转化系数估算获取	分配系数可靠性低 1）依据的统计信息相关度高 2）转化系数可靠度高 3）估算结果得到验证	±80%
E	依据其他统计信息，利用转化系数估算获取	1）依据的统计信息相关度高 2）转化系数可靠度低 3）估算结果未得到验证	±100%
F	依据其他统计信息，利用转化系数估算获取	1）依据的统计信息相关度高 2）转化系数可靠度低	±150%

飞机起降架次主要来源于中国民用航空局，不确定性范围为±30%。

4.2.6.3　排放量不确定性评估

将众多输入信息的不确定性传递至排放量结果的不确定性方法主要包括：误差传递方法、蒙特卡罗模拟等评价方法。其中，误差传递方法要求输入信息概率密度函数为正态分布，且相对标准偏差＜30%；蒙特卡罗模拟法没有使用限制条件，基本原理为在各输入数据的个体概率密度函数上选择随机值，计算相应的输出值，重复定义次数，每次计算结果构成了输出值的概率密度函数，当输出值的平均值不再变化时，结束重复计算，得到排放清单的不确定度。

4.3　参考文献

[1]　EPA 40 CFR 92，Emission Standards for Locomotives and Locomotive Engines.

[2]　UIC624 Exhaust emission tests for diesel traction engines Summary，1st edition，April 2002. TB/T 2783—1997 铁路牵引用柴油机排放污染物限值及测试规则.

[3]　韩晓军，李海燕，肖旆龙. 内燃机车排放现场测量研究[J]. 船舶工程，2007，29（2）：176-178.

[4]　Johnson G R，Jayaratne E R，Lau J，et al. Remote measurement of diesel locomotive emission factors and particle size distributions[J]. Atmospheric Environment，2013（81）：148-157.

[5]　Trevor Krasowsky，Nancy Daher，Constantinos Sioutas，George Ban-Weiss. Measurement of particulate matter emissions from in-use locomotives[J]. Atmospheric Environment，2015（113）：187-196.

[6]　Office of mobile sources，Technical highlights，United States Environmental Protection Agency，EPA420-F-97-051，December 1997.

[7]　蔡惟瑾，赵春亭，杨玉森. 内燃机车用柴油机排放气态污染物的试验研究[J]. 铁道劳动安全卫生与环保，1996，23（2）.

[8]　樊守彬，杨涛，田刚，等. 北京铁路机车尾气排放清单的建立[J]. 安全与环境学报，2010，10（1）：90-93.

[9]　Ren Fumin，Yu Min，Zhang Yulei，et al. Exhaust missions test and foreeaat for locomotive diesel engine [J]. Diesel Locomotives，2008（1）：12-15.

[10]　韩晓军，李海燕，肖锦龙，等. 和谐系列内燃机车用大功率柴油机试验研究[J]. 铁道机车车辆，2011，31（增）：256-259.

[11]　安春生. 机车柴油机的排放研究[J]. 内燃机车，2012（6）：6-9.

[12]　王贤，UIC 标准在我国铁路牵引用柴油机行业的应用[J]. 内燃机车，2012（2）：1-5.

[13]　Beelen R，et al. Comparison of the performances of land use regression modelling and dispersion modelling in estimating small-scale variations in long-term air pollution concentrations in a Dutch urban area[J]. Atmospheric Environment，2010，44（36）：4614-4621.

[14]　Bo X，et al. Air pollution simulation study of Beijing capital international airport[J]. Environmental Engineering，2017，35（3）：97-100（in Chinese）.

[15]　Borrego C，et al. Modelling the photochemical pollution over the metropolitan area of Porto Alegre，Brazil[J]. Atmospheric Environment，2010，44（3）：370-380.

[16]　Bossioli E，et al. Issues related to aircraft take-off plumes in a mesoscale photochemical model[J]. Science of the Total Environment，2013，456：69-81.

[17]　Brasseur GP，et al. European scientific assessment of the atmospheric effects of aircraft emissions[J]. Atmospheric Environment，1998，32（13）：2329-2418.

[18]　Brunelle-Yeung E，et al. Assessing the impact of aviation environmental policies on public health[J]. Transport Policy，2014，34：21-28.

[19]　Carslaw DC，et al. Near-field commercial aircraft contribution to nitrogen oxides by engine，aircraft type，and airline by individual plume sampling[J]. Environmental Science & Technology，2008，42（6）：1871-1876.

[20]　Civil Aviation Administration of China（CAAC）. Civil Aviation Industry Development Statistics Bulletin in 2016，2016.

[21]　Civil Aviation Administration of China（CAAC）. Statistical Bulletin of Civil Aviation Airport （2000-2016editions）.

[22]　Civil Aviation Administration of China（CAAC）. The 13th Five-Year Plan for the Development of Civil Aviation in China，2016.

[23]　Computer Services & Solutions，Inc.（CSSI）：Emissions and Dispersion Modeling System（EDMS）User's Manual. Prepared by CSSI Inc. Washington，DC，2007.

[24]　David CC，et al. Near-field commercial aircraft contribution to nitrogen oxides by engine，aircraft type，and airline by individual plume sampling[J]. Environmental Science & Technology，2008，42（6）：1871-1876.

[25]　ENVIRON. User's guide to the Comprehensive Air Quality model with extensions（CAMx）version 6.1 （April，2014），http：//www.camx.com.

[26]　European Environment Agency（EEA）/European Monitoring and Evaluation Programme（EMEP）：Emission Inventory Guidebook，2009.

[27]　European Monitoring and Evaluation Programme（EMEP）/European Environment Agency（EEA）：Air Pollutant Emission Inventory GuideBook，2009.

[28]　Fan，et al. Emissions of HC，CO，NO_x，CO_2，and SO_2 from civil aviation in China in 2010[J]. Atmospheric Environment，2012，56：52-57.

[29]　Federal Aviation Administration（FAA）：System for Assessing Aviation's Global Emissions（SAGE），Version 1.5.，2005.

[30]　Foy B，et al. Estimating sources of elemental and organic carbon and their temporal emission patterns using a least squares inverse model and hourly measurements from the St. Louis–Midwest supersite[J]. Atmospheric Chemistry and Physics，2015，15（5）：2405-2427.

[31]　Hsu HH，et al. Using mobile monitoring to characterize roadway and aircraft contributions to ultrafine

particle concentrations near a mid-sized airport[J]. Atmospheric Environment，2014，89：688-695.

[32] Hu S，et al. Aircraft emission impacts in a neighborhood adjacent to a general aviation airport in Southern California[J]. Environmental Science & Technology，2009，43（21）：8039-8045.

[33] Intergovernmental Panel on Climate Change（IPCC）：2006 IPCC Guidelines for National Greenhouse Gas Inventories，2006.

[34] International Civil Aviation Organization（ICAO）. Airport Local Air Quality Guidance Manual，2007.

[35] International Civil Aviation Organization（ICAO）. Engine Exhaust Emissions Databank，1995.

[36] International Civil Aviation Organization（ICAO）. International Standards and Recommended Practices，1993.

[37] Junquera V，et al. Wildfires in eastern Texas in August and September 2000：Emissions，aircraft measurements，and impact on photochemistry[J]. Atmospheric Environment，2005，39（27）：4983-4996.

[38] Kampa M，Castanas E. Human health effects of air pollution[J]. Environmental Pollution，2008，151（2）：362-367.

[39] Kemball-Cook S，et al. Contributions of regional transport and local sources to ozone exceedances in Houston and Dallas：Comparison of results from a photochemical grid model to aircraft and surface measurements[J]. Journal of Geophysical Research：Atmospheres，2009，114（D7）.

[40] Kesgin U. Aircraft emissions at Turkish airports[J]. Energy，2006，31（2-3）：372-384.

[41] Kurniawan J S，Khardi S. Comparison of methodologies estimating emissions of aircraft pollutants，environmental impact assessment around airports[J]. Environmental Impact Assessment Review，2011，31（3）：240-252.

[42] Kurokawa J，et al. Emissions of air pollutants and greenhouse gases over Asian regions during 2000–2008：Regional Emission inventory in ASia（REAS）version 2[J]. Atmospheric Chemistry and Physics，2013，13（21）：11019-11058.

[43] Lee H，et al. Impacts of aircraft emissions on the air quality near the ground[J]. Atmospheric Chemistry and Physics，2013，13（11）：5505-5522.

[44] Li S，Cheng N，Xu J. Spatial and temporal distributions and source simulation of $PM_{2.5}$ in Beijing-Tianjin-Hebei region in 2014[J]. Chinese Environmental Science，2015，10：2908-2916.

[45] Mahashabde A，et al. Assessing the environmental impacts of aircraft noise and emissions[J]. Progress in Aerospace Sciences，2011，47（1）：15-52.

[46] Mazaheri M，Johnson GR，Morawska L. An inventory of particle and gaseous emissions from large aircraft thrust engine operations at an airport[J]. Atmospheric Environment，2011，45（20）：3500-3507.

[47] Ministry of Environment Protection of the People's Republic of China（MEP）：Technical Guide for Compilation of Emission Inventory for Primary Inhalable Particulate Matte，2011.

[48] Tsui W，et al. New Zealand business tourism：Exploring the impact of economic policy uncertainties[J]. Tourism Economics，2018，24（4）：386-417.

[49] Penn SL，et al. A comparison between monitoring and dispersion modeling approaches to assess the impact of aviation on concentrations of black carbon and nitrogen oxides at Los Angeles international airport[J]. Science of the Total Environment，2015，527：47-55.

[50] Penner JE. Aviation and the global atmosphere：a special report of the Intergovernmental Panel on Climate Change[M]. Cambridge University Press，1999.

[51] Song SK，Shon ZH. Emissions of greenhouse gases and air pollutants from commercial aircraft at international airports in Korea[J]. Atmospheric Environment，2012，61：148-158.

[52] Tang W，et al. Inverse modeling of Texas NO_x emissions using space-based and ground-based NO2observations[J]. Atmospheric Chemistry and Physics，2013，13（21）：11005-11018.

[53] Wasiuk，et al. A commercial aircraft fuel burn and emissions inventory for 2005–2011[J]. Atmosphere，2016，7（6）：78.

[54] Wilkerson，et al. Analysis of emission data from global commercial aviation：2004 and 2006[J]. Atmospheric Chemistry and Physics，2010，10（13）：6391-6408.

[55] Unal A，et al. Airport related emissions and impacts on air quality：Application to the Atlanta International Airport[J]. Atmospheric Environment，2005，39（32）：5787-5798.

[56] Xia Q，et al. Evaluation of LTO cycle emissions from aircrafts in China civil aviation airports[J]. Acta Scientiae Circumstantiae，2008，28（7）：1469-1474（in Chinese）.

[57] Zang H S，Ki H K，Sang K S. Long-term trend in NO_2 and NO_x levels and their emission ratio in relation to road traffic activitiesin East Asia [J]. Atmospheric Environment，2011，45（18）：3120-3131.

[58] Fan W Y，Sun Y F，Zhu T L，et al. Emissions of HC，CO，NO_x，CO_2，and SO_2 from civil aviation in China in 2010 [J].Atmospheric Environment，2012（3），56：52-57.

[59] 杨柳林，曾武涛，张永波，等. 珠江三角洲大气排放源清单与时空分配模型建立[J]. 中国环境科学，2015，35（12）：3521-3534.

[60] 聂磊，李靖，王敏燕，等. 城市尺度 VOCs 污染源排放清单编制方法的构建[J]. 中国环境科学，2011，31（增）：6-11.

[61] 黄清凤，陈桂浓，胡丹心，等.广州白云国际机场飞机大气污染物排放分析 [J]. 环境监测管理与技术，2014，26（3）：57-59.

[62] 储燕萍.上海浦东国际机场飞机尾气排放对机场附近空气质量的影响 [J]. 环境监控与预警，2013，5（4）：50-52，56.

[63] 樊守彬，聂磊，李雪峰. 应用 EDMS 模型建立机场大气污染物排放清单 [J]. 安全与环境学报，2010，10（4）：93-96.

[64]　袁远，吴琳，邹超，等.天津机场飞机污染排放及其特征研究[J]. 环境工程，2018，36（9）：81-86，58.

[65]　李杰，赵志奇，王凯，等.航空器排放清单计算方法研究进展综述[J].环境科学与技术，2018，41（9）：183-191.

[66]　周子航，陆成伟，谭钦文，等.成都双流国际机场大气污染物排放清单与时空分布特征[J].中国环境监测，2018，34（3）：75-83.

[67]　段文娇，郎建垒，程水源，等. 京津冀地区钢铁行业污染物排放清单及对 $PM_{2.5}$ 影响[J]. 环境科学，2018，39（4）：1445-1454.

[68]　徐冉，郎建垒，程水源，等. 首都国际机场移动源大气污染物排放清单研究[J]. 安全与环境学报，2017，17（5）：1957-1962.

[69]　徐冉，郎建垒，杨孝文，等. 首都国际机场飞机排放清单的建立[J]. 中国环境科学，2016，36（8）：2554-2560.

[70]　夏卿. 飞机发动机排放对机场大气环境影响评估研究[D]. 南京：南京航空航天大学，2009.

[71]　伯鑫，段钢，李重阳，等.首都国际机场大气污染模拟研究[J]. 环境工程，2017，35（3）：97-100.

4.4　附表

ICAO 排放因子　　　　　　　　　　　　　　　　　　单位：kg/LTO

飞机代码（型号代号）	飞机型号	发动机名称	燃油消耗	CO_2	NO_x	CO	HC	SO_2
A1	Douglas Skyraider	FOCA-9	22.187	69.890	0.130	11.983	0.253	0.022
A124	An-124 Ruslan	3GE078	3 116.736	9 817.718	49.928	27.295	3.144	3.117
A158	An-158	13ZM003	564.384	1 777.810	4.664	7.212	0.673	0.564
A20	Douglas A-20 Havoc	FOCA-9	44.375	139.781	0.260	23.966	0.505	0.044
A205	Oskbes-Mai MAI-205	FOCA-2	5.642	17.774	0.009	6.988	0.168	0.006
A21	Aeropract A-21 Solo	FOCA-13	1.963	6.184	0.002	1.427	0.855	0.002
A210	Aquila A-210	FOCA-15	2.100	6.615	0.030	1.886	0.068	0.002
A225	Antonov An-225 Mriya	3GE077	4 611.852	14 527.334	71.304	41.183	4.731	4.612
A23	Aeropract A-23 Dragon	FOCA-13	1.963	6.184	0.002	1.427	0.855	0.002
A3	Douglas Skywarrior	4RR035	625.140	1 969.191	4.321	10.406	1.104	0.625
A306	A-300B4-608ST	1PW048	1 723.140	5 427.891	25.855	14.803	1.247	1.723
A306	A-300B4-600	1PW030	1 851.288	5 831.557	31.363	9.875	1.301	1.851
A306	A-300B4-600	2GE036	1 670.748	5 262.856	23.030	13.065	1.071	1.671
A306	A-300B4-600	2GE038	1 701.288	5 359.057	24.147	12.900	1.046	1.701
A306	A-300B4-600	2GE039	1 732.224	5 456.506	25.279	12.732	1.018	1.732
A306	A-300B4-600	3GE056	1 794.984	5 654.200	25.590	12.311	0.880	1.795
A30B	A-300B2	3GE074	1 537.284	4 842.445	23.768	13.728	1.577	1.537
A30B	A-300B2	3GE070	1 502.844	4 733.959	22.233	13.767	1.569	1.503
A310	A-310	2GE037	1 530.552	4 821.239	18.677	13.916	1.205	1.531
A310	A-310	1GE013	1 462.656	4 607.366	23.756	14.796	3.318	1.463
A310	A-310	1PW026	1 572.924	4 954.711	25.664	6.397	0.921	1.573
A310	A-310	1PW027	1 635.960	5 153.274	29.053	6.431	0.894	1.636
A310	A-310	1PW045	1 577.148	4 968.016	20.762	16.047	1.467	1.577
A310	A-310	PW4156	1 671.048	5 263.801	23.976	15.195	1.304	1.671
A310	A-310	2GE040	1 669.992	5 260.475	22.983	13.065	1.071	1.670
A318	A-318-112	7CM048	684.996	2 157.737	6.715	10.353	2.046	0.685
A318	A-318	7PW083	800.988	2 523.112	6.456	9.204	0.002	0.801
A318	A-318	7PW084	857.772	2 701.982	8.340	9.804	0.001	0.858

飞机代码 （型号代号）	飞机型号	发动机名称	燃油消耗	CO_2	NO_x	CO	HC	SO_2
A319	A-319-133LLR	3CM027	688.812	2 169.758	7.464	9.486	1.960	0.689
A319	A-319	1IA003	873.252	2 750.744	10.763	5.528	0.064	0.873
A319	A-319	3CM028	726.300	2 287.845	8.464	9.050	1.802	0.726
A319	A-319	3IA006	814.692	2 566.280	9.439	5.521	0.059	0.815
A319	A-319	3IA007	857.880	2 702.322	10.556	5.416	0.061	0.858
A319	A-319	4CM035	692.388	2 181.022	7.703	6.705	0.644	0.692
A319	A-319	4CM036	730.824	2 302.096	8.734	6.349	0.595	0.731
A319	A-319	6CM044	816.168	2 570.929	11.282	8.246	1.636	0.816
A319	A-319	8CM056	685.008	2 157.775	6.093	12.667	1.037	0.685
A319	A-319	8CM058	813.744	2 563.294	9.026	10.761	0.625	0.814
A319	A-319	8IA009	873.252	2 750.744	10.763	5.528	0.066	0.873
A320	A-320-223	3CM026	816.168	2 570.929	11.282	8.246	1.636	0.816
A320	A-320	1CM008	770.964	2 428.537	9.012	6.184	0.570	0.771
A320	A-320	1CM009	812.292	2 558.720	10.220	5.935	0.535	0.812
A320	A-320	1IA001	884.628	2 786.578	15.433	3.311	0.145	0.885
A320	A-320	1IA003	873.252	2 750.744	10.763	5.528	0.064	0.873
A320	A-320	2CM018	894.840	2 818.746	7.567	22.467	2.699	0.895
A320	A-320	3CM021	884.160	2 785.104	7.694	20.800	2.273	0.884
A320	A-320	3CM028	726.300	2 287.845	8.464	9.050	1.802	0.726
A320	A-320	8CM055	813.744	2 563.294	9.026	10.761	0.625	0.814
A320	A-320	8IA010	873.252	2 750.744	10.763	5.528	0.066	0.873
A320	A-320 NEO	15PW105	633.262	1 994.774	6.490	6.695	0.043	0.633
A321	A-321-131	3IA008	1 034.568	3 258.889	17.290	4.482	0.071	1.035
A321	A-321	1IA005	1 007.652	3 174.104	15.466	5.240	0.070	1.008
A321	A-321	2CM012	947.748	2 985.406	15.564	10.846	1.234	0.948
A321	A-321	2CM013	977.256	3 078.356	16.970	10.640	1.193	0.977
A321	A-321	3CM020	945.360	2 977.884	10.049	18.394	1.782	0.945
A321	A-321	3CM025	955.824	3 010.846	16.720	7.555	1.416	0.956
A321	A-321	8CM054	956.880	3 014.172	13.755	9.545	0.409	0.957
A33	A-33	FOCA-15	2.100	6.615	0.030	1.886	0.068	0.002
A332	A-330-201	14RR071	2 168.076	6 829.439	35.318	21.190	2.097	2.168
A332	A-330-200	2GE051	1 883.988	5 934.562	27.592	13.033	0.960	1.884
A332	A-330-200	4GE081	1 926.264	6 067.732	30.053	11.194	0.718	1.926
A332	A-330-200	5GE085	1 951.884	6 148.435	38.510	26.947	6.875	1.952
A332	A-330-200	7PW082	2 034.408	6 408.385	27.872	13.483	0.156	2.034
A333	A-333-322	14RR071	2 168.076	6 829.439	35.318	21.190	2.097	2.168
A333	A-330-300	2GE051	1 883.988	5 934.562	27.592	13.033	0.960	1.884

飞机代码 （型号代号）	飞机型号	发动机名称	燃油 消耗	CO_2	NO_x	CO	HC	SO_2
A333	A-330-300	5PW075	2 034.408	6 408.385	27.872	13.483	0.156	2.034
A333	A-330-300	7PW081	1 921.392	6 052.385	24.293	14.467	0.278	1.921
A333	A-330-300	7PW082	2 034.408	6 408.385	27.872	13.483	0.156	2.034
A333	A-330-300	9PW093	2 058.660	6 484.779	29.637	12.273	0.767	2.059
A333	A-330-300	14RR070	2 054.148	6 470.566	30.827	22.802	2.599	2.054
A342	A-340-200	1CM011	1 933.704	6 091.168	31.079	25.747	4.049	1.934
A342	A-340-212	1CM010	1 862.640	5 867.316	28.308	26.185	4.199	1.863
A343	A-340-313	2CM015	2 019.888	6 362.647	34.808	25.230	3.900	2.020
A343	A-340-300	1CM011	1 933.704	6 091.168	31.079	25.747	4.049	1.934
A343	A-340-300	7CM047	1 910.664	6 018.592	30.565	23.854	3.588	1.911
A345	A-340-542	8RR044	3 279.120	10 329.228	57.779	15.915	0.240	3.279
A345	A-340-542	8RR045	3 372.960	10 624.824	64.674	15.048	0.228	3.373
A346	A-340-642	8RR045	3 372.960	10 624.824	64.674	15.048	0.228	3.373
A346	A-340-600	8RR044	3 279.120	10 329.228	57.779	15.915	0.240	3.279
A350	A-350-941	14RR075	2 137.980	6 734.637	40.490	19.549	0.854	2.138
A359	A-350-900 XWB	14RR075	2 137.980	6 734.637	40.490	19.549	0.854	2.138
A37	Cessna Dragonfly	3CM022	787.320	2 480.058	6.039	20.410	1.697	0.787
A388	A-380-842	8RR046	4 142.400	13 048.560	67.260	29.615	0.375	4.142
A388	A-380-800	9EA001	3 730.968	11 752.549	70.860	50.053	5.995	3.731
A3ST	A-300ST Super Transporter	2GE040	1 669.992	5 260.475	22.983	13.065	1.071	1.670
A4	Douglas Skyhawk	1GE034	167.158	526.546	1.137	3.351	0.313	0.167
A50	Beriev A-50	1AA002	2 811.120	8 855.028	22.040	91.705	19.495	2.811
A743	An-74-300	1ZM001	607.248	1 912.831	7.109	6.815	1.685	0.607
AA1	AA-1 Yankee	FOCA-5	3.320	10.457	0.008	2.884	0.091	0.003
AA5	Grumman American AA-5 Tiger	FOCA-7	5.642	17.774	0.017	5.947	0.115	0.006
AC10	FD-Composites AC-10 Arrow-Copter	FOCA-16	4.546	14.319	0.039	4.130	0.133	0.005
AC11	Rockwell Commander 112	FOCA-3	8.331	26.243	0.023	7.973	0.244	0.008
AC50	North American Rockwell Commander 500	FOCA-4	22.841	71.949	0.064	23.841	0.638	0.023
AC56	North American Rockwell Commander 560	FOCA-3	16.662	52.485	0.045	15.946	0.488	0.017
AC68	Aero Commander 680 Super	FOCA-18	25.542	80.457	0.015	34.467	0.907	0.026
AC6L	Rockwell Commander 685	FOCA-18	25.542	80.457	0.015	34.467	0.907	0.026

飞机代码 （型号代号）	飞机型号	发动机名称	燃油 消耗	CO_2	NO_x	CO	HC	SO_2
AC72	Aero Commander 720 Alti Cruiser	FOCA-18	25.542	80.457	0.015	34.467	0.907	0.026
AE45	Let Aero 45	FOCA-6	9.312	29.333	0.072	6.852	0.139	0.009
AEST	Piper PA-60 Aerostar	FOCA-18	25.542	80.457	0.015	34.467	0.907	0.026
AN2	Antonov An-2	FOCA-9	22.187	69.890	0.130	11.983	0.253	0.022
ANGL	Angel Angel	FOCA-4	22.841	71.949	0.064	23.841	0.638	0.023
APM2	Issoire APM-20 Lionceau	FOCA-14	2.873	9.049	0.014	2.926	0.053	0.003
AS02	Ffa AS-202-15 Bravo	FOCA-16	4.546	14.319	0.039	4.130	0.133	0.005
AS14	Schleicher ASK-14	FOCA-13	1.963	6.184	0.002	1.427	0.855	0.002
AS22	Schleicher ASW-22M	FOCA-13	1.963	6.184	0.002	1.427	0.855	0.002
AS26	Schleicher ASH-26E	FOCA-2	5.642	17.774	0.009	6.988	0.168	0.006
ASTR	IAI C-38 Astra	1AS002	183.684	578.605	1.690	4.507	0.787	0.184
AT3	AIDC AT-3 Tzu-Chung	1AS002	183.684	578.605	1.690	4.507	0.787	0.184
ATL	Robin ATL	FOCA-2	5.642	17.774	0.009	6.988	0.168	0.006
ATLA	Breguet Atlantic	3CM027	688.812	2 169.758	7.464	9.486	1.960	0.689
AN12	An12	Turboprop	608.321	1 916.212	4.035	5.195	0.190	0.608
AN140	AN-140	Turboprop	255.955	806.259	2.562	1.595	0.000	0.256
AN148	AN-148	13ZM004	595.836	1 876.883	5.087	6.409	0.449	0.596
AN158	AN-158	13ZM004	595.836	1 876.883	5.087	6.409	0.449	0.596
AN24	An-24B	Turboprop	286.512	902.513	0.393	24.595	17.786	0.287
AN26	An-26T	Turboprop	286.512	902.513	0.393	24.595	17.786	0.287
AN30	An30	Turboprop	286.512	902.513	0.393	24.595	17.786	0.287
AN32	An-32B	Turboprop	362.203	1 140.940	3.248	3.657	1.539	0.362
AN72	An-72	1ZM001	607.248	1 912.831	7.109	6.815	1.685	0.607
AN74	AN-74T-100	1ZM001	607.248	1 912.831	7.109	6.815	1.685	0.607
ATP	ATP	Turboprop	235.883	743.031	2.273	1.486	0.000	0.236
ATR42	ATR-42-512	Turboprop	203.323	640.468	1.612	2.027	0.000	0.203
ART72	ART-72-212-F	Turboprop	242.765	764.709	2.339	1.542	0.000	0.243
B103	Beriev Be-103 Bekas	FOCA-2	11.285	35.547	0.019	13.976	0.337	0.011
B17	Boeing B-17 Flying Fortress	FOCA-9	88.750	279.561	0.519	47.931	1.011	0.089
B2	Northrop B-2 Spirit	3CM022	1 574.640	4 960.116	12.078	40.819	3.395	1.575
B209	Messerschmitt-Bolkow BO-209 Monsun	FOCA-1	4.192	13.204	0.012	3.516	0.085	0.004
B23	Douglas B-23 Dragon	FOCA-9	44.375	139.781	0.260	23.966	0.505	0.044
B25	North American B-25 Mitchell	FOCA-9	44.375	139.781	0.260	23.966	0.505	0.044

飞机代码 (型号代号)	飞机型号	发动机名称	燃油消耗	CO_2	NO_x	CO	HC	SO_2
B26	Douglas B-26 Invader	FOCA-9	44.375	139.781	0.260	23.966	0.505	0.044
B29	Boeing B-29 Superfortress	FOCA-9	88.750	279.561	0.519	47.931	1.011	0.089
B461	British Aerospace BAe-146-100	1TL003	570.041	1 795.629	4.068	11.183	1.406	0.570
B462	British Aerospace BAe-146-200	1TL003	570.041	1 795.629	4.068	11.183	1.406	0.570
B463	British Aerospace BAe-146-300	1TL003	570.041	1 795.629	4.068	11.183	1.406	0.570
B463	British Aerospace BAe-146-300	1TL004	603.091	1 899.737	4.343	11.215	1.349	0.603
B52	Boeing B-52 Stratofortress	1PW015	4 093.776	12 895.394	40.311	23.178	3.223	4.094
B58T	Beech 58P Pressurized Baron	FOCA-20	34.092	107.390	0.095	26.834	0.358	0.034
B60	Boisavia B-60 Mercurey	FOCA-6	4.656	14.666	0.036	3.426	0.069	0.005
B701	Boeing 707-100	1PW001	1 863.888	5 871.247	10.960	92.367	97.451	1.864
B703	Boeing 707-300	1PW001	1 863.888	5 871.247	10.960	92.367	97.451	1.864
B703	Boeing 707-300	1PW003	1 927.728	6 072.343	0.000	0.000	0.000	1.928
B712	Boeing 717-200	4BR005	678.108	2 136.040	6.680	6.779	0.051	0.678
B712	Boeing 717-200	4BR007	753.336	2 373.008	9.176	6.471	0.036	0.753
B720	Boeing 720	1PW001	1 863.888	5 871.247	10.960	92.367	97.451	1.864
B721	Boeing 727-100	1PW007	1 299.287	4 092.753	10.465	9.723	2.140	1.299
B721	Boeing 727-100	3RR033	1 143.540	3 602.151	8.968	20.234	2.067	1.144
B721	Boeing 727-100	4PW070	1 477.872	4 655.297	12.650	12.732	0.000	1.478
B721	Boeing 727-100	8PW085	1 256.094	3 956.696	9.843	9.558	2.490	1.256
B722	Boeing 727-200	1PW007	1 299.287	4 092.753	10.465	9.723	2.140	1.299
B722	Boeing 727-200	1PW010	1 458.828	4 595.308	12.432	8.867	1.284	1.459
B722	Boeing 727-200	1PW011	1 361.844	4 289.809	10.946	9.531	1.492	1.362
B722	Boeing 727-200	1PW013	1 496.394	4 713.641	13.676	8.481	1.136	1.496
B722	Boeing 727-200	1PW014	1 411.376	4 445.836	11.805	9.444	4.628	1.411
B722	Boeing 727-200	1PW016	1 611.090	5 074.934	16.868	8.148	0.988	1.611
B722	Boeing 727-200	8PW085	1 256.094	3 956.696	9.843	9.558	2.490	1.256
B707	B-707-338C	1PW001	1 863.888	5 871.247	10.960	92.367	97.451	1.864
B717	B-717-231	4BR005	678.108	2 136.040	6.680	6.779	0.051	0.678
B721	727-100	4PW070	1 477.872	4 655.297	12.650	12.732	0.000	1.478
B722	727-200	4PW070	1 477.872	4 655.297	12.650	12.732	0.000	1.478
B732	737-200	1PW011	907.896	2 859.872	7.297	6.354	0.995	0.908
B732	737-200	1PW007	866.191	2 728.502	6.977	6.482	1.427	0.866

飞机代码（型号代号）	飞机型号	发动机名称	燃油消耗	CO_2	NO_x	CO	HC	SO_2
B732	737-200	1PW010	972.552	3 063.539	8.288	5.911	0.856	0.973
B732	737-200	1PW013	997.596	3 142.427	9.117	5.654	0.757	0.998
B732	737-200	1PW014	940.918	2 963.890	7.870	6.296	3.085	0.941
B732	737-200	8PW085	837.396	2 637.797	6.562	6.372	1.660	0.837
B733	737-300	1CM004	783.432	2 467.811	7.191	13.036	0.836	0.783
B733	737-300	1CM005	842.496	2 653.862	8.425	11.977	0.675	0.842
B733	737-300	1CM007	896.952	2 825.399	9.621	11.182	0.574	0.897
B734	737-400	1CM005	842.496	2 653.862	8.425	11.977	0.675	0.842
B734	737-400	1CM007	896.952	2 825.399	9.621	11.182	0.574	0.897
B735	737-500	1CM004	783.432	2 467.811	7.191	13.036	0.836	0.783
B735	737-500	1CM007	896.952	2 825.399	9.621	11.182	0.574	0.897
B736	737-600	3CM030	721.116	2 271.515	7.659	8.648	1.008	0.721
B736	737-600	3CM031	779.220	2 454.543	9.121	8.003	0.864	0.779
B736	737-600	3CM051	881.100	2 775.465	12.297	7.065	0.723	0.881
B737	737-700	3CM030	721.116	2 271.515	7.659	8.648	1.008	0.721
B737	737-700	3CM031	779.220	2 454.543	9.121	8.003	0.864	0.779
B737	737-700	3CM034	912.648	2 874.841	13.439	6.871	0.670	0.913
B737	737-700	5GE085	1 951.884	6 148.435	38.510	26.947	6.875	1.952
B737	737-700	8CM051	881.100	2 775.465	12.297	7.065	0.723	0.881
B737	B737-75R	3CM032	824.652	2 597.654	10.299	7.997	0.865	0.825
B738	737-800	8CM051	881.100	2 775.465	12.297	7.065	0.723	0.881
B738	737-800	3CM030	721.116	2 271.515	7.659	8.648	1.008	0.721
B738	737-800	3CM031	779.220	2 454.543	9.121	8.003	0.864	0.779
B738	737-800	3CM032	824.652	2 597.654	10.299	7.997	0.865	0.825
B738	737-800	3CM034	912.648	2 874.841	13.439	6.871	0.670	0.913
B738	737-800	11CM078	888.636	2 799.203	10.461	10.631	0.545	0.889
B739	737-900	8CM051	881.100	2 775.465	12.297	7.065	0.723	0.881
B741	747-100	1PW023	3 349.080	10 549.602	54.811	103.987	37.856	3.349
B741	747-100	1RR006	4 065.600	12 806.640	65.604	167.076	104.837	4.066
B741	747-100	8PW085	1 674.792	5 275.595	13.123	12.744	3.320	1.675
B741	747-100	8PW087	3 208.104	10 105.528	49.167	114.590	48.432	3.208
B742	747-200	1PW023	3 349.080	10 549.602	54.811	103.987	37.856	3.349
B742	747-200	1PW024	3 530.136	11 119.928	63.532	103.868	36.711	3.530
B742	747-200	1PW025	3 598.320	11 334.708	49.523	79.778	18.236	3.598
B742	747-200	1PW029	3 430.488	10 806.037	57.009	18.324	2.479	3.430
B742	747-200	1PW034	3 598.320	11 334.708	49.523	79.778	18.236	3.598
B742	747-200	1RR006	4 065.600	12 806.640	65.604	167.076	104.837	4.066

飞机代码 （型号代号）	飞机型号	发动机名称	燃油 消耗	CO_2	NO_x	CO	HC	SO_2
B742	747-200	1RR008	3 648.000	11 491.200	80.501	16.892	3.219	3.648
B742	747-200	8PW087	3 208.104	10 105.528	49.167	114.590	48.432	3.208
B742	747-200	3GE077	3 074.568	9 684.889	47.536	27.455	3.154	3.075
B743	747-300	3GE077	3 074.568	9 684.889	47.536	27.455	3.154	3.075
B743	747-300	3GE078	3 116.736	9 817.718	49.928	27.295	3.144	3.117
B743	747-300	1PW029	3 430.488	10 806.037	57.009	18.324	2.479	3.430
B743	747-300	1RR008	3 648.000	11 491.200	80.501	16.892	3.219	3.648
B743	747-300	2GE041	3 242.016	10 212.350	42.876	26.721	2.245	3.242
B744	747-400（international，winglets）	1PW042	3 342.096	10 527.602	47.951	30.390	2.608	3.342
B744	747-400（international，winglets）	1RR010	3 832.800	12 073.320	84.297	23.700	2.161	3.833
B744	747-400（international，winglets）	1RR011	3 908.400	12 311.460	98.004	20.572	1.980	3.908
B744	747-400（international，winglets）	2GE041	3 242.016	10 212.350	42.876	26.721	2.245	3.242
B744	747-400（international，winglets）	2GE045	3 319.676	10 456.979	44.447	25.268	2.054	3.320
B744	747-400（international，winglets）	3GE057	3 547.176	11 173.604	52.568	23.726	1.837	3.547
B744	747-400（international，winglets）	4RR036	3 881.760	12 227.544	50.052	47.813	6.442	3.882
B744	747-400（international，winglets）	12PW102	3 579.480	11 275.362	58.223	58.007	14.411	3.579
B748	747-800	11GE139	3 494.908	11 008.960	44.326	27.611	0.838	3.495
B74D	747-400-domestic，no winglets	2GE045	3 319.680	10 456.992	44.447	25.268	2.054	3.320
B74R	747SR	3GE068	2 804.040	8 832.726	36.421	27.922	3.119	2.804
B74R	747SR	8PW087	3 208.104	10 105.528	49.167	114.590	48.432	3.208
B74S	747SP	1PW023	3 349.080	10 549.602	54.811	103.987	37.856	3.349
B74S	747SP	1PW024	3 530.136	11 119.928	63.532	103.868	36.711	3.530
B74S	747SP	1RR006	4 065.600	12 806.640	65.604	167.076	104.837	4.066
B74S	747SP	1RR008	3 648.000	11 491.200	80.501	16.892	3.219	3.648
B74S	747SP	8PW085	1 674.792	5 275.595	13.123	12.744	3.320	1.675
B74S	747SP	8PW086	3 176.376	10 005.584	47.567	114.759	48.718	3.176
B74S	747SP	8PW087	3 208.104	10 105.528	49.167	114.590	48.432	3.208
B752	757-200	1RR012	1 422.480	4 480.812	18.555	12.060	1.105	1.422
B752	757-200	4PW072	1 171.092	3 688.940	16.242	11.194	0.944	1.171

飞机代码 （型号代号）	飞机型号	发动机名称	燃油 消耗	CO_2	NO_x	CO	HC	SO_2
B752	757-200	4PW073	1 262.808	3 977.845	19.978	10.438	0.852	1.263
B752	757-200	5RR038	1 362.600	4 292.190	14.983	12.250	0.166	1.363
B752	757-200	5RR039	1 463.640	4 610.466	17.854	11.626	0.108	1.464
B753	757-300	4PW073	1 262.808	3 977.845	19.978	10.438	0.852	1.263
B753	757-300	5RR038	1 362.600	4 292.190	14.983	12.250	0.166	1.363
B753	757-300	5RR039	1 463.640	4 610.466	17.854	11.626	0.108	1.464
B762	767-200	1GE010	1 417.260	4 464.369	22.132	14.815	3.272	1.417
B762	767-200	1GE012	1 462.656	4 607.366	23.756	14.796	3.318	1.463
B762	767-200	1PW026	1 572.924	4 954.711	25.664	6.397	0.921	1.573
B762	767-200	1PW027	1 635.960	5 153.274	29.053	6.431	0.894	1.636
B762	767-200	1PW028	1 664.328	5 242.633	26.234	11.904	2.463	1.664
B762	767-200	1PW042	1 671.048	5 263.801	23.976	15.195	1.304	1.671
B762	767-200	1PW054	1 548.276	4 877.069	20.897	22.328	3.829	1.548
B762	767-200	2GE042	1 515.600	4 774.140	18.338	14.048	1.234	1.516
B762	767-200	2GE043	1 655.916	5 216.135	22.451	13.076	1.070	1.656
B762	767-200	2GE046	1 520.760	4 790.394	18.386	13.432	1.158	1.521
B762	767-200	2GE047	1 660.680	5 231.142	22.273	12.634	1.027	1.661
B762	767-200	2GE048	1 734.072	5 462.327	24.839	12.330	0.980	1.734
B762	767-200	2GE055	1 734.072	5 462.327	24.839	12.330	0.980	1.734
B762	767-200	12PW101	1 729.932	5 449.286	26.667	29.646	7.558	1.730
B763	767-300	12PW101	1 729.932	5 449.286	26.667	29.646	7.558	1.730
B763	767-300	1GE012	1 462.656	4 607.366	23.756	14.796	3.318	1.463
B763	767-300	1PW042	1 671.048	5 263.801	23.976	15.195	1.304	1.671
B763	767-300	1PW054	1 548.276	4 877.069	20.897	22.328	3.829	1.548
B763	767-300	1RR011	1 954.200	6 155.730	49.002	10.286	0.990	1.954
B763	767-300	2GE043	1 655.916	5 216.135	22.451	13.076	1.070	1.656
B763	767-300	2GE044	1 732.224	5 456.506	25.279	12.732	1.018	1.732
B763	767-300	2GE046	1 520.760	4 790.394	18.386	13.432	1.158	1.521
B763	767-300	2GE047	1 660.680	5 231.142	22.273	12.634	1.027	1.661
B763	767-300	2GE048	1 734.072	5 462.327	24.839	12.330	0.980	1.734
B763	767-300	2GE055	1 734.072	5 462.327	24.839	12.330	0.980	1.734
B763	767-300	12PW102	1 789.740	5 637.681	29.111	29.003	7.205	1.790
B764	767-400	2GE055	1 734.072	5 462.327	24.839	12.330	0.980	1.734
B772	777-200	2PW061	2 016.444	6 351.799	38.601	14.867	2.340	2.016
B772	777-200	2RR025	2 277.480	7 174.062	37.474	16.605	1.355	2.277
B772	777-200	3GE066	2 434.716	7 669.355	60.344	12.283	0.424	2.435
B772	777-200	5RR040	2 714.280	8 549.982	56.061	15.668	0.924	2.714

飞机代码 （型号代号）	飞机型号	发动机名称	燃油 消耗	CO_2	NO_x	CO	HC	SO_2
B772	777-200	6GE087	2 034.804	6 409.633	38.789	13.742	0.482	2.035
B772	777-200	6GE089	2 214.060	6 974.289	48.356	13.043	0.455	2.214
B772	777-200	6GE090	2 332.104	7 346.128	55.856	12.609	0.451	2.332
B772	777-200	7GE099	3 090.840	9 736.146	69.785	47.536	5.104	3.091
B772	777-200	8GE100	2 406.408	7 580.185	61.238	12.311	0.442	2.406
B772	777-200	8PW089	2 171.460	6 840.099	46.458	14.411	2.222	2.171
B772	777-200	10PW098	2 502.924	7 884.211	52.996	21.842	2.209	2.503
B772	777-200	10PW099	2 645.208	8 332.405	62.228	13.185	0.769	2.645
B773	777-300	2RR027	2 562.840	8 072.946	52.803	12.763	0.659	2.563
B773	777-300	5PW076	2 721.792	8 573.645	64.531	7.086	0.000	2.722
B77L	Boeing 777-200LR	7GE097	2 951.760	9 298.044	61.227	48.139	5.324	2.952
B77L	Boeing 777-200LR	7GE099	3 090.840	9 736.146	69.785	47.536	5.104	3.091
B77W	777-300ER	7GE099	3 090.840	9 736.146	69.785	47.536	5.104	3.091
B77W	777-300ER	10PW099	2 645.208	8 332.405	62.228	13.185	0.769	2.645
B788	787-8 Dreamliner	11GE136	1 592.364	5 015.947	17.151	14.510	0.534	1.592
B788	787-8 Dreamliner	12RR055	1 726.656	5 438.966	34.524	6.800	0.037	1.727
B789	787-9 Dreamliner	11GE136	1 592.364	5 015.947	17.151	14.510	0.534	1.592
B789	787-9 Dreamliner	12RR055	1 726.656	5 438.966	34.524	6.800	0.037	1.727
BA11	BAC One-Eleven	8RR043	771.540	2 430.351	7.025	39.628	22.357	0.772
BAE125	BAE125 400F	1AS002	183.684	578.605	1.690	4.507	0.787	0.184
BAE142	BAE 146 200	1TL003	570.041	1 795.629	4.068	11.183	1.406	0.570
BAE143	BAE 146 300	1TL003	570.041	1 795.629	4.068	11.183	1.406	0.570
BAE146	BAE146 200	1TL003	570.041	1 795.629	4.068	11.183	1.406	0.570
BAE41	BAE4101	Turboprop	128.100	403.515	0.902	2.064	0.236	0.128
BAE748	BAE748 372 SRS 2A	Turboprop	217.152	684.029	0.298	18.646	13.483	0.217
BD700	BD700 1A10 GLOBAL EXPRESS XRS	4BR009	597.456	1 881.986	5.568	8.477	0.320	0.597
BASS	Beagle Basset	FOCA-18	25.542	80.457	0.015	34.467	0.907	0.026
BD17	Bede BD-17 Nuggett	FOCA-13	1.963	6.184	0.002	1.427	0.855	0.002
BDOG	British Aerospace Bulldog	FOCA-2	5.642	17.774	0.009	6.988	0.168	0.006
BE100	BEECH A100	Turboprop	84.406	265.878	0.417	1.206	0.089	0.084
BE17	Beech 17 Staggerwing	FOCA-18	12.771	40.229	0.007	17.233	0.454	0.013
BE18	Beech 18（piston）	FOCA-18	25.542	80.457	0.015	34.467	0.907	0.026
BE19	Beech 19 Sport	FOCA-1	4.192	13.204	0.012	3.516	0.085	0.004
BE23	Beech 23 Sundowner	FOCA-1	4.192	13.204	0.012	3.516	0.085	0.004
BE24	Beech 24 Sierra	FOCA-2	5.642	17.774	0.009	6.988	0.168	0.006
BE33	Beech 33 Bonanza	FOCA-19	6.388	20.121	0.020	5.481	0.345	0.006

飞机代码 （型号代号）	飞机型号	发动机名称	燃油 消耗	CO_2	NO_x	CO	HC	SO_2
BE35	Beech 35 Bonanza	FOCA-3	8.331	26.243	0.023	7.973	0.244	0.008
BE36	Beech 36 Bonanza	FOCA-3	8.331	26.243	0.023	7.973	0.244	0.008
BE40	Beech 400 Beechjet	1PW037	186.878	588.667	0.961	12.283	11.428	0.187
BE18	BEECH 3NM	TIO-540-J2B2	25.542	77.903	0.015	34.467	0.907	0.026
BE1900	BEECH C 12J	Turboprop	131.796	415.157	0.526	6.038	1.874	0.132
BE200	BEECH 1300	Turboprop	93.168	293.479	0.410	1.776	0.354	0.093
BE2000	BEECH 2000 STARSHIP 1A	Turboprop	127.764	402.457	0.507	5.895	1.816	0.128
BE300	BEECH 300LW	Turboprop	108.492	341.750	0.434	4.258	0.619	0.108
BE400	BEECH 400	1PW037	186.878	588.667	0.961	12.283	11.428	0.187
BE50	BEECH D50A	TIO-540-J2B2	25.542	77.903	0.015	34.467	0.907	0.026
BE50	Twin Bonanza	FOCA-18	25.542	80.457	0.015	34.467	0.907	0.026
BE55	55 Baron	FOCA-3	16.662	52.485	0.045	15.946	0.488	0.017
BE55	BEECH 95 B55	IO-540-T4A5D	16.662	50.819	0.045	15.946	0.488	0.017
BE56	BEECH 56TC	TIO-540-J2B2	25.542	77.903	0.015	34.467	0.907	0.026
BE56	56 Turbo Baron	FOCA-18	25.542	80.457	0.015	34.467	0.907	0.026
BE58	58 Baron	FOCA-20	34.092	107.390	0.095	26.834	0.358	0.034
BE58	BEECH 58	TSIO-520-WB	34.092	103.981	0.095	26.834	0.358	0.034
BE60	BEECH A60	TIO-540-J2B2	25.542	77.903	0.015	34.467	0.907	0.026
BE90	BEECH B90	Turboprop	67.260	211.869	0.331	0.943	0.075	0.067
BE99	BEECH C99	Turboprop	73.374	231.128	0.360	0.942	0.063	0.073
BN2	BN2B 27	IO-540-T4A5D	16.662	50.819	0.045	15.946	0.488	0.017
BE60	60 Duke	FOCA-18	25.542	80.457	0.015	34.467	0.907	0.026
BE65	Beech 65 Queen Air	FOCA-18	25.542	80.457	0.015	34.467	0.907	0.026
BE70	Beech 70 Queen Air	FOCA-18	25.542	80.457	0.015	34.467	0.907	0.026
BE76	Beech 76 Duchess	FOCA-7	11.285	35.547	0.034	11.895	0.229	0.011
BE77	Beech 77 Skipper	FOCA-16	4.546	14.319	0.039	4.130	0.133	0.005
BE80	Beech 80 Zamir	FOCA-18	25.542	80.457	0.015	34.467	0.907	0.026
BE88	Beech 88 Queen Air	FOCA-18	25.542	80.457	0.015	34.467	0.907	0.026
BE95	Beech 95 Travel Air	FOCA-7	11.285	35.547	0.034	11.895	0.229	0.011
BER2	Beriev Be-200 Altair	13ZM003	564.384	1 777.810	4.664	7.212	0.673	0.564
BL17	Bellanca Super Viking	FOCA-4	11.420	35.974	0.032	11.921	0.319	0.011
BL8	American Champion 8 Super Decathlon	FOCA-7	5.642	17.774	0.017	5.947	0.115	0.006
BLCF	Boeing 747-400LCF Dreamlifter	1PW042	3 342.096	10 527.602	47.951	30.390	2.608	3.342
BN2P	Britten-Norman Islander	FOCA-3	16.662	52.485	0.045	15.946	0.488	0.017

飞机代码 （型号代号）	飞机型号	发动机名称	燃油消耗	CO_2	NO_x	CO	HC	SO_2
BRAV	Tecnam P-2004 Bravo	FOCA-15	2.100	6.615	0.030	1.886	0.068	0.002
BT36	Beech B36TC Bonanza	FOCA-20	17.046	53.695	0.047	13.417	0.179	0.017
BUCA	Advanced Aviation Buccaneer	FOCA-13	1.963	6.184	0.002	1.427	0.855	0.002
BX2	Brandli BX-2 Cherry	FOCA-5	3.320	10.457	0.008	2.884	0.091	0.003
C02T	Cessna 402（turbine）	FOCA-20	34.092	107.390	0.095	26.834	0.358	0.034
C04T	Cessna 404（turbine）	FOCA-20	34.092	107.390	0.095	26.834	0.358	0.034
C06T	Cessna 206（turbine）	FOCA-18	12.771	40.229	0.007	17.233	0.454	0.013
C07T	Cessna 207（turbine）	FOCA-4	11.420	35.974	0.032	11.921	0.319	0.011
C10T	Cessna P210（turbine）	FOCA-20	17.046	53.695	0.047	13.417	0.179	0.017
C120	Cessna 120	FOCA-5	3.320	10.457	0.008	2.884	0.091	0.003
C125	Northrop C-125 Raider	FOCA-9	66.562	209.671	0.389	35.948	0.758	0.067
C150	Cessna 150 Commuter	FOCA-5	3.320	10.457	0.008	2.884	0.091	0.003
C152	Cessna A152 Aerobat	FOCA-5	3.320	10.457	0.008	2.884	0.091	0.003
C162	Cessna 162 Skycatcher	FOCA-5	3.320	10.457	0.008	2.884	0.091	0.003
C170	Cessna 170	FOCA-6	4.656	14.666	0.036	3.426	0.069	0.005
C172	Cessna 172 Skyhawk	FOCA-1	4.192	13.204	0.012	3.516	0.085	0.004
C175	Cessna 175 Skylark	FOCA-7	5.642	17.774	0.017	5.947	0.115	0.006
C177	Cessna 177 Cardinal	FOCA-7	5.642	17.774	0.017	5.947	0.115	0.006
C180	Cessna 180	FOCA-8	6.625	20.869	0.003	8.470	0.215	0.007
C182	Cessna 182 Skylane	FOCA-8	6.625	20.869	0.003	8.470	0.215	0.007
C185	Cessna 185 Skywagon	FOCA-4	11.420	35.974	0.032	11.921	0.319	0.011
C190	Cessna 190	FOCA-4	11.420	35.974	0.032	11.921	0.319	0.011
C195	Cessna 195	FOCA-4	11.420	35.974	0.032	11.921	0.319	0.011
C205	Cessna 205	FOCA-3	8.331	26.243	0.023	7.973	0.244	0.008
C206	Cessna 206 Super Skywagon	FOCA-4	11.420	35.974	0.032	11.921	0.319	0.011
C207	Cessna 207 Stationair 7	FOCA-4	11.420	35.974	0.032	11.921	0.319	0.011
C208	CESSNA 208A	Turboprop	39.336	123.908	0.190	0.637	0.063	0.039
C210	Cessna 210 Centurion	FOCA-4	11.420	35.974	0.032	11.921	0.319	0.011
C21T	Cessna 421（turbine）	FOCA-18	25.542	80.457	0.015	34.467	0.907	0.026
C25A	Cessna 525A Citation CJ2	1PW036	161.759	509.540	0.819	8.956	3.412	0.162
C25B	Cessna 525B Citation CJ3	1PW037	186.878	588.667	0.961	12.283	11.428	0.187
C25C	Cessna 525C Citation CJ4	1AS002	183.684	578.605	1.690	4.507	0.787	0.184
C25M	Cessna 525 Citation M2	1PW036	161.759	509.540	0.819	8.956	3.412	0.162
C303	T303	IO-540-T4A5D	16.662	50.819	0.045	15.946	0.488	0.017
C303	T303 Crusader	FOCA-3	16.662	52.485	0.045	15.946	0.488	0.017

飞机代码 （型号代号）	飞机型号	发动机名称	燃油 消耗	CO_2	NO_x	CO	HC	SO_2
C310	Cessna 310	FOCA-8	13.250	41.739	0.005	16.941	0.431	0.013
C320	Cessna 320 Skyknight	FOCA-8	13.250	41.739	0.005	16.941	0.431	0.013
C335	335	TSIO-520-WB	34.092	103.981	0.095	26.834	0.358	0.034
C335	Cessna 335	FOCA-20	34.092	107.390	0.095	26.834	0.358	0.034
C336	Cessna 336 Skymaster	FOCA-2	11.285	35.547	0.019	13.976	0.337	0.011
C337	Cessna M337 Super Skymaster	FOCA-2	11.285	35.547	0.019	13.976	0.337	0.011
C340	340	TSIO-520-WB	34.092	103.981	0.095	26.834	0.358	0.034
C340	340	FOCA-20	34.092	107.390	0.095	26.834	0.358	0.034
C401	CESSNA 401B	TSIO-520-WB	34.092	103.981	0.095	26.834	0.358	0.034
C402	402	TSIO-520-WB	34.092	103.981	0.095	26.834	0.358	0.034
C402	402	FOCA-20	34.092	107.390	0.095	26.834	0.358	0.034
C404	404	TIO-540-J2B2	25.542	77.903	0.015	34.467	0.907	0.026
C404	404 Titan	FOCA-18	25.542	80.457	0.015	34.467	0.907	0.026
C411	Cessna 411	FOCA-18	25.542	80.457	0.015	34.467	0.907	0.026
C414	414	FOCA-20	34.092	107.390	0.095	26.834	0.358	0.034
C414	CESSNA 414A	TSIO-520-WB	34.092	103.981	0.095	26.834	0.358	0.034
C421	C421A	TIO-540-J2B2	25.542	77.903	0.015	34.467	0.907	0.026
C421	421 Golden Eagle	FOCA-18	25.542	80.457	0.015	34.467	0.907	0.026
C425	425	Turboprop	64.588	203.451	0.311	0.987	0.088	0.065
C441	441	Turboprop	78.672	247.817	0.381	1.275	0.125	0.079
C46	Curtiss C-46 Commando	FOCA-9	44.375	139.781	0.260	23.966	0.505	0.044
C500	Citation	1PW035	141.408	445.435	0.526	10.612	3.734	0.141
C500	CESSNA F500	1PW035	141.408	445.435	0.526	10.612	3.734	0.141
C501	CESSNA 501	1PW035	141.408	445.435	0.526	10.612	3.734	0.141
C501	501 Citation 1SP	1PW035	141.408	445.435	0.526	10.612	3.734	0.141
C510	510 Citation Mustang	1PW035	141.408	445.435	0.526	10.612	3.734	0.141
C525	525 Citation CJ1	1PW035	141.408	445.435	0.526	10.612	3.734	0.141
C525	525 CitationJet	1PW035	141.408	445.435	0.526	10.612	3.734	0.141
C526	526 CitationJet	1PW035	141.408	445.435	0.526	10.612	3.734	0.141
C550	CESSNA F550	1PW036	161.759	509.540	0.819	8.956	3.412	0.162
C550	550 Citation 2	1PW036	161.759	509.540	0.819	8.956	3.412	0.162
C551	Citation 2SP	1PW036	161.759	509.540	0.819	8.956	3.412	0.162
C551	551	1PW036	161.759	509.540	0.819	8.956	3.412	0.162
C55B	Cessna 550B Citation Bravo	1PW036	161.759	509.540	0.819	8.956	3.412	0.162
C560	CESSNA 560 UC 35B	1PW038	184.297	580.536	0.908	12.576	8.877	0.184

飞机代码 （型号代号）	飞机型号	发动机名称	燃油 消耗	CO_2	NO_x	CO	HC	SO_2
C560	560 Citation Ultra	1PW037	186.878	588.667	0.961	12.283	11.428	0.187
C560	560 Citation Ultra	1PW038	184.297	580.536	0.908	12.576	8.877	0.184
C560XL	CESSNA 560 EXCEL	1AS002	183.684	578.605	1.690	4.507	0.787	0.184
C560XLS	CESSNA 560 XLS	1AS002	183.684	578.605	1.690	4.507	0.787	0.184
C650	CESSNA 650	1AS002	183.684	578.605	1.690	4.507	0.787	0.184
C650	650 Citation 3	1AS002	183.684	578.605	1.690	4.507	0.787	0.184
C680	680 Citation Sovereign	7PW077	274.775	865.541	2.994	5.354	0.574	0.275
C72R	Cessna 172RG Cutlass RG	FOCA-1	4.192	13.204	0.012	3.516	0.085	0.004
C750	CESSNA 750	6AL024	276.038	869.521	2.525	4.776	0.778	0.276
C750	750 Citation 10	6AL024	276.038	869.521	2.525	4.776	0.778	0.276
C750	750 Citation 10	8AL025	254.885	802.887	2.101	3.391	0.640	0.255
C77R	Cessna 177RG Cardinal RG	FOCA-7	5.642	17.774	0.017	5.947	0.115	0.006
C82	Fairchild C-82 Packet	FOCA-9	44.375	139.781	0.260	23.966	0.505	0.044
C82R	Cessna R182 Skylane RG	FOCA-8	6.625	20.869	0.003	8.470	0.215	0.007
C97	Boeing C-97 Stratofreighter	FOCA-9	88.750	279.561	0.519	47.931	1.011	0.089
CA25	Commonwealth CA-25 Winjeel	FOCA-18	12.771	40.229	0.007	17.233	0.454	0.013
CAT	Consolidated PBY Catalina	FOCA-9	44.375	139.781	0.260	23.966	0.505	0.044
CE22	Chernov Che-22 Corvette	FOCA-13	3.926	12.368	0.003	2.853	1.710	0.004
CE25	Chernov Che-25	FOCA-15	4.200	13.231	0.059	3.772	0.136	0.004
CE43	Cerva CE-43 Guepard	FOCA-3	8.331	26.243	0.023	7.973	0.244	0.008
CF406	CESSNA F406 II	Turboprop	64.588	203.451	0.311	0.987	0.088	0.065
CH20	Zenair CH-200 Zénith	FOCA-5	3.320	10.457	0.008	2.884	0.091	0.003
CH30	Zenair CH-300 Tri-Zénith	FOCA-6	4.656	14.666	0.036	3.426	0.069	0.005
CH64	Zenair CH-640 Zodiac	7GE099	1 545.420	4 868.073	34.893	23.768	2.552	1.545
CL300	BD100 1A10 CHALLENGER 300	11HN003	304.860	960.309	2.777	5.357	0.201	0.305
CL600	CC144 CL600 2A12 CL601 1A	5GE084	328.576	1 035.013	2.155	7.365	0.729	0.329
CL600RJ	CL600 2B19 CHALLENGER 800	5GE084	328.576	1 035.013	2.155	7.365	0.729	0.329
CL604	CL604	5GE084	328.576	1 035.013	2.155	7.365	0.729	0.329
CL605	CL605	5GE084	328.576	1 035.013	2.155	7.365	0.729	0.329
CL700RJ	CL600 2C10 RJ700NG	5GE083	477.163	1 503.063	4.240	5.684	0.026	0.477
CL900RJ	CL600 2D24 RJ900ER	8GE110	479.952	1 511.849	4.405	4.123	0.035	0.480
CS550	CESSNA S550	1PW036	161.759	509.540	0.819	8.956	3.412	0.162

飞机代码 （型号代号）	飞机型号	发动机名称	燃油 消耗	CO_2	NO_x	CO	HC	SO_2
CJ1	Corby CJ-1 Starlet	FOCA-15	2.100	6.615	0.030	1.886	0.068	0.002
CL2P	Canadair CL-215	FOCA-9	44.375	139.781	0.260	23.966	0.505	0.044
CL30	Bombardier Challenger 300	11HN003	304.860	960.309	2.777	5.357	0.201	0.305
CL30	Bombardier Challenger 300	14HN009	314.028	989.188	3.006	5.000	0.162	0.314
CL35	Bombardier Challenger 350	14HN009	314.028	989.188	3.006	5.000	0.162	0.314
CL41	Canadair CL-41 Tutor	1PW036	80.879	254.770	0.409	4.478	1.706	0.081
CL60	Canadair Challenger 600	11GE147	651.648	2 052.691	6.433	12.129	1.136	0.652
CL60	Canadair Challenger 600	1GE034	334.315	1 053.093	2.275	6.701	0.626	0.334
CL60	Canadair Challenger 600	1GE035	334.315	1 053.093	2.275	6.701	0.626	0.334
CL60	Canadair Challenger 600	1TL001	324.102	1 020.921	2.346	7.055	1.003	0.324
CL60	Canadair Challenger 600	5GE084	328.576	1 035.013	2.155	7.365	0.729	0.329
CMD1	Air Command Commander 147	FOCA-1	4.192	13.204	0.012	3.516	0.085	0.004
COAR	Cobra Arrow	FOCA-14	2.873	9.049	0.014	2.926	0.053	0.003
COL3	Columbia Columbia 350	FOCA-4	11.420	35.974	0.032	11.921	0.319	0.011
COL4	Columbia Columbia 400	FOCA-4	11.420	35.974	0.032	11.921	0.319	0.011
CONI	Lockheed Constellation	FOCA-9	88.750	279.561	0.519	47.931	1.011	0.089
COZY	Cosy Cosy Classic	FOCA-7	5.642	17.774	0.017	5.947	0.115	0.006
CP10	Cap Aviation CAP-10	FOCA-7	5.642	17.774	0.017	5.947	0.115	0.006
CP21	Mudry CAP-21	FOCA-2	5.642	17.774	0.009	6.988	0.168	0.006
CP22	Cap Aviation CAP-222	FOCA-8	6.625	20.869	0.003	8.470	0.215	0.007
CR10	Dyn'Aero CR-100	FOCA-7	5.642	17.774	0.017	5.947	0.115	0.006
CRJ1	Canadair Regional Jet RJ-100	1GE035	334.315	1 053.093	2.275	6.701	0.626	0.334
CRJ1	Canadair Regional Jet RJ-10	5GE084	328.576	1 035.013	2.155	7.365	0.729	0.329
CRJ2	Canadair CL-600 Regional Jet RJ-200	1GE035	334.315	1 053.093	2.275	6.701	0.626	0.334
CRJ2	Canadair CL-600 Regional Jet RJ-200	5GE084	328.576	1 035.013	2.155	7.365	0.729	0.329
CRJ7	Canadair Regional Jet CRJ-700	5GE083	477.163	1 503.064	4.240	5.684	0.026	0.477
CRJ7	Canadair Regional Jet CRJ-700	8GE112	460.752	1 451.369	4.025	4.309	0.042	0.461
CRJ9	Canadair Regional Jet CRJ-900	8GE110	479.952	1 511.849	4.405	4.123	0.035	0.480
CRJX	Bombardier Regional Jet CRJ-1000	8GE104	502.836	1 583.933	4.837	4.054	0.036	0.503

飞机代码（型号代号）	飞机型号	发动机名称	燃油消耗	CO$_2$	NO$_x$	CO	HC	SO$_2$
CRUZ	Csa SportCruiser	FOCA-15	2.100	6.615	0.030	1.886	0.068	0.002
CVLP	Convair CV-240 Convairliner	FOCA-9	44.375	139.781	0.260	23.966	0.505	0.044
D140	Jodel D-140 Abeille	FOCA-7	5.642	17.774	0.017	5.947	0.115	0.006
D250	Centre Est DR-250 Capitaine	FOCA-16	4.546	14.319	0.039	4.130	0.133	0.005
D253	Centre Est DR-253 Regent	FOCA-16	4.546	14.319	0.039	4.130	0.133	0.005
D28D	Dornier Do-28D Skyservant	FOCA-18	25.542	80.457	0.015	34.467	0.907	0.026
D6	Auster D-6	FOCA-7	5.642	17.774	0.017	5.947	0.115	0.006
D7	Fokker D-7 Replica	FOCA-2	5.642	17.774	0.009	6.988	0.168	0.006
DA2	Davis DA-2	FOCA-13	1.963	6.184	0.002	1.427	0.855	0.002
DA40	Diamond DA-40 Diamond Star	FOCA-7	5.642	17.774	0.017	5.947	0.115	0.006
DA42	Diamond DA-42 Twin Star	FOCA-7	11.285	35.547	0.034	11.895	0.229	0.011
DA5	Davis DA-5	FOCA-2	5.642	17.774	0.009	6.988	0.168	0.006
DAHU	Pena Dahu	FOCA-7	5.642	17.774	0.017	5.947	0.115	0.006
DC10	Mcdonnell Douglas DC-10	1GE001	1 942.524	6 118.951	34.834	46.490	17.463	1.943
DC10	Mcdonnell Douglas DC-10	1GE002	2 002.464	6 307.762	37.648	45.199	16.850	2.002
DC10	Mcdonnell Douglas DC-10	1GE003	1 942.524	6 118.951	34.834	46.490	17.463	1.943
DC10	Mcdonnell Douglas DC-10	1PW033	2 698.740	8 501.031	37.142	59.834	13.677	2.699
DC10	Mcdonnell Douglas DC-10	3GE070	2 254.266	7 100.938	33.349	20.651	2.353	2.254
DC10	Mcdonnell Douglas DC-10	3GE072	2 254.266	7 100.938	33.349	20.651	2.353	2.254
DC10	Mcdonnell Douglas DC-10	3GE073	2 305.926	7 263.667	35.652	20.592	2.366	2.306
DC10	Mcdonnell Douglas DC-10	3GE074	2 305.926	7 263.667	35.652	20.592	2.366	2.306
DC10	Mcdonnell Douglas DC-10	3GE078	2 337.552	7 363.289	37.446	20.471	2.358	2.338
DC3	Douglas DC-3	FOCA-9	44.375	139.781	0.260	23.966	0.505	0.044
DC6	Douglas DC-6	FOCA-9	22.187	69.890	0.130	11.983	0.253	0.022
DC7	Douglas DC-7	FOCA-9	88.750	279.561	0.519	47.931	1.011	0.089
DC85	Mcdonnell Douglas DC-8-50	1PW001	1 863.888	5 871.247	10.960	92.367	97.451	1.864
DC86	Mcdonnell Douglas DC-8-60	1PW001	1 863.888	5 871.247	10.960	92.367	97.451	1.864
DC86	Mcdonnell Douglas DC-8-60	1PW003	1 927.728	6 072.343	0.000	0.000	0.000	1.928
DC87	Mcdonnell Douglas DC-8-70	1CM003	1 695.192	5 339.855	15.621	26.315	1.514	1.695

飞机代码 （型号代号）	飞机型号	发动机名称	燃油 消耗	CO_2	NO_x	CO	HC	SO_2
DC91	Mcdonnell Douglas DC-9-10	8PW085	837.396	2 637.797	6.562	6.372	1.660	0.837
DC92	Mcdonnell Douglas DC-9-20	1PW008	949.586	2 991.197	7.480	17.968	4.910	0.950
DC93	Mcdonnell Douglas DC-9-30	1PW007	866.191	2 728.502	6.977	6.482	1.427	0.866
DC93	Mcdonnell Douglas DC-9-30	1PW010	972.552	3 063.539	8.288	5.911	0.856	0.973
DC93	Mcdonnell Douglas DC-9-30	1PW013	997.596	3 142.427	9.117	5.654	0.757	0.998
DC93	Mcdonnell Douglas DC-9-30	8PW085	837.396	2 637.797	6.562	6.372	1.660	0.837
DC95	Mcdonnell Douglas DC-9-50	1PW013	997.596	3 142.427	9.117	5.654	0.757	0.998
DC95	Mcdonnell Douglas DC-9-50	1PW014	940.918	2 963.890	7.870	6.296	3.085	0.941
DG50	Glaser-Dirks DG-500M	FOCA-13	1.963	6.184	0.002	1.427	0.855	0.002
DH60	De Havilland DH-60 Moth	FOCA-5	3.320	10.457	0.008	2.884	0.091	0.003
DH82	De Havilland DH-82 Tiger Moth	FOCA-17	2.010	6.332	0.045	0.028	0.008	0.002
DH89	De Havilland DH-89 Dragon Rapide	FOCA-10	9.734	30.663	0.016	10.699	0.231	0.010
DHA3	De Havilland Australia DHA-3 Drover	FOCA-2	16.927	53.321	0.028	20.965	0.505	0.017
DHC2	De Havilland Canada DHC-2 Mk1 Beaver	FOCA-18	12.771	40.229	0.007	17.233	0.454	0.013
DHC3	De Havilland Canada DHC-3 Caribou	FOCA-18	12.771	40.229	0.007	17.233	0.454	0.013
DHC4	De Havilland Canada DHC-4 Caribou	FOCA-9	44.375	139.781	0.260	23.966	0.505	0.044
DIMO	Diamond Super Dimona	FOCA-13	1.963	6.184	0.002	1.427	0.855	0.002
DJET	Diamond D-Jet	7PW078	137.387	432.770	1.497	2.677	0.287	0.137
DLTA	Verhees Delta	FOCA-13	1.963	6.184	0.002	1.427	0.855	0.002
DO27	Dornier Do-27	FOCA-3	8.331	26.243	0.023	7.973	0.244	0.008
DO28	Dornier Do-28A	FOCA-4	22.841	71.949	0.064	23.841	0.638	0.023
DOVE	De Havilland DH-104 Dove	FOCA-18	25.542	80.457	0.015	34.467	0.907	0.026

飞机代码（型号代号）	飞机型号	发动机名称	燃油消耗	CO_2	NO_x	CO	HC	SO_2
DR10	Centre Est DR-100 Ambassadeur	FOCA-5	3.320	10.457	0.008	2.884	0.091	0.003
DR22	Centre Est DR-220 2+2	FOCA-16	4.546	14.319	0.039	4.130	0.133	0.005
DR30	Centre Est DR-340 Major	FOCA-7	5.642	17.774	0.017	5.947	0.115	0.006
DR40	Robin DR-400 Ecoflyer	FOCA-7	5.642	17.774	0.017	5.947	0.115	0.006
DV20	Diamond DV-20 Katana	FOCA-6	4.656	14.666	0.036	3.426	0.069	0.005
E135	Embraer EMB-135LR	6AL019	300.589	946.856	2.463	6.222	0.578	0.301
E145	Embraer ERJ-145ER	4AL003	323.868	1 020.184	3.126	2.937	0.452	0.324
E145	Embraer ERJ-145ER	6AL007	314.162	989.612	2.687	6.176	0.559	0.314
E145	Embraer ERJ-145ER	6AL019	300.589	946.856	2.463	6.222	0.578	0.301
E170	Embraer ERJ-170-100	8GE108	481.560	1 516.914	4.440	4.106	0.035	0.482
E190	Embraer ERJ-190	11GE144	651.648	2 052.691	6.433	12.129	1.136	0.652
E190	Embraer ERJ-190	11GE146	651.648	2 052.691	6.433	12.129	1.136	0.652
E300	Extra EA-300	FOCA-4	11.420	35.974	0.032	11.921	0.319	0.011
E35L	Embraer EMB-135BJ Legacy 600	6AL019	300.589	946.856	2.463	6.222	0.578	0.301
E35L	Embraer EMB-135BJ Legacy 600	10AL026	379.416	1 195.160	3.643	6.236	0.294	0.379
E400	Extra EA-400	FOCA-18	12.771	40.229	0.007	17.233	0.454	0.013
E45X	Embraer EMB-145XR	3CM022	787.320	2 480.058	6.039	20.410	1.697	0.787
E50P	Embraer EMB-500 Phenom 100	1PW035	141.408	445.435	0.526	10.612	3.734	0.141
E545	Embraer EMB-545 Legacy 450	14HN006	293.688	925.117	2.526	5.573	0.208	0.294
E550	Embraer EMB-550 Legacy 500	14HN006	293.688	925.117	2.526	5.573	0.208	0.294
E55P	Embraer EMB-505 Phenom 300	1AS001	169.932	535.286	1.261	5.223	1.646	0.170
E737	Boeing 737-700 AEWC	8CM051	881.100	2 775.465	12.297	7.065	0.723	0.881
E75L	Embraer ERJ-170-200	8GE108	481.560	1 516.914	4.440	4.106	0.035	0.482
E75S	Embraer ERJ-170-200	8GE108	481.560	1 516.914	4.440	4.106	0.035	0.482
EA50	Eclipse Eclipse 500	1PW035	141.408	445.435	0.526	10.612	3.734	0.141
ECHO	Tecnam Echo	FOCA-15	2.100	6.615	0.030	1.886	0.068	0.002
EDGE	Zivko Edge 540	FOCA-18	12.771	40.229	0.007	17.233	0.454	0.013
EM10	Marganski EM-10 Bielik	1PW038	92.149	290.268	0.454	6.288	4.438	0.092
EN28	Enstrom F-28 Falcon	FOCA-19	6.388	20.121	0.020	5.481	0.345	0.006
ERCO	Air Products Aircoupe	FOCA-14	2.873	9.049	0.014	2.926	0.053	0.003
EUPA	Europa Europa	FOCA-15	2.100	6.615	0.030	1.886	0.068	0.002

飞机代码 （型号代号）	飞机型号	发动机名称	燃油 消耗	CO_2	NO_x	CO	HC	SO_2
EV97	Evektor EV-97 EuroStar	FOCA-15	2.100	6.615	0.030	1.886	0.068	0.002
EVOP	Lancair Evolution Piston	FOCA-18	12.771	40.229	0.007	17.233	0.454	0.013
EVSS	Evektor SportStar	FOCA-15	2.100	6.615	0.030	1.886	0.068	0.002
EXPR	Express Express	FOCA-4	11.420	35.974	0.032	11.921	0.319	0.011
F100	Fokker 100	1RR020	683.760	2 153.844	5.628	8.879	1.367	0.684
F104	Lockheed F-104 Starfighter	8RR043	385.770	1 215.176	3.513	19.814	11.179	0.386
F2	Mitsubishi F-2	11BR011	304.578	959.421	2.566	5.912	0.398	0.305
F22	Lockheed Martin F-22 Raptor	11CM072	858.036	2 702.813	9.524	10.977	0.605	0.858
F260	Siai-Marchetti SF-260	FOCA-3	8.331	26.243	0.023	7.973	0.244	0.008
F28	Fokker F-28 Fellowship	4RR035	625.140	1 969.191	4.321	10.406	1.104	0.625
F2TH	Dassault Falcon 2000	14PW103	320.688	1 010.167	2.725	5.957	0.060	0.321
F70	Fokker 70	1RR020	683.760	2 153.844	5.628	8.879	1.367	0.684
F8	Chance Vought F8 Crusader	11PW100	144.666	455.698	1.047	2.896	0.227	0.145
F8L	Aeromere F-8L Falco	FOCA-1	4.192	13.204	0.012	3.516	0.085	0.004
F900	Dassault Falcon 900	1AS002	275.526	867.907	2.534	6.761	1.180	0.276
FA10	Dassault Falcon 100	1AS001	169.932	535.286	1.261	5.223	1.646	0.170
FA20	Dassault Falcon 200	1AS002	183.684	578.605	1.690	4.507	0.787	0.184
FA24	Fairchild F-24 Argus	FOCA-2	5.642	17.774	0.009	6.988	0.168	0.006
FA50	Dassault Falcon 50	1AS002	275.526	867.907	2.534	6.761	1.180	0.276
FA62	Fairchild M-62 Cornell	11PW100	144.666	455.698	1.047	2.896	0.227	0.145
FA7X	Dassault Falcon 7X	11PW100	433.998	1 367.094	3.141	8.689	0.682	0.434
FA7X	Dassault Falcon 7X	15PW109	450.815	1 420.069	4.178	5.993	0.162	0.451
FBA2	Found FBA-2 Expedition E350	FOCA-3	8.331	26.243	0.023	7.973	0.244	0.008
FDTC	Flight Design CT	FOCA-15	2.100	6.615	0.030	1.886	0.068	0.002
G109	Grob G-109 Ranger	FOCA-5	3.320	10.457	0.008	2.884	0.091	0.003
G115	Grob G-115E Tutor	FOCA-7	5.642	17.774	0.017	5.947	0.115	0.006
G120	Grob G-120 Snunit	FOCA-3	8.331	26.243	0.023	7.973	0.244	0.008
G150	Gulfstream Aerospace Gulfstream G150	1AS002	183.684	578.605	1.690	4.507	0.787	0.184
G15T	Grob G-115T Acro	FOCA-7	5.642	17.774	0.017	5.947	0.115	0.006
G180	General Aircraft G1-80 Skyfarer	FOCA-14	2.873	9.049	0.014	2.926	0.053	0.003
G200	Akrotech G-200	FOCA-2	5.642	17.774	0.009	6.988	0.168	0.006
G21	Grumman G-21A Goose	FOCA-18	25.542	80.457	0.015	34.467	0.907	0.026

飞机代码 （型号代号）	飞机型号	发动机名称	燃油消耗	CO_2	NO_x	CO	HC	SO_2
G250	Gulfstream Aerospace Gulfstream G250	7PW077	274.775	865.541	2.994	5.354	0.574	0.275
G280	Gulfstream Aerospace Gulfstream G280	11HN005	316.800	997.920	2.979	5.040	0.164	0.317
G3	Remos G-3 Mirage	FOCA-15	2.100	6.615	0.030	1.886	0.068	0.002
G4SG	Soko G-4 Super Galeb	7PW077	137.387	432.770	1.497	2.677	0.287	0.137
G59	Fiat G-59	FOCA-9	22.187	69.890	0.130	11.983	0.253	0.022
GA20	Gippsland GA-200 Fatman	FOCA-3	8.331	26.243	0.023	7.973	0.244	0.008
GA7	Grumman American GA-7 Cougar	FOCA-1	8.383	26.407	0.024	7.032	0.171	0.008
GA8	Gippsaero GA-8 Airvan	FOCA-4	11.420	35.974	0.032	11.921	0.319	0.011
GALX	IAI 1126 Galaxy	7PW077	274.775	865.541	2.994	5.354	0.574	0.275
GC1	Globe GC-1 Swift	FOCA-17	2.010	6.332	0.045	0.028	0.008	0.002
GFLY	Scaled 311 Global Flyer	1PW035	70.704	222.718	0.263	5.306	1.867	0.071
GL5T	Bombardier Global 5000	4BR009	597.456	1 881.986	5.568	8.477	0.320	0.597
GLAS	Glasair Glasair	FOCA-2	5.642	17.774	0.009	6.988	0.168	0.006
GLEX	Bombardier BD-700 Global Express	4BR009	597.456	1 881.986	5.568	8.477	0.320	0.597
GLF2	Gulfstream Aerospace Gulfstream 2	8RR043	771.540	2 430.351	7.025	39.628	22.357	0.772
GLF3	Gulfstream Aerospace Gulfstream 3	8RR043	771.540	2 430.351	7.025	39.628	22.357	0.772
GLF4	Gulfstream Aerospace Gulfstream 4	6RR042	667.092	2 101.340	5.124	10.206	0.365	0.667
GLF5	Gulfstream Aerospace Gulfstream 5	6BR010	587.796	1 851.557	5.699	8.897	0.603	0.588
GLF6	Gulfstream Aerospace Gulfstream G650	11BR011	609.156	1 918.841	5.132	11.824	0.796	0.609
GLSP	New Glastar Sportsman 2+2	FOCA-7	5.642	17.774	0.017	5.947	0.115	0.006
GLST	Glasair GlaStar	FOCA-7	5.642	17.774	0.017	5.947	0.115	0.006
GNAT	Folland Gnat	7PW077	137.387	432.770	1.497	2.677	0.287	0.137
GOLF	Tecnam P-96 Golf	FOCA-14	2.873	9.049	0.014	2.926	0.053	0.003
GP4	Osprey GP-4	FOCA-2	5.642	17.774	0.009	6.988	0.168	0.006
GSPN	Grob SPn Utility Jet	1PW037	186.878	588.667	0.961	12.283	11.428	0.187
GY80	Gardan GY-80 Horizon	FOCA-7	5.642	17.774	0.017	5.947	0.115	0.006
H111	Heinkel He-111	FOCA-9	44.375	139.781	0.260	23.966	0.505	0.044

飞机代码 （型号代号）	飞机型号	发动机名称	燃油 消耗	CO_2	NO_x	CO	HC	SO_2
H25A	Hawker Siddeley HS-125-1	1AS002	183.684	578.605	1.690	4.507	0.787	0.184
H25B	Hawker Siddeley HS-125-700	1AS002	183.684	578.605	1.690	4.507	0.787	0.184
H25C	British Aerospace BAe-125-1000	7PW077	274.775	865.541	2.994	5.354	0.574	0.275
H269	Hughes 269 Sky Knight	FOCA-2	5.642	17.774	0.009	6.988	0.168	0.006
H40	Hoffmann H-40	FOCA-2	5.642	17.774	0.009	6.988	0.168	0.006
HA4T	Hawker Beechcraft Hawker 4000	7PW079	307.356	968.171	2.600	5.655	0.920	0.307
HERN	De Havilland DH-114 Heron	FOCA-3	33.324	104.971	0.090	31.893	0.976	0.033
HF20	Hfb HFB-320 Hansa	7PW079	307.356	968.171	2.600	5.655	0.920	0.307
HR10	Robin HR-100 Tiara	FOCA-4	11.420	35.974	0.032	11.921	0.319	0.011
HR20	Robin HR-200	FOCA-16	4.546	14.319	0.039	4.130	0.133	0.005
HU2	Shenyang Sailplane HU-2 Petrel	FOCA-14	2.873	9.049	0.014	2.926	0.053	0.003
HUNT	Hawker Hunter	4RR035	312.570	984.596	2.161	5.203	0.552	0.313
HUSK	Aviat A-1 Husky	FOCA-7	5.642	17.774	0.017	5.947	0.115	0.006
I23	Pzl-Swidnik I-23 Manager	FOCA-9	22.187	69.890	0.130	11.983	0.253	0.022
IL14	Ilyushin Il-14	FOCA-9	44.375	139.781	0.260	23.966	0.505	0.044
IL62	Ilyushin Il-62	1AA003	2 763.360	8 704.584	18.882	81.365	15.017	2.763
IL76	Ilyushin Il-76	1AA002	2 811.120	8 855.028	22.040	91.705	19.495	2.811
IL76	Ilyushin Il-76	13AA006	2 468.448	7 775.611	33.149	16.866	1.881	2.468
IL86	Ilyushin Il-86	1KK003	3 115.200	9 812.880	21.761	81.560	69.517	3.115
IL96	Ilyushin Il-96	13AA006	2 468.448	7 775.611	33.149	16.866	1.881	2.468
IL96	Ilyushin Il-96	13AA007	2 590.224	8 159.206	39.386	14.954	0.963	2.590
IR23	Ica IAR-823	FOCA-4	11.420	35.974	0.032	11.921	0.319	0.011
IS28	Iar IS-28M2	FOCA-13	1.963	6.184	0.002	1.427	0.855	0.002
J2	Piper J-2 Cub	FOCA-13	1.963	6.184	0.002	1.427	0.855	0.002
J328	Fairchild Dornier 328JET	7PW078	274.775	865.541	2.994	5.354	0.574	0.275
JAB4	Jabiru Jabiru J400	FOCA-17	2.010	6.332	0.045	0.028	0.008	0.002
JABI	Jabiru Jabiru SP	FOCA-7	5.642	17.774	0.017	5.947	0.115	0.006
JARO	Jackaroo Thruxton Jackaroo	FOCA-17	2.010	6.332	0.045	0.028	0.008	0.002
JCOM	Aero Commander 1121 Jet Commander	1PW037	186.878	588.667	0.961	12.283	11.428	0.187
IPRO	Bac 145 Jet Provost	1PW035	70.704	222.718	0.263	5.306	1.867	0.071

飞机代码 （型号代号）	飞机型号	发动机名称	燃油消耗	CO_2	NO_x	CO	HC	SO_2
JU52	Junkers Ju-52/3 m	FOCA-18	38.313	120.686	0.022	51.700	1.361	0.038
KA26	Kamov Ka-26	FOCA-20	34.092	107.390	0.095	26.834	0.358	0.034
KFIR	IAI Kfir	3CM022	393.660	1 240.029	3.020	10.205	0.849	0.394
KP2	Jihlavan KP-2 Skyleader 150	FOCA-14	2.873	9.049	0.014	2.926	0.053	0.003
L10	Lockheed L-10 Electra	FOCA-12	25.542	80.457	0.011	34.467	0.907	0.026
L101	Lockheed L-1011 TriStar	1RR003	2 309.238	7 274.100	31.636	103.323	73.940	2.309
L101	Lockheed L-1011 TriStar	1RR005	2 564.100	8 076.915	50.807	15.055	2.801	2.564
L12	Lockheed L-12 Electra Junior	FOCA-18	25.542	80.457	0.015	34.467	0.907	0.026
L14	Lockheed L-14 Hudson	FOCA-9	44.375	139.781	0.260	23.966	0.505	0.044
L200	Let L-200 Morava	FOCA-2	11.285	35.547	0.019	13.976	0.337	0.011
L29	Aero L-29 Delfin	1PW035	70.704	222.718	0.263	5.306	1.867	0.071
L29A	Lockheed L-1329 Jetstar 6	1AS002	367.368	1 157.209	3.379	9.015	1.573	0.367
L29B	Lockheed L-1329 Jetstar 2	1AS002	367.368	1 157.209	3.379	9.015	1.573	0.367
L37	Lockheed L-137 Ventura	FOCA-9	44.375	139.781	0.260	23.966	0.505	0.044
L39	Aero L-139 Albatros	1AS002	91.842	289.302	0.845	2.254	0.393	0.092
L40	Orlican L-40 Meta Sokol	FOCA-17	2.010	6.332	0.045	0.028	0.008	0.002
L60	Aero L-60 Brigadyr	5GE084	164.288	517.507	1.078	3.682	0.365	0.164
L8	Luscombe 8 Trainer	FOCA-5	3.320	10.457	0.008	2.884	0.091	0.003
LA25	Lake LA-250 Seafury	FOCA-8	6.625	20.869	0.003	8.470	0.215	0.007
LA4	Lake LA-4 Buccaneer	FOCA-2	5.642	17.774	0.009	6.988	0.168	0.006
LA8	Aerovolga LA-8 Flagman	FOCA-8	13.250	41.739	0.005	16.941	0.431	0.013
LANC	Avro Lancaster	FOCA-9	88.750	279.561	0.519	47.931	1.011	0.089
LCA	Ada LCA Tejas	8GE113	225.882	711.528	1.940	2.170	0.021	0.226
LEG2	Lancair Legacy	FOCA-4	11.420	35.974	0.032	11.921	0.319	0.011
LGEZ	Rutan 61 Long-EZ	FOCA-16	4.546	14.319	0.039	4.130	0.133	0.005
LJ23	Learjet 23	1PW037	186.878	588.667	0.961	12.283	11.428	0.187
LJ24	Learjet 24	1PW037	186.878	588.667	0.961	12.283	11.428	0.187
LJ25	Learjet 25	1PW037	186.878	588.667	0.961	12.283	11.428	0.187
LJ31	Learjet 31	1AS001	169.932	535.286	1.261	5.223	1.646	0.170
LJ35	Learjet 35	1AS001	169.932	535.286	1.261	5.223	1.646	0.170
LJ40	Learjet 40	1AS001	169.932	535.286	1.261	5.223	1.646	0.170
LJ45	Learjet 45	1AS001	169.932	535.286	1.261	5.223	1.646	0.170
LJ55	Learjet 55	1AS002	183.684	578.605	1.690	4.507	0.787	0.184
LJ60	Learjet 60	7PW077	274.775	865.541	2.994	5.354	0.574	0.275
LJ70	Learjet 70	1AS002	183.684	578.605	1.690	4.507	0.787	0.184

飞机代码 （型号代号）	飞机型号	发动机名称	燃油 消耗	CO_2	NO_x	CO	HC	SO_2
LJ75	Learjet 75	1AS002	183.684	578.605	1.690	4.507	0.787	0.184
LNC2	Lancair Lancair 200	FOCA-1	4.192	13.204	0.012	3.516	0.085	0.004
LNC4	Lancair Lancair 4	FOCA-18	12.771	40.229	0.007	17.233	0.454	0.013
LNCE	Lancair Lancair ES	FOCA-4	11.420	35.974	0.032	11.921	0.319	0.011
M17	Myasishchev M-17 Stratosfera	1AA003	690.840	2 176.146	4.721	20.341	3.754	0.691
M18	Pzl-Mielec M-18 Dromader	FOCA-9	22.187	69.890	0.130	11.983	0.253	0.022
M2	Kubicek M-2 Scout	FOCA-15	2.100	6.615	0.030	1.886	0.068	0.002
M200	Aero Commander Commander 200	FOCA-4	11.420	35.974	0.032	11.921	0.319	0.011
M203	Myasishchev M-203 Barsuk	FOCA-18	12.771	40.229	0.007	17.233	0.454	0.013
M20P	Mooney M-20G Statesman	FOCA-4	11.420	35.974	0.032	11.921	0.319	0.011
M20T	Mooney M-20M TLS	FOCA-4	11.420	35.974	0.032	11.921	0.319	0.011
M21	Pzl-Mielec M-21 Dromader Mini	FOCA-9	22.187	69.890	0.130	11.983	0.253	0.022
M212	Lambert M-212 Mission	FOCA-7	11.285	35.547	0.034	11.895	0.229	0.011
M22	Mooney M-22 Mustang	FOCA-4	11.420	35.974	0.032	11.921	0.319	0.011
M26	Pzl-Mielec M-26 Air Wolf	FOCA-4	11.420	35.974	0.032	11.921	0.319	0.011
M346	Aermacchi M-346 Master	14HN006	293.688	925.117	2.526	5.573	0.208	0.294
M360	Aircraft Technologies Meyer-360	FOCA-2	5.642	17.774	0.009	6.988	0.168	0.006
M5	Maule M-5 Strata Rocket	FOCA-8	6.625	20.869	0.003	8.470	0.215	0.007
M55	Myasishchev M-55 Geophysica	1AA003	1 381.680	4 352.292	9.441	40.683	7.509	1.382
M6	Maule M-6 Super Rocket	FOCA-8	6.625	20.869	0.003	8.470	0.215	0.007
M7	Maule M-7-260 Super Rocket	FOCA-8	6.625	20.869	0.003	8.470	0.215	0.007
M8	Maule M-8	FOCA-8	6.625	20.869	0.003	8.470	0.215	0.007
MC90	Monocoupe 90	FOCA-5	3.320	10.457	0.008	2.884	0.091	0.003
MCR1	Dyn'Aero MCR-01	FOCA-14	2.873	9.049	0.014	2.926	0.053	0.003
MCR4	Dyn'Aero MCR-4	FOCA-16	4.546	14.319	0.039	4.130	0.133	0.005
MD11	Mcdonnell Douglas MD-11	1PW052	2 662.182	8 385.873	42.293	21.700	1.784	2.662
MD11	Mcdonnell Douglas MD-11	1PW059	2 759.778	8 693.301	47.594	26.431	3.575	2.760
MD11	Mcdonnell Douglas MD-11	2GE049	2 627.910	8 277.917	38.171	18.279	1.434	2.628
MD81	Mcdonnell Douglas MD-81	4PW068	1 007.520	3 173.688	9.165	7.387	0.000	1.008
MD81	Mcdonnell Douglas MD-81	4PW070	985.248	3 103.531	8.433	8.488	0.000	0.985

飞机代码 （型号代号）	飞机型号	发动机名称	燃油消耗	CO_2	NO_x	CO	HC	SO_2
MD82	Mcdonnell Douglas MD-82	4PW068	1 007.520	3 173.688	9.165	7.387	0.000	1.008
MD82	Mcdonnell Douglas MD-82	4PW069	1 007.520	3 173.688	9.165	7.387	0.000	1.008
MD82	Mcdonnell Douglas MD-82	4PW070	985.248	3 103.531	8.433	8.488	0.000	0.985
MD82	Mcdonnell Douglas MD-82	4PW071	1 002.720	3 158.568	9.209	8.041	0.000	1.003
MD83	Mcdonnell Douglas MD-83	4PW068	1 007.520	3 173.688	9.165	7.387	0.000	1.008
MD83	Mcdonnell Douglas MD-83	4PW070	985.248	3 103.531	8.433	8.488	0.000	0.985
MD83	Mcdonnell Douglas MD-83	4PW071	1 002.720	3 158.568	9.209	8.041	0.000	1.003
MD87	Mcdonnell Douglas MD-87	4PW070	985.248	3 103.531	8.433	8.488	0.000	0.985
MD87	Mcdonnell Douglas MD-87	4PW071	1 002.720	3 158.568	9.209	8.041	0.000	1.003
MD88	Mcdonnell Douglas MD-88	4PW070	985.248	3 103.531	8.433	8.488	0.000	0.985
MD88	Mcdonnell Douglas MD-88	4PW071	1 002.720	3 158.568	9.209	8.041	0.000	1.003
MD90	Mcdonnell Douglas MD-90	1IA002	873.252	2 750.744	10.763	5.528	0.064	0.873
MD90	Mcdonnell Douglas MD-90	1IA004	952.020	2 998.863	13.372	5.359	0.068	0.952
MG17	Mikoyan MiG-17	7PW077	137.387	432.770	1.497	2.677	0.287	0.137
MG44	Mikoyan MiG 1-44	2GE049	1 751.940	5 518.611	25.447	12.186	0.956	1.752
MICO	Microjet Microjet 200	1PW035	141.408	445.435	0.526	10.612	3.734	0.141
MOL1	Molniya 1	FOCA-18	12.771	40.229	0.007	17.233	0.454	0.013
MOR2	Morrisey 2000 Nifty	FOCA-6	4.656	14.666	0.036	3.426	0.069	0.005
MP20	Plan MP-205 Busard	FOCA-5	3.320	10.457	0.008	2.884	0.091	0.003
MS18	Socata MS-200FG Morane	FOCA-4	11.420	35.974	0.032	11.921	0.319	0.011
MS30	Socata MS-300 Epsilon 2	FOCA-4	11.420	35.974	0.032	11.921	0.319	0.011
MU30	Mitsubishi MU-300 Diamond	1PW036	161.759	509.540	0.819	8.956	3.412	0.162
NAVI	North American NA-145 Navion	FOCA-3	8.331	26.243	0.023	7.973	0.244	0.008
OSCR	Partenavia Oscar	FOCA-1	4.192	13.204	0.012	3.516	0.085	0.004
P06T	Tecnam P-2006T	FOCA-15	4.200	13.231	0.059	3.772	0.136	0.004
P100	Pottier P-100	FOCA-15	2.100	6.615	0.030	1.886	0.068	0.002
P148	Piaggio P-148	FOCA-2	5.642	17.774	0.009	6.988	0.168	0.006
P2	Lockheed P-2 Neptune	FOCA-9	44.375	139.781	0.260	23.966	0.505	0.044
P208	Tecnam P-2008	FOCA-15	2.100	6.615	0.030	1.886	0.068	0.002
P210	Cessna P210 Pressurized Centurion	FOCA-4	11.420	35.974	0.032	11.921	0.319	0.011
P28A	Piper PA-28-181 Archer LX	FOCA-1	4.192	13.204	0.012	3.516	0.085	0.004
P28B	Piper PA-28-235 Cherokee Pathfinder	FOCA-8	6.625	20.869	0.003	8.470	0.215	0.007

飞机代码 （型号代号）	飞机型号	发动机名称	燃油 消耗	CO_2	NO_x	CO	HC	SO_2
P28R	Piper PA-28R-180 Cherokee Arrow	FOCA-2	5.642	17.774	0.009	6.988	0.168	0.006
P28S	Piper PA-28R-201T Turbo Cherokee Arrow 3	FOCA-2	5.642	17.774	0.009	6.988	0.168	0.006
P28T	Piper PA-28RT-201 Arrow 4	FOCA-2	5.642	17.774	0.009	6.988	0.168	0.006
P28U	Piper PA-28RT-201T Turbo Arrow 4	FOCA-2	5.642	17.774	0.009	6.988	0.168	0.006
P32R	Piper PA-32R-300 Lance	FOCA-4	11.420	35.974	0.032	11.921	0.319	0.011
P32T	Piper PA-32RT-300 Lance 2	FOCA-4	11.420	35.974	0.032	11.921	0.319	0.011
P337	Cessna P337 Pressurized Skymaster	FOCA-2	11.285	35.547	0.019	13.976	0.337	0.011
P38	Lockheed P-38 Lightning	FOCA-9	44.375	139.781	0.260	23.966	0.505	0.044
P39	Bell Airacobra	FOCA-9	22.187	69.890	0.130	11.983	0.253	0.022
P47	Republic F-47 Thunderbolt	FOCA-9	22.187	69.890	0.130	11.983	0.253	0.022
P51	North American P-51 Mustang	FOCA-9	22.187	69.890	0.130	11.983	0.253	0.022
P60	Pottier P-60 Minacro	FOCA-5	3.320	10.457	0.008	2.884	0.091	0.003
P63	Bell P-63 Kingcobra	FOCA-2	5.642	17.774	0.009	6.988	0.168	0.006
P66P	Piaggio P-166B Portofino	FOCA-9	44.375	139.781	0.260	23.966	0.505	0.044
P68	Partenavia P-68 Observer	FOCA-2	11.285	35.547	0.019	13.976	0.337	0.011
P80	Pottier P-80	FOCA-5	3.320	10.457	0.008	2.884	0.091	0.003
P82	North American P-82 Twin Mustang	FOCA-9	44.375	139.781	0.260	23.966	0.505	0.044
PA11	Piper PA-11 Cub Special	FOCA-5	3.320	10.457	0.008	2.884	0.091	0.003
PA12	Piper PA-12 Super Cruiser	FOCA-5	3.320	10.457	0.008	2.884	0.091	0.003
PA14	Piper PA-14 Family Cruiser	FOCA-16	4.546	14.319	0.039	4.130	0.133	0.005
PA18	Piper PA-18 Super Cub	FOCA-6	4.656	14.666	0.036	3.426	0.069	0.005
PA20	Piper PA-20 Pacer	FOCA-1	4.192	13.204	0.012	3.516	0.085	0.004
PA22	Piper PA-22 Colt	FOCA-1	4.192	13.204	0.012	3.516	0.085	0.004
PA23	Piper PA-23-150 Apache	FOCA-3	16.662	52.485	0.045	15.946	0.488	0.017
PA24	Piper PA-24 Comanche	FOCA-3	8.331	26.243	0.023	7.973	0.244	0.008
PA25	Piper PA-25 Pawnee	FOCA-8	6.625	20.869	0.003	8.470	0.215	0.007
PA27	Piper PA-23-250 Turbo Aztec	FOCA-8	13.250	41.739	0.005	16.941	0.431	0.013
PA30	Piper PA-30 Twin Comanche	FOCA-1	8.383	26.407	0.024	7.032	0.171	0.008

飞机代码 （型号代码）	飞机型号	发动机名称	燃油消耗	CO_2	NO_x	CO	HC	SO_2
PA31	Piper PA-31-300 Navajo	FOCA-4	22.841	71.949	0.064	23.841	0.638	0.023
PA32	Piper PA-32 Turbo Saratoga	FOCA-4	11.420	35.974	0.032	11.921	0.319	0.011
PA34	Piper PA-34 Seneca	FOCA-19	12.775	40.242	0.040	10.962	0.690	0.013
PA36	Piper PA-36 Pawnee Brave	FOCA-18	12.771	40.229	0.007	17.233	0.454	0.013
PA38	Piper PA-38 Tomahawk	FOCA-16	4.546	14.319	0.039	4.130	0.133	0.005
PA44	Piper PA-44 Seminole	FOCA-7	11.285	35.547	0.034	11.895	0.229	0.011
PA47	Piper PA-47 Piper Jet	1PW037	93.439	294.333	0.481	6.141	5.714	0.093
PAT2	Atac Patriot 2	FOCA-16	4.546	14.319	0.039	4.130	0.133	0.005
PEGA	General Avia F-20 Pegaso	FOCA-4	22.841	71.949	0.064	23.841	0.638	0.023
PELI	Flyer Pelican	FOCA-13	1.963	6.184	0.002	1.427	0.855	0.002
PEMB	Hunting P-66 Pembroke	FOCA-18	25.542	80.457	0.015	34.467	0.907	0.026
PICO	General Avia F-15 Picchio	FOCA-7	5.642	17.774	0.017	5.947	0.115	0.006
PINO	General Avia F-22 Pinguino Sprint	FOCA-17	2.010	6.332	0.045	0.028	0.008	0.002
PIVI	Pipistrel Virus	FOCA-15	2.100	6.615	0.030	1.886	0.068	0.002
PNR2	Alpi Pioneer 200	FOCA-8	6.625	20.869	0.003	8.470	0.215	0.007
PNR3	Alpi Pioneer 300	FOCA-15	2.100	6.615	0.030	1.886	0.068	0.002
PO60	Potez 60 Sauterelle	FOCA-2	5.642	17.774	0.009	6.988	0.168	0.006
PRM1	Hawker Beechcraft Premier 1	1PW036	161.759	509.540	0.819	8.956	3.412	0.162
PROC	Percival P-31 Proctor	FOCA-2	5.642	17.774	0.009	6.988	0.168	0.006
PROT	Csa Parrot	FOCA-15	2.100	6.615	0.030	1.886	0.068	0.002
PTS2	Pitts S-2 Special	FOCA-2	5.642	17.774	0.009	6.988	0.168	0.006
PUP	Beagle B-121 Pup	FOCA-6	4.656	14.666	0.036	3.426	0.069	0.005
PZ01	Pzl-Okecie PZL-101 Gawron	FOCA-3	8.331	26.243	0.023	7.973	0.244	0.008
PZ04	Pzl-Okecie PZL-104 Wilga 35	FOCA-3	8.331	26.243	0.023	7.973	0.244	0.008
PZ06	Pzl-Okecie PZL-106B Kruk	FOCA-18	12.771	40.229	0.007	17.233	0.454	0.013
R100	Robin R-1180 Aiglon	FOCA-7	5.642	17.774	0.017	5.947	0.115	0.006
R135	Boeing RC-135	6AL007	628.325	1 979.223	5.374	12.353	1.118	0.628
R200	Robin R-2100 Super Club	8CM059	337.074	1 061.783	2.948	6.424	0.543	0.337
R22	Robinson R-22	FOCA-17	2.010	6.332	0.045	0.028	0.008	0.002
R300	Robin R-300	FOCA-1	4.192	13.204	0.012	3.516	0.085	0.004
R4	Sikorsky R-4 Hoverfly	FOCA-2	5.642	17.774	0.009	6.988	0.168	0.006
R44	Robinson R-44 Raven	FOCA-8	6.625	20.869	0.003	8.470	0.215	0.007

飞机代码 （型号代码）	飞机型号	发动机名称	燃油 消耗	CO_2	NO_x	CO	HC	SO_2
R721	Boeing 727-100RE Super 27	4PW068	1 511.280	4 760.532	13.747	11.080	0.000	1.511
R722	Boeing 727-200RE Super 27	4PW070	1 477.872	4 655.297	12.650	12.732	0.000	1.478
R90F	Ruschmeyer R-90-230FG	FOCA-8	6.625	20.869	0.003	8.470	0.215	0.007
R90R	Ruschmeyer R-90-230RG	FOCA-8	6.625	20.869	0.003	8.470	0.215	0.007
RALL	Socata Rallye 100	FOCA-6	4.656	14.666	0.036	3.426	0.069	0.005
RANG	Navion Rangemaster	FOCA-3	8.331	26.243	0.023	7.973	0.244	0.008
RF4	Fournier RF-4	FOCA-2	5.642	17.774	0.009	6.988	0.168	0.006
RF6	Fournier RF-6	FOCA-3	8.331	26.243	0.023	7.973	0.244	0.008
RJ1H	RJ-100	1TL004	603.091	1 899.737	4.343	11.215	1.349	0.603
RJ-70	RJ-70	1TL004	603.091	1 899.737	4.343	11.215	1.349	0.603
RJ85	RJ-85	1TL003	570.041	1 795.629	4.068	11.183	1.406	0.570
RJ85	RJ-85	1TL004	603.091	1 899.737	4.343	11.215	1.349	0.603
RV10	Van'S RV-10	FOCA-8	6.625	20.869	0.003	8.470	0.215	0.007
RV4	Van'S RV-4	FOCA-2	5.642	17.774	0.009	6.988	0.168	0.006
RV6	Van'S RV-6	FOCA-7	5.642	17.774	0.017	5.947	0.115	0.006
RV8	Van'S RV-8	FOCA-2	5.642	17.774	0.009	6.988	0.168	0.006
RV9	Van'S RV-9	FOCA-1	4.192	13.204	0.012	3.516	0.085	0.004
S05F	Siai-Marchetti S-205-20F	FOCA-2	5.642	17.774	0.009	6.988	0.168	0.006
S05R	Siai-Marchetti S-205-20R	FOCA-2	5.642	17.774	0.009	6.988	0.168	0.006
S200	Sipa S-200 Minijet	1PW035	70.704	222.718	0.263	5.306	1.867	0.071
S208	Siai-Marchetti S-208	FOCA-3	8.331	26.243	0.023	7.973	0.244	0.008
S210	Aerospatiale SE-210 Caravelle	8RR043	771.540	2 430.351	7.025	39.628	22.357	0.772
S211	Siai-Marchetti S-211	1PW036	80.879	254.770	0.409	4.478	1.706	0.081
S223	Casa 223 Flamingo	FOCA-2	5.642	17.774	0.009	6.988	0.168	0.006
S22T	Cirrus SR-22T	FOCA-4	11.420	35.974	0.032	11.921	0.319	0.011
S2P	Grumman S-2 Tracker	FOCA-9	44.375	139.781	0.260	23.966	0.505	0.044
S3	Lockheed S-3 Viking	1GE034	334.315	1 053.093	2.275	6.701	0.626	0.334
SG37	Schweizer SGM-2-37	FOCA-16	4.546	14.319	0.039	4.130	0.133	0.005
SG70	Glass SG-70 STOLGlass	FOCA-15	2.100	6.615	0.030	1.886	0.068	0.002
SHRK	Shark Aero Shark	FOCA-15	2.100	6.615	0.030	1.886	0.068	0.002
SIRA	Tecnam P-2002 Sierra	FOCA-15	2.100	6.615	0.030	1.886	0.068	0.002
SJ30	SJ-30	1PW035	141.408	445.435	0.526	10.612	3.734	0.141
SK70	Starkraft SK-700	FOCA-18	25.542	80.457	0.015	34.467	0.907	0.026
SM92	Technoavia SM-92 Finist	FOCA-18	12.771	40.229	0.007	17.233	0.454	0.013

飞机代码 （型号代号）	飞机型号	发动机名称	燃油消耗	CO_2	NO_x	CO	HC	SO_2
SP7	Spartan 7 Executive	FOCA-18	12.771	40.229	0.007	17.233	0.454	0.013
SR20	Cirrus SR-20 SRV	FOCA-2	5.642	17.774	0.009	6.988	0.168	0.006
SR22	Cirrus SR-22	FOCA-4	11.420	35.974	0.032	11.921	0.319	0.011
SR71	Lockheed SR-71 Blackbird	4PW070	985.248	3 103.531	8.433	8.488	0.000	0.985
ST10	Socata ST-10 Provence	FOCA-2	5.642	17.774	0.009	6.988	0.168	0.006
ST60	Staudacher S-600	FOCA-4	11.420	35.974	0.032	11.921	0.319	0.011
SU25	Sukhoi Su-25	10AL026	379.416	1 195.160	3.643	6.236	0.294	0.379
SU7	Sukhoi Su-7	3CM022	393.660	1 240.029	3.020	10.205	0.849	0.394
SU95	Sukhoi Superjet 100-95	11PJ002	679.308	2 139.820	5.898	9.205	0.271	0.679
SUBA	Fuji FA-200 Aero Subaru	FOCA-7	5.642	17.774	0.017	5.947	0.115	0.006
SX30	Swearingen SX-300	FOCA-4	11.420	35.974	0.032	11.921	0.319	0.011
SYMP	Symphony SA-160 Symphony	FOCA-2	5.642	17.774	0.009	6.988	0.168	0.006
T1	Fuji T-1	1AS002	91.842	289.302	0.845	2.254	0.393	0.092
T10	Tmm-Avia T-10 Avia-Tor	FOCA-15	2.100	6.615	0.030	1.886	0.068	0.002
T134	Tupolev Tu-134	1AA001	927.600	2 921.940	8.677	27.978	17.984	0.928
T144	Tupolev Tu-144	1AA004	2 514.240	7 919.856	15.999	110.484	17.557	2.514
T154	Tupolev Tu-154	1AA004	1 885.680	5 939.892	11.999	82.863	13.168	1.886
T154	Tupolev Tu-154	1KK002	2 172.780	6 844.257	0.000	75.305	35.471	2.173
T160	Tupolev Tu-160	1KK005	3 284.400	10 345.860	18.534	49.336	7.090	3.284
T204	Tupolev Tu-204	5RR038	1 362.600	4 292.190	14.983	12.250	0.166	1.363
T204	Tupolev Tu-204	13AA008	1 180.008	3 717.025	15.806	9.650	1.640	1.180
T206	Cessna TU206 Turbo Staionair	FOCA-4	11.420	35.974	0.032	11.921	0.319	0.011
T210	Cessna T210 Turbo Centurion	FOCA-20	17.046	53.695	0.047	13.417	0.179	0.017
T22M	Tupolev Tu-22M	13AA006	1 234.224	3 887.806	16.575	8.433	0.940	1.234
T250	Bellanca T-250 Aries	FOCA-3	8.331	26.243	0.023	7.973	0.244	0.008
T28	North American T-28 Trojan	FOCA-9	22.187	69.890	0.130	11.983	0.253	0.022
T30	Terzi T-30 Katana	FOCA-4	11.420	35.974	0.032	11.921	0.319	0.011
T33	Lockheed T-33 Shooting Star	7PW077	137.387	432.770	1.497	2.677	0.287	0.137
T37	Cessna T-37	3CM022	787.320	2 480.058	6.039	20.410	1.697	0.787
T4	Kawasaki T-4	1AS002	183.684	578.605	1.690	4.507	0.787	0.184
T40	Turner T-40	FOCA-2	5.642	17.774	0.009	6.988	0.168	0.006
TAMP	Socata TB-9 Tampico	FOCA-1	4.192	13.204	0.012	3.516	0.085	0.004

飞机代码 （型号代码）	飞机型号	发动机名称	燃油 消耗	CO_2	NO_x	CO	HC	SO_2
TB05	Amc Texas Bullet 205	FOCA-7	5.642	17.774	0.017	5.947	0.115	0.006
TB20	Socata TB-20 Trinidad	FOCA-3	8.331	26.243	0.023	7.973	0.244	0.008
TB21	Socata TB-21 Trinidad TC	FOCA-3	8.331	26.243	0.023	7.973	0.244	0.008
TB30	Socata TB-30 Epsilon	FOCA-3	8.331	26.243	0.023	7.973	0.244	0.008
TB31	Socata TB-31 Omega	FOCA-4	11.420	35.974	0.032	11.921	0.319	0.011
TBEE	United Consultant Twin Bee	FOCA-7	11.285	35.547	0.034	11.895	0.229	0.011
TBM	General Motors TBM Avenger	FOCA-9	22.187	69.890	0.130	11.983	0.253	0.022
TFUN	Twi Taifun	FOCA-14	2.873	9.049	0.014	2.926	0.053	0.003
TL20	Tl Ultralight TL-2000 Sting	FOCA-15	2.100	6.615	0.030	1.886	0.068	0.002
TOBA	Socata TB-10 Tobago	FOCA-7	5.642	17.774	0.017	5.947	0.115	0.006
TR1	Trident TR-1 Trigull	FOCA-4	11.420	35.974	0.032	11.921	0.319	0.011
TR20	Feugray TR-200	FOCA-2	5.642	17.774	0.009	6.988	0.168	0.006
TRF1	Team Rocket F-1	FOCA-3	8.331	26.243	0.023	7.973	0.244	0.008
TRIM	Ford Tri-Motor	FOCA-4	34.261	107.923	0.096	35.762	0.956	0.034
TRIS	Britten-Norman Trislander	FOCA-3	24.993	78.728	0.068	23.920	0.732	0.025
TUTR	Avro 621 Tutor	FOCA-8	6.625	20.869	0.003	8.470	0.215	0.007
TWEN	Tecnam P-2010 Twenty-Ten	FOCA-7	5.642	17.774	0.017	5.947	0.115	0.006
U16	Grumman SA-16 Albatross	FOCA-9	44.375	139.781	0.260	23.966	0.505	0.044
UT75	Utva 75	FOCA-7	5.642	17.774	0.017	5.947	0.115	0.006
VAMP	De Havilland DH-100 Vampire	1AS001	84.966	267.643	0.630	2.611	0.823	0.085
VC10	Vickers VC-10	11CM068	1 505.088	4 741.027	14.155	24.681	1.785	1.505
VELO	Velocity Velocity	FOCA-4	11.420	35.974	0.032	11.921	0.319	0.011
VF14	VFW VFW-614	1RR001	387.096	1 219.352	2.003	34.201	10.440	0.387
VGUL	Percival P-10 Vega Gull	FOCA-2	5.642	17.774	0.009	6.988	0.168	0.006
VK3P	Cirrus VK-30 Cirrus	FOCA-4	11.420	35.974	0.032	11.921	0.319	0.011
VO10	Volaircraft Volaire 10	FOCA-6	4.656	14.666	0.036	3.426	0.069	0.005
WA40	Wassmer WA-40 Super 4	FOCA-7	5.642	17.774	0.017	5.947	0.115	0.006
WA41	Wassmer WA-41 Baladou	FOCA-7	5.642	17.774	0.017	5.947	0.115	0.006
WA42	Wassmer WA-421 Prestige	FOCA-3	8.331	26.243	0.023	7.973	0.244	0.008
WA50	Wassmer WA-52 Europa	FOCA-6	4.656	14.666	0.036	3.426	0.069	0.005
WACO	Waco 125	FOCA-2	5.642	17.774	0.009	6.988	0.168	0.006
WT9	Aerospool WT-9 Dynamic	FOCA-15	2.100	6.615	0.030	1.886	0.068	0.002

飞机代码 （型号代号）	飞机型号	发动机名称	燃油 消耗	CO_2	NO_x	CO	HC	SO_2
WW23	IAI 1123 Westwind	3CM022	787.320	2 480.058	6.039	20.410	1.697	0.787
WW24	IAI 1124 Westwind	1AS002	183.684	578.605	1.690	4.507	0.787	0.184
XL2	Liberty（2）XL-2	FOCA-17	2.010	6.332	0.045	0.028	0.008	0.002
Y130	Yakovlev Yak-130	7PW077	274.775	865.541	2.994	5.354	0.574	0.275
Y18T	Yakovlev Yak-18T	FOCA-18	12.771	40.229	0.007	17.233	0.454	0.013
YK18	Yakovlev Yak-18	FOCA-4	11.420	35.974	0.032	11.921	0.319	0.011
YK28	Yakovlev Yak-28	1ZM001	607.248	1 912.831	7.109	6.815	1.685	0.607
YK40	Yakovlev Yak-40	1AS001	254.898	802.929	1.891	7.834	2.468	0.255
YK42	Yakovlev Yak-42	1ZM001	910.872	2 869.247	10.663	10.222	2.527	0.911
YK52	Yakovlev Yak-52	FOCA-18	12.771	40.229	0.007	17.233	0.454	0.013
Z42	Moravan Zlin Z-242	FOCA-7	5.642	17.774	0.017	5.947	0.115	0.006
Z43	Moravan Zlin Z-143	FOCA-2	5.642	17.774	0.009	6.988	0.168	0.006
ZERO	Mitsubishi A6M Zero	FOCA-9	22.187	69.890	0.130	11.983	0.253	0.022
ZULU	Bul Zùlù	FOCA-2	5.642	17.774	0.009	6.988	0.168	0.006

第 5 部分

油品储运销过程挥发性有机物测算方法

5.1 概述

5.1.1 油品储运销过程 VOCs 排放的危害

汽油、柴油、航空煤油等是目前移动源所使用的主要化石燃料，是从石油中提炼出的烃或烃衍生物的混合物。石油根据其炼制的工艺和蒸馏点的不同，可得到汽油、航空煤油、柴油等不同的组分，不同燃料的差异性较大。以汽油为例，其雷氏蒸气压冬季可达 85 kPa，夏季也可达 65 kPa，蒸发性较强，主要是因为汽油是石油蒸馏多种分子量较轻的碳氢化合物的混合物，主要成分是从碳 4 到碳 12 的烷烃，其中以碳 5 到碳 9 为主，还含有一定量苯、甲苯、乙苯、二甲苯、苯乙烯等成分，其中的轻组分具有很强的挥发性。因此在汽油的炼制、储运、销售及应用过程中，不可避免地会有一部分较轻的液态组分汽化，有时我们用肉眼也能看到汽油液面有一层蒸腾的雾气，我们称之为油气（volatile organic compounds，VOCs）。通常 1 L 汽油能挥发形成 100～400 L 油气，可扩散到很大的空间。同样蒸发性强的油品还有航空煤油、石脑油等。这些油品在储存、运输和销售过程中产生的大量的油气有很大的危害，具体根据表现在如下方面。

（1）危及各个石油储运销环节的安全

由于轻质油品大部分属于挥发性易燃易爆物质，易聚积，与空气形成爆炸性混合物后沉聚积于洼地或管沟之中，遇火极易发生爆炸或火灾事故，造成生命和财产的重大损失。如果烃浓度在 1%～7%，则处于爆炸范围。对于这种危害，目前人们更多地通过加强管理，增加安全设施投入来防止事故发生。尽管如此，由于油气爆炸极限范围宽，油气扩散范围广，安全生产影响因素多，由此引起的火灾爆炸事故时有发生。

（2）污染环境和危害人体健康

油气是气相烃类有毒物质，密度大于空气而飘浮于地面上，从而加剧了对人及周围环境的影响。一般裂化汽油比直馏汽油毒性大，如汽油中含不饱和烃、芳香烃，对大气污染就更为严重了。人吸入不同浓度的油气，会引起慢性中毒或急性中毒，其呼吸系统、神经中枢系统受破坏较大，芳香烃含量大还会影响造血系统。油气直接进入呼吸道后，会引起剧烈的呼吸道刺激症状，重症患者可出现呼吸困难、寒战发热、支气管炎、肺炎甚至水肿、伴渗出性胸膜炎等。1982 年，医学家首次发表了苯与白血病有关的研究报告，世界卫生组织下属国际癌症研究机构（IARC）1993 年对于苯的致癌性评级为：一类人类致癌物。油气还会对涂料等有机化工材料起剥蚀作用，从而加速设备的腐蚀速度。油气不仅作为一次污染物而对环境产生直接危害，还是产生光化学烟雾的主要反应物，对周围环境造成损害。油气是生成 O_3 的主要前体物之一，O_3 是光化学烟雾的重要组成部分，有强烈的刺激性，可引起鼻腔、咽喉和肺部感染发炎造成呼吸困难，若长期吸入地面 O_3，会永久性地损害肺部。表 5-1-1 显示了不同浓度的烃蒸汽对人体的危害。

表 5-1-1　不同浓度的烃蒸汽对人体的危害　　　单位：g/m^3

烃浓度	危害状况
38～49	短期接触咳嗽，眼、咽喉有刺激症状，长期接触能引起昏眩及死亡
25～30	长期接触有生命危险
10～20	有急性中毒症状
9.5～11.5	有明显的黏膜刺激等
3.2～3.9	鼻及咽喉有刺激症状，少数人步态不稳
0.6～1.6	部分人有头疼、咽喉不适、咳嗽及黏膜刺激症状

（3）浪费能源，造成严重的经济损失

20 世纪 70 年代以前，我国对油气损耗基本未采取控制手段，油气损耗占原油量的比例高达 0.6%左右，随着技术的不断进步，特别是浮顶罐的推广应用，使油气损耗大幅度降低。以汽油为例，据资料显示，我国汽油油气蒸发损失占汽油总量的比重仍然较重。我国南北温差较大，在相同操作条件下汽油蒸发排放差异也较大。依据 GB 11085—89《散装液态石油产品损耗》（1990 年 3 月 1 日实施），地区分类见表 5-1-2。由表 5-1-2 可见，B 类地区省份较多，损耗率大约处于 A 类和 C 类之间，所以可以近似代表全国情况。

表 5-1-2　中国地区分类

区域	涵盖省份
A 类地区	江西、福建、广东、海南、云南、四川、湖南、贵州、广西、台湾
B 类地区	河北、山西、陕西、山东、江苏、浙江、安徽、河南、湖北、甘肃、宁夏、北京、天津、上海
C 类地区	辽宁、吉林、黑龙江、青海、内蒙古、新疆、西藏

注：表中不包括香港、澳门和重庆。

按 B 类地区损耗率代表全国平均情况（表 5-1-3），得出汽油从炼油厂铁路罐车装车到加油站加油全过程的排放损耗之和为 0.9%（排放因子为每消耗 1 t 汽油排放 9 kg 油气）。由表 5-1-3 可见，汽油在不同地区储运销过程中的蒸发损耗率不同，A 类地区最高，C 类地区最低，B 类、C 类分别比 A 类减少 9%和 19%，C 类比 B 类减少 11%。

表 5-1-3　不同地区汽油代表性储运销方式的蒸发损耗率　　　单位：%

储运销方式＼地区	A 类地区	B 类地区	C 类地区
铁路罐车装车	0.17	0.13	0.08
铁路罐车运输（＜500 km 计）	0.16	0.16	0.16
铁路罐车卸车（浮顶罐）	0.01	0.01	0.01
储油库储存（浮顶罐）	0.01	0.01	0.01
油罐汽车装车	0.10	0.08	0.05
油罐汽车运输（＜50 km 计）	0.01	0.01	0.01
油罐汽车卸车	0.23	0.20	0.13
加油站储存（埋地罐）	0.01	0.01	0.01
加油机加油	0.29	0.29	0.29
合计	0.99	0.90	0.75

　　根据汽油消耗量和油气排放因子，可以得到相应年度油气排放量和经济损失，计算结果见表 5-1-4。由表 5-1-4 可见，我国每年的油气排放量很大且增长速度快，经济损失巨大而且浪费了宝贵的能源资源。

表 5-1-4　我国汽油消耗量、油气排放量和损失预估（2005—2030 年）

年份	2005	2010	2015	2020	2030
汽油消耗量/（万 t/a）	6290	9140	11 590	14 490	23 920
油气排放量/（万 t/a）	56	82	104	130	215
经济损失/（亿元/a）	33.6	49.2	62.4	78.0	129.0

注：1. 目前全国平均生产技术水平和治理技术水平情况下的油气排放量；
　　2. 汽油价格均按目前批发价 6 000 元/t 计算，考虑到油价持续上升的市场状况，实际经济损失会加大。

（4）降低油品质量，影响油品正常使用

　　由于损耗的物质主要是油品中较轻的组分，因此油品蒸发损耗不仅造成数量损失，还会造成质量下降。如汽油随着轻馏分的蒸发损耗，汽油的初馏点和 10%蒸馏点升高，汽化性能变坏，即汽油的启动性能变差。此外，蒸发损耗还将加速汽油氧化，增加胶质，降低辛烷值。

5.1.2　VOCs 排放控制历程和基本思路

油品储运销过程 VOCs 排放控制的主要思路是将油气回收回来,减少向大气中的排放。油气回收是一个广义的概念,根据油气收集过程中形态的变化,又可分为油气收集和油气处理两个过程。油气收集是指在装卸汽油和给车辆加油环节,将挥发的汽油油气收集起来的过程。油气收集过程中油气气相形态没有变化,如将在加油站卸油时地下油罐排放的油气收回汽车油罐内,转移到郊外或油库;将装车台密闭收集的油气转移到地下油罐储存等。油气回收发展的历程较早,最早是从美国开始,我国大致于 20 世纪 80 年代也开始了油气回收方法和工程的实践研究。

5.1.2.1　国外油气回收工作的开展情况

以美国、德国、瑞典、丹麦、瑞士、奥地利等为代表的发达国家从 20 世纪 70 年代就开始着手油气回收治理工作,均制定了严格的油气排放标准,形成了较成熟的治理技术和运行监督制度,实现了炼厂、油库、加油站等密闭装卸与油气回收。美国是世界上最早开展油气排放控制,也是技术最先进的国家之一。美国将加油站油气回收控制的步骤分为卸油和加油两个阶段:油罐车向地下储油罐卸油时,油罐车和地下储油罐通过两条管线组成密闭系统,把地下储油罐内的油气收集到罐车内,称为第一阶段油气回收;汽车在加油站加油时,将油箱口排放的油气进行回收,返回到地下储油罐内,称为第二阶段油气回收,如图 5-1-1 和图 5-1-2 所示。

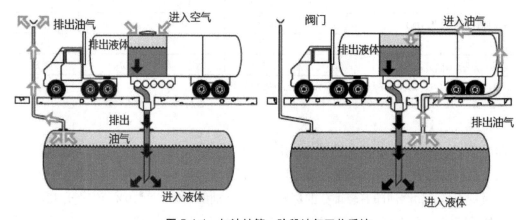

图 5-1-1　加油站第一阶段油气回收系统

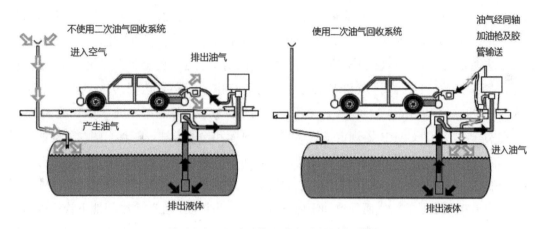

图 5-1-2　加油站第二阶段油气回收系统

（1）美国

美国在 1970 年颁布的《清洁空气法》中，要求地上大型汽油储罐采取控制措施，并于 1978 年提出油罐车排放控制指南；1983 年正式提出储油库（包括油罐车）、加油站卸油的国家标准（第一阶段）；1994 年进行了修改，进一步严格了标准；2006 年又发布了新标准征求意见稿，将储油库浓度排限值恢复到 1983 年现有企业的标准。以上美国国家标准均未明确提出加油站加油排放标准（第二阶段），但在 1990 年修订《清洁空气法》时，规定了人口密集区和非达标区应对第二阶段进行治理，同时还要求了车载油气排放控制装置（Onboard Refueling Vapor Recovery，ORVR）的推进计划。当时全美有 98 个地区被认为是臭氧非达标区，EPA 规定从 1994 年至 2004 年各州必须在限期内达到标准。1997 年EPA 修订了臭氧标准，重新认定了 474 个非达标区，增加了需要控制达标的范围。美国对第二阶段的治理，是要求设备供应商提供经过美国加利福尼亚州空气资源委员会（CARB）认证的控制系统，要求总的控制效率为 90% 以上。目前，美国已形成完整的标准体系并达到较高的控制水平，不仅使环境质量获得了改善，还促进了生产技术水平的提高，使汽油在储存、运输和给汽车加油销售过程中更加安全。

加油站的油气排放控制技术（二次/二阶段油气回收技术），肇始于美国加利福尼亚州的圣地亚哥市。1974 年此地区首先推动第二阶段油气回收技术，实施之后，加州其他 16个因臭氧污染造成空气品质不良的地区也推行二阶段油气回收计划。目前加州政府更将油气回收计划推行到整个州以控制包括苯等有害气体污染物的排放。1977 年美国《空气清洁法》修改版（Clean Air Act，CAA 1977）中明确规定，特定地区必须采用二阶段油气回收技术以控制加油时的油气逸散。1990 年版的《空气清洁法》修订版（Clean Air Act，CAA 1990）中更直接要求：对于认定为臭氧污染造成空气品质不良或者严重的地区，必须推行油气回收计划作为管制措施。在《空气清洁法》（参见 CAA，Section 112）中规定了国家标准和主要污染物的名称，且要求采取措施减少污染物的排放，减少率或者效率至少是90%，重要地区如有特别规定则要求大于95%，EPA 负责以上法规的制定。二阶段油气回收系统法规要求满足90%（或95%）以上回收率的要求，加油站的整体碳氢化合物排放（包括加油界面排放、PV 阀排放和因压力导致的所有排放）必须达到 95%的效率和小于0.38 lb/1 000 gal（46 g/m^3）的要求。以上所有的油气排放控制设备须经过 CARB 的认证后，方可在实际中应用。CARB 还规定了具体的检测时间和检测方法。随着一些二阶段油气回收技术的应用，一系列的问题也逐渐显现出来，而不能满足真正的效率要求。①现有技术不能控制在加油界面（油枪和汽车油箱）的喷洒而造成的油气蒸发。②真空辅助的油气回收技术容易吸入过量的空气而导致油罐内汽油的进一步挥发，在整个密闭地下管线内的压力升高，从而在 PV 阀产生排放和油罐向地下水系统的渗漏。③因对设备缺乏维护而导致设备事实上的非正常工作，系统的回收效率降低。④考虑油气回收技术的非兼容性，不同的设备之间容易产生冲突。1997 年，美国国会通过了在美国销售的汽车必须有 ORVR 功能的法案，其中轻型汽车要求到 2000 年实现 100%安装，轻型卡车和中型汽车（0～6 000 lbs GVWR）要求到 2003 年实现 100%安装，中型汽车（6 001～8 500 lbs GVWR）要求到 2006年实现 100%安装。ORVR 系统被设计固定在油箱和加油枪之间，当汽车加油时，油箱中的油气会被活性炭罐吸收，当发动机开始运转，炭罐中的油气就会进入发动机进气管，从而作为燃料被使用。压力平衡式油气回收系统不使用真空泵，没有强制性的空气进入地下储油罐，因 ORVR 而引起的兼容协调性问题不太突出。但原有真空辅助式第二阶段油气回收系统则随着 ORVR 汽车保有量的增加，开始出现兼容协调性问题。CARB 的现场测试表明，ORVR 汽车加油时，油箱里面的油气被车载活性炭罐收集，致使真空辅助式油气回收型加油机上的真空泵吸入过量空气，从而引起地下储油罐内汽油挥发加剧，气相空间压力上升，压力/真空阀（P/V 阀）处产生过量污染排放。有时甚至会在油箱内形成负压而导致加油枪"跳枪"，不能完成加油过程。针对上述问题，CARB 要求自 2001 年 1 月 1 日后认证的第二阶段油气回收系统必须与 ORVR 兼容协调。针对加油站油气回收不彻底的现象，CARB 于 2000 年推出了《强化油气回收》（Enhanced Vapor Recovery，EVR）法令。EVR是目前世界上对于油气回收最严格的标准，不仅要求对油气回收系统进行在线监测，而且对第一阶段和第二阶段油气回收系统的回收效率、加油枪的滴油数等方面做了更严格的要求。例如，把第一阶段的油气回收效率从 95%提高至 98%；第二阶段的油气回收效率从90%提高到 95%；地下储油罐的 30 天正压均值不超过 6.35 mm 水柱，日最高正压不超过38.1 mm 水柱；与 ORVR 兼容协调；每次加油时加油枪的滴油数不超过 3 滴；年加油量大于 60 万 gal（227.1 万 L，约 1 700 t）的加油站安装站内诊断系统（In-Station-Diagnostics，ISD）等。自 EVR 法令颁布以来，因技术和设备滞后等方面的原因，CARB 先后于 2005年 4 月、2006 年 6 月对实施时间进程进行了调整。

（2）欧盟

1991 年，联合国欧洲经济委员会缔结了一个致力于减少 VOC 排放的协议。这个协议包括采取措施控制汽车加油中 VOC 排放的责任。另外，世界卫生组织（World Health Organization，WHO）给出了各种物质的限值，其中包括甲苯（260 g/m³，一周平均）。欧盟各成员国的环境法规总体框架是由欧盟制定的。作为后续步骤，欧盟要求成员国要把这些指令在一定时期内转化为国家立法，各成员国在这个过程中可以考虑本国的特点。有关 VOC 排放的最重要的欧洲指令如下。

1）国家排放上限指令（2001/81/EC）：该指令规定了四种不同物质的排放上限，这四种物质是：氮氧化物，氨、二氧化硫和 NMVOC。德国的排放限值是 2010 年 NMVOC 控制在 99.5 万 t 以内，也就是在 1990 年的基础上降低 69%。

2）空气质量指令（1999/30/EC）：该指令设立了以限定相关物质浓度为基础的环境空气质量框架。三个子指令含有各种物质的限值，包括臭氧和苯。苯的年均浓度限值是 5 g/m³。臭氧的目标值（120 g/m³，8 h 平均）一年之内不能超过 25 次；到 2010 年，全年的超标次数要降为零。其中有关油气回收的指令为 94/63/EC 指令，欧盟 94/63/EC 指令侧重 VOC 分销过程中的回收。它的实施时间是 1994 年 12 月，要求汽油的储存和从储油库到加油站的分销过程 VOC 的排放不能超过 0.01%（质量分数），也就是 75 g HC/m³；年周转量超过 2.5 万 t 的储油库需要安装油气回收系统。该指令也包含储油库建设的规定。除了一些小型油罐可以只做很小的改造（如使用反射辐射热的颜色）之外，所有的储油库都必须安装油气回收系统。而且，外浮顶罐必须加装一级密封装置（来密封罐壁和浮顶外围之间的环形缝隙）和二级密封装置（在一级密封之上）。所有的新罐必须要么建成带有内浮顶的固定顶罐，要么设计成带有一级和二级密封装置的外浮顶罐。在指令实施时已经建好的固定顶罐必须连接油气回收系统，或者具有一个带有一级密封装置的内浮顶，保证和不连油气回收系统的固定罐相比总体回收效率至少达到 90%。各成员国还可以实施更严格的法规。在德国的一些法规中有更详细的规定。但是几个欧盟成员国仍然在实施措施的阶段。

2009 年 5 月欧盟委员会公布了一项法律草案，要求欧盟境内所有汽油年销售量超过 500 m³ 的新建和改建的加油站必须安装第二代油气回收系统，以减轻有毒气体对人体及环境的危害。草案还要求，现有汽油年销售量超过 3 000 m³ 的加油站最迟不得晚于 2020 年安装第二代油气回收系统。目前该法案已得到欧洲议会和各成员国的批准在全欧盟范围内执行。在德国，第二阶段油气回收法规是以第 21 号法令的形式出现，这个法令是国家空气污染物法案（BImSchG）中的一部分。作为一个关键的要素，德国第二阶段法规要求在加油操作中排放的 VOC 要被捕集并回收到储油罐中。以下对德国的油气回收情况做详细的介绍。

（3）德国

德国汽油排放的油气（VOC）主要是通过其颁布的两个法令来体现：第一阶段和第二阶段油气排放控制指令。

第一阶段油气排放控制指令是关于限制汽油装卸和储存时 VOC 排放的法令 20. BImSchV，1998 年 5 月 27 日进行修订，2002 年 6 月 26 日形成最终版。从 1992 年 10 月 14 日开始实施。其中包含以下内容。

1）储存挥发性物质且年周转量在 2.5 万 t 以上的储罐的设计要保证低排放，包括使用 VOC 回收系统，使用上文提到的欧盟指令 94/63/EC 中描述的密封装置。密封效率要保证蒸汽损失不超过 5%（浮顶罐），或安装低压系统（固定顶罐）。

2）向储罐加油或从储罐取油，要么在储罐和罐车之间实现不漏气连接，要么使用先进的油气回收系统。

3）处理被污染的空气的装置要保证 97% 的 VOC 都从油气混合气中萃取出来，对于不需要政府验收的装置，VOC 的质量排放浓度不能超过每小时 35 g/m^3，而对于需要政府验收的装置，VOC 质量排放浓度不能超过 0.15 g/m^3（质量流大于或等于 3 kg/h）和 5 g/m^3（质量流小于 3 kg/h）。

4）储油库给油罐车装油的装油口要按照 94/63/EC 指令的要求来设计安装。

5）必须安装自动控制系统，保证一旦检测到 VOC 排放就自动停止装卸油程序。

6）出油臂的端口要尽量靠近油罐车油罐的底部，从而减少泼溅损失。

7）移动油罐（油罐车等）和加油站的设计要避免在装卸油过程中 VOC 排放损失。

第二阶段关于限制汽车加油时碳氢排放的法令为 21. BImSchV，最初版为 1992 年 10 月 7 日发布，实施时间为 1993 年 1 月 1 日，2002 年 5 月 6 日进行了修订。在最新版的相应法令中包含以下规定。

1）2002 年 5 月 18 日以后建成的加油站必须安装 VOC 回收系统，且认证回收效率不低于 85%。

2）非真空辅助的油气回收系统要保证喷油嘴和汽车油箱之间的真空紧密连接。所以，密闭性的控制非常关键。气体必须在回收系统中自由循环，背压不能超过生产者给定的最大值。

3）带有真空辅助的油气回收系统的气液比应在 95% 和 105% 之间。不能让更多的空气进入系统，在线监控系统要监测油气回收系统的正常运转。在线监控系统是用来检测系统故障的。系统自动向加油站工作人员报告检测到的故障。如果故障持续出现达到 72 h，在线监控系统就要启动自动关闭加油泵的程序。另外，在线监控系统还要监视自身的工作是否正常。所有程序都会被记录下来。

根据指令，系统的一种故障发生在当连续 10 个加油过程的回收气液比低于 85% 或高于 115% 时就应该被记录（加油过程汽油体积流量不低于 25 L/min、加油时间不少于 20 s 的情况下）。或者，挥发的 VOC 就必须被收集到尾气处理装置（如吸收法），来保证系统不低于 97% 的油气回收效率。

第二阶段油气回收法令的第一版从 1993 年开始实施，到 1997 年年底，所有的加油站（大约 1 500 家）都需要安装 VOC 回收系统。但是，1995—2000 年，大家对系统的可靠性越发关心，并开始讨论油气回收系统的实际效率。这样，在 20 世纪 90 年代末，当大多数的加油站都已经加装了油气回收系统的时候，德国的几个州（如 Bavaria，Northrhine-Westfalia，Hessia）为评价安装的油气回收系统的有效性展开了研究。结果很令人失望。大约 30% 的油气回收系统由于各种原因完全不工作。另外，有 50%（包括已经提到的 30%）的加油站存在问题。有些情况或问题已经持续了一年或以上。很多问题是由于泵的故障一级电子元件的实效导致的。因此，必须意识到油气回收的效率比原本估计的 75% 要低很多，大概只有 65%。这些发现的一个重要结论就是有必要建立一个方法来及时发现存在的问题。基于这些结果，德国开始讨论研究如何改善油气回收系统的技术、检查和监管来实现回收的有效性。德国政府决定修改第 21 号法令来避免观测到的问题，修改的 21 号法令于 2002 年实施。

新法规的关键内容是要求给油气回收系统安装在线监控系统。前提是系统的可靠性强，可以胜任监控的目标。所以，在这些系统生产商的支持下，DGMK 开始对不同的系统进行分析。两种原型（FAFNIR，TOKHEIM）被测试成功。第 21 号法令（第二阶段的油气回收）除了要求在线监控系统，还提出了以下要求。

1）新的和改建、扩建的加油站，总回收效率不能低于 85%。每个环节的回收率不得低于 95%（包括公差）。

2）如果故障持续 72 h，要自动关闭加油泵。在线监控系统要马上把观测到的问题通知加油站工作人员。

3）从 2003 年 4 月 1 日起，每个新的装置都要安装这个系统。现有的加油站必须根据固定的时间表进行改造：①每年汽油销售量多于 5 000 m^3 的加油站，从 2005 年起安装在线监测系统；②每年汽油销售量在 2 500～5 000 m^3 的加油站，从 2006 年起逐步安装在线监测系统；③每年汽油销售量在 1 000～2 500 m^3 的加油站，从 2007 年开始安装在线监测系统；④每年汽油销售量少于 1 000 m^3 的加油站，从 2008 年开始安装在线监测系统。

4）主动提前安装在线监控系统的加油站可以享受增加检查间隔的待遇。

另外，安装的自动系统必须采用最新的技术。如果使用了真空辅助系统，气液比被限制在 105%。最新的法规希望避免增加的通气损失。所以，气液比必须在 95%～105%。修改第 21 号法令后，德国加油站油气回收系统的建设、监测出现了新的特点，其表现在如下方面。

1）油气回收系统气液比的测量方法。修改后的第 21 号法令要求每根油管必须用实际的汽油流检验三次，气液比的测量主要有湿法测量和干法测量。由于干法测量可以提供与检测队伍实际检测的相同信息，VOC 的排放被大大遏制了，因此在德国被广泛应用。虽然现在三次干法测量的程序虽然没有作为修订写入法令，但是已经体现在德国技术监督协会（Technischer Überwachungs Verein，TÜV）的相应技术说明当中。

2）密闭性的检测间隔问题。第 21 号法令的修订版要求每 5 年检测一次油气回收系统的密闭性，但是在旧版的法令中并不包含这一点。因此 VdTÜV 908 规定，过渡期时可以每 10 年检测一次，但过渡期结束后，所有加油站必须每 5 年检测一次油气回收系统的密闭性。

3）油气回收系统的"自我修复"问题。DGMK 曾进行了一个项目研究，分析了各个加油站的油气回收系统的有效性和问题。研究的一个结论是，所有的加油站至少观测到一次"自我修复过程"。自我修复意味着，在线监控系统启动了报警和关闭功能，但是 72 h后，问题消失了。在这些情况下，检测人员检查了整个系统，但并没有发现问题。可能的原因在于冷凝的汽油导致检测系统的故障，一旦汽油再次挥发掉，系统就又恢复正常。要解决这个问题，曾讨论可以设置在线系统的重新启动。然后就可以假设，如果 72 h 后 5 个或 5 个以上的加油程序（流量不低于 25 l/min，时间不低于 20 s）十分正常，那么就可以认为没有什么大问题。在这种情况下，不需要采取进一步的措施。但是在低温的情况下，冷凝的汽油无法挥发，所以问题依然存在。

4）安装在线监控系统是否需要重新控制系统气密性问题。安装在线监控系统后，是否需要重新认证或者进一步检查系统的气密性，根据德国联邦环境署的意见，安装在线监控系统对系统的影响不大，可以不用进一步的批准。如有的在线监控系统只提供了用红绿控制信号来表明是否工作的信息，这种在线监控系统对油气回收系统的影响不大。

基于以上的问题和以后可能出现的新问题，第 21 号法令的修订版提出，该法令有可能得到国家工作组"排放控制"空气/技术委员会的批准而进行改动。

从 1990 年开始，德国由于实施了各种控制 VOC 排放的措施，VOC 的排放量大幅下降，如图 5-1-3 所示。1990 年的时候，道路交通是最主要的排放源，其次是溶剂工业。严格的强制排放标准和三元催化器的使用使交通部门排放的 VOC 有了明显下降。现在，尽管交通流量增加了，但 VOC 排放量还不到 20 万 t。然而，溶剂工业虽然有一定程度的下降，但仍维持在比较高的水平。汽油储运销排放的 VOC 在 90 年代已近 30 万 t，但到了2004 年下降到了 3 万 t。

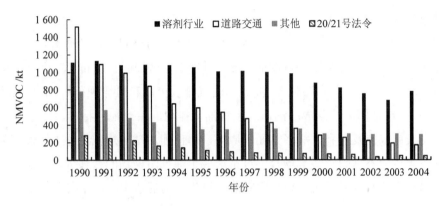

图 5-1-3 德国 VOC 排放变化（1990—2004）

图 5-1-4 给出了根据第 20 号和 21 号法令区分的 VOC 排放变化情况。原来估计的是到 1999 年油气回收系统安装后第二阶段的排放量应下降 75%。但是，实际上的下降率是 50%，这主要归结于系统故障。通过引入在线监控系统，预计到 2010 年时 75% 的下降率可以实现，这意味着每年还有 1.5 t VOC 将被回收。从绝对数上说，如果没有安装带在线监控系统的油气回收系统，2006 年将有 9 万 t（112 500 m³）的 VOC 挥发到大气中。由于采取了第一阶段措施，另外 9 万 t VOC 被回收（第一和第二阶段各回收了 9 万 t）。

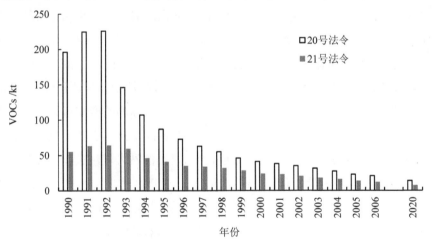

图 5-1-4 德国汽油储运销 VOC（1999—2010）

5.1.2.2 我国油气回收工作的开展情况

我国于 1996 年颁布了《大气污染物综合排放标准》（GB 16297—1996），标准中规定了 14 类 VOCs 的最高运行排放浓度、最高允许排放速率和无组织排放限度值，其中对非甲烷烃类 VOCs 的排放浓度做出了明确限定：要求自 1997 年 1 月 1 日起，现污染源和新污染源排放的非甲烷总烃最高允许浓度分别为 0.15 g/m³ 和 0.12 g/m³。随着人们对环境污染问题的日益重视，国内大中城市加油站的烃类 VOCs 污染问题也逐渐引起人们的关注。

2003 年 8 月，北京市环保局和北京市质量技术监督局联合颁布了三个北京市地方标准：《储油库油气排放控制和限值》《油罐车油气排放控制和检测规范》《加油站油气排放控制和限值》，这是国内控制成品油储运系统油气排放的首个地方标准。但由于储油库油气回收配套设施未能及时到位等多方面的原因，即使加油站按规范进行了卸油密闭改造，实际运行效果也并不理想，多数场合不过是造成了油气污染物的转移排放。2007 年 1 月，北京市质量技术监督局委托机械科学研究院中机生产力促进中心、北京市环境保护科学研究院开始对这三个强制性标准进行修订，目前最新版已更新到 2019 年。

2006 年 9 月 19 日，由国家环保总局办公厅发函，就委托中国石化抚顺石油化工研究院环保所编制起草的《石油及成品油储运销售业污染物排放标准》，向国家发展和改革委员会办公厅、中国石油天然气集团公司、中国石油化工集团公司、中国环境科学研究院、中国环境监测总站、国家环保总局环境工程评估中心、各省（自治区、直辖市）环境保护局（厅）、中国环保产业协会等单位征求意见。从公开发布的"《石油及成品油储运销售业污染物排放标准》（征求意见稿）编制说明" 来看，起草单位进行了大量卓有成效的调查和研究工作。但在最后的污染物排放控制措施方面，则过于照顾国内油气回收行业的发展现状，在关键控制指标方面略显宽松。因此，国家环保总局重新委托北京市环境保护科学研究院和国家环保总局标准研究所负责制定《储油库大气污染物排放标准》《加油站大气污染物排放标准》《汽油运输大气污染物排放标准》三项国家标准。2007 年 1 月 23 日，国家环保总局科技标准司在北京主持召开《储油库油气排放控制和限值》《油罐车油气排放控制和检测规范》和《加油站油气排放控制和限值》三项标准的专家审议会，提出了一些修改意见。2007 年 6 月 22 日，国家环境保护总局发布了第 44 号公告，批准《储油库大气污染物排放标准》《汽油运输大气污染物排放标准》《加油站大气污染物排放标准》三项标准为国家污染物排放控制标准（强制实施），并自 2007 年 8 月 1 日起实施。2008 年 4 月发布了《储油库、加油站大气污染治理项目验收检测技术规范》（HJ/T 431—2008），用以指导油气治理建设、改造完成的加油站的油气治理项目检验验收工作。

我国油品储运销过程油气排放三个控制标准采取了系统控制的思路，是将汽油油品储运销过程的油气排放进行统一的控制。系统控制是指将加油站、油罐车和储油库一并考虑，每个生产系统完成预定的治理要求，最后将油气集中到储油库回收处理。系统控制解决了几个重要问题：一是不将加油站作为单独的污染源进行治理，解决了相对储运销行业污染源数量最多、每个污染源污染排放点多、工艺复杂难以治理、社会影响面大以及对环境影响大的难题，治理效果好且监督管理内容明确，一次治理建设和运行成本低，治理技术使用要求不高便于普及；二是治理污染与生产较好地融合，不因治理影响生产，在汽油由上游流通到用户的同时，完成了油气反方向的收集和通过储油库高效回收处理装置集中转化为汽油再利用；三是通过治理污染提高了生产过程的安全性，并在一定程度上通过减少油气排放获得经济收益，其中储油库的收益最好。我国与美国、德国等发达国家油气排放标准的对比如表 5-1-5 所示。

表 5-1-5　我国与美国、德国等发达国家油气排放控制标准的对比

控制指标		中国	美国	德国/欧盟
加油站	气液比	1.0～1.2	1.0～1.3	0.95～1.05
	密闭性	全密闭	全密闭	半密闭
	理论回收效率	卸油：95% 加油：90%	第一阶段：95% （加州：98%） 第二阶段：90% （加州 95%）	第一阶段：90% 第二阶段：85%
	在线监测系统	根据国标规定	有	有
	后处理设备	根据国标规定	1.3（有），1.0（无）	无
储油库	油气回收效率	≥95%	≥95%	≥97%
	油气排放浓度	≤25 g/m³	约 13 g/m³（10 g/发放每 m³）	≤35 g/m³
油罐车	油气回收效率	≥95%	≥95%	≥95%

我国开展汽油回收技术的实践研究工作也较早，20 世纪 70 年代国内石油系统科研单位和企业即开始研究油气回收技术与产品。最初有中石化北京设计院在东方红炼油厂建立的工业实验装置；中石化抚研院在抚顺石油三厂开展油气回收与减少损耗的研究。80 年代初期，上海石油公司科技部与江苏石油化工学院储运系师生合作，以杨树浦油库日本善丸公司设备问题为案例研究油气回收技术，开发了新吸收法油气回收技术和专用吸收剂，以及中石化洛阳设计院与长岭炼油厂合作建成了吸收法油气回收处理装置。1987 年，桂林石油公司向桂林市科委申请立项组织石油、化工、制冷、机械等多个专业人员研制冷凝吸收式油气回收装置，经过小试、中试，1992 年完成大型样机并在桂林羊角山油库成功运行，通过了科技鉴定和专利授权。90 年代后期，上海蓝泓科技公司开发的人工制冷油气回收装置在上海耀华加油站投用。上海维高环保科技有限公司也进行了冷凝回收的样机试验。80 年代，原商业部中国石油公司（现中石化销售公司）从国外引进了采用冷凝法、吸收法、吸附法的油气回收装置各一套，分别设在天津、上海、太原的油库使用。其中只有冷凝法装置的使用效果较好，并于 1998 年 9 月调拨到镇海炼油厂。1998 年，广东泰登公司引进了国外加油站一次、二次油气回收产品。美国多福公司也在我国积极推销加油站油气回收设施。1999 年，北京开展了加油站卸油和储油库储油过程的油气排放治理，缓解了城市地

区大气环境的污染和减少了部分排放。随后，随着国内对油气回收工作的认识，乌鲁木齐石化厂采购了丹麦库索深公司的吸附装置，上海杨树浦油库、闵行油库、北京黄村油库、燕山石化炼油厂分别采购了美国乔丹公司的吸附装置。美国 HEALY、OPW 公司也开始在我国推销加油站的二次回收设施。德国某公司提供了两套膜分离工艺的加油站油气回收设备安装在中石油上海加油站试用。但进口装置价格高昂，安装调试周期漫长（有的两三年甚至六七年都不能正常运行），而且一些装置投用后达不到供应商事前承诺的效果，造成国内的有关企业不得不接连派员出国进行考察等，这些情况促进了国内环保企业开发油气回收技术和产品的积极性。

2003 年，中石化抚顺石油研究院制造了冷凝温度 3℃、−35℃、−73℃的三级冷凝试验装置，2006 年将第三级改造为−120℃，全面、系统地开展了冷凝式油气回收技术的研究，并取得了大量试验数据。2004 年，青岛高科石油天然气新技术研究所与青岛德胜公司联合开发出第一台国产化处理能力为 300 m^3/h 的冷凝式油气回收处理装置，2005 年在青岛炼油厂试运行取得现场论证数据，当年 8 月通过专家委员会的鉴定。2005 年，上海首佳制冷工程公司在浦东制造了冷凝温度为−60℃的冷凝试验装置并进行了模拟试验。2005 年 9 月以来，青岛德胜、北京中航乾琦、北京中能环康等企业生产的加油站冷凝式油气回收处理装置先后在西安、银川、鄂尔多斯、青岛、苏州、哈尔滨、秦皇岛等城市投入使用。青岛安全工程研究院与 SEI 及北京石油分公司在北京沙河油库完成的吸附法油气回收处理装置、江苏工学院与九江石化及洛阳石化设计院完成的吸收法油气回收处理装置通过了中国石化集团科技部的鉴定。2006 年以来，广州黄埔油库安装了青岛德胜公司生产的 300 m^3/h 冷凝式油气回收处理装置；大庆石化油库安装了哈尔滨天源公司生产的吸收式油气回收装置；中石油江阴油库也安装了油气回收装置。大连地区依托中科院膜科学研究所的技术力量成立了数家公司，开发膜技术油气回收装置，并在大连石化、哈尔滨石化做了膜工艺的油气回收装置。武汉楚冠、北京金凯威、长沙明天、浙江佳力等企业也都投入了人力、物力进行油气回收产品的开发。但是这些单纯某点油气排放措施并不能真正解决加油站的油气污染问题，某些方面的油气污染控制一定程度上存在着油气污染转移的现象。主要表现在如下方面。

（1）从加油站转移到油库

如单纯"第一阶段控制措施"是在加油站卸油时，通过密闭连接的管路，将地下油罐置换出来的油气收集进油罐车内运出加油站。运出加油站以后怎么办呢？实际状况是，有的油库尚未安装油气回收处理装置，有的虽安装了油气回收处理装置，但大部分时间不能正常运转。如果油库没有条件将油气液化处理，运回油库的油气仍然只能放掉。另外，不少油罐车尚未实行专车专品种运油，每当卸了汽油之后再去装柴油时，油罐内的汽油油气也只能放掉。

（2）从加油站转移到油罐车返回油库的路途上

我国油罐车附件设备在用状态不完好、不密闭，容易导致油气泄漏。南方一城市实施了"第一阶段油气排放控制措施"后，虽然实行了油罐车底部密闭装卸油气回收方式，但油库发现油罐车收集的油气少，影响到油库油气回收处理效果。查找原因时，在七辆油罐车顶仔细检查附件，发现量油口、安全阀、油气管路的连接胶管、罐体大盖等都有泄漏点，没有一辆车达到完全密闭。当油罐车一路奔驰时，从油罐泄漏点急速进入的空气气流将"第一阶段控制措施"收集的油气置换了，油气被排放在油罐车返回油库的路途上。

（3）从加油枪口周围转移到呼吸管口排放

"第二阶段控制措施"是将给汽车加油时排放的油气收集到地下油罐内。有的供应商说自己的油气收集枪收集率大于 95%。有的供应商在产品样本上说自己的二次油气回收系统"可有效控制油站加油时的油气排放，确保加油场地无空气污染，达到国际安全环保要求"。实际情况是：第一，油气回收枪的油气收集效率达不到供应商所说的数据；第二，由于我国的气液比偏大，多收集的空气反而可能将地下油罐内的饱和油气排挤出来，增加了排放污染。这主要是因为真空压力阀很容易损坏，成为常通状态。如台湾环保部门 1999年对 212 个加油站、2000 年对 408 个加油站的油气回收设备进行质量检测检查时发现，"P/V 阀经常损坏"。检查报告指出在检查中发现损坏的还只是一部分，"因为厂商大多在检查人员到站前才装上或修复"（参见台湾环保部门《加油站设置真空辅助式油枪油气回收设备补助申请之检测及审查执行计划期中工作报告》）。可以想象实际损坏的程度还要严重。真空压力阀容易损坏的原因可能受到气液比波动大、阀芯打开和关闭过于频繁的影响。一旦真空压力阀损坏成为常通状态，地下油罐系统也就与大气环境相通而处于常压状态了。

出现油气转移污染现象的原因，主要是我国进行油气回收工作的时间较短，经验较少，忽略了西方发达国家数十年来在油气回收方面的经验和教训，将"储油库、油罐车、加油站"三者条块分割治理，从而使油气回收治理工作走了一些弯路。要真正解决汽油在储运销整个过程中的油气排放问题，则不但要加强储油库、油罐车和加油站各个环节的油气治理工作，而且要将三者统一起来，形成一个整体系统来进行油气治理和监管，才能真正解决我国现今存在的油气污染问题。

2007 年国家三项油气排放标准颁布之后，国内油气回收控制走向了系统控制，并随着我国对环保工作的重视，油品储运销环节油气污染控制工作不断加强。一方面，随着国标的出台，北京、广州等地对油气回收工作的指导文件、扶持政策也不断完善。如北京市出台了《关于对开展油气回收治理给予奖励补助的通知》（京财经〔2007〕3162 号），广东省六部委颁发了《印发广东省油气回收综合治理工作方案的通知》（粤环〔2009〕3 号）等。另一方面，奥运会的召开有力地推动了油气污染的治理和油气的回收利用。2008 年北京奥运会举办之前，在国家环保总局和北京、天津、河北、山西、内蒙古等六省（市）共同编制、国务院审议批准《第 29 届奥运会北京空气质量保障措施》的推动下，北京全市范围内的 1 442 家加油站、1 400 辆油罐车和 37 个储油库进行了油气排放治理，天津、河北等地的设市城市也开展了大量加油站、储油库和油罐车的油气治理工作。继北京之后，广东省珠三角地区、上海市也全面启动了油气回收治理工作。济南、南京、杭州等地也积极开展油气污染治理工作。随着国家标准的实施，到 2015 年，我国大部分的设市城市已开展辖区内加油站、储油库和油罐车的油气治理工作，我国的油气污染治理进一步深化，截止到 2017 年大部分城市已基本完成汽油油气污染治理设施的改造安装工作。

我国的油气回收虽然历经了 30 年的历程，但油气回收的科研成果没有继续提高，已取得的成果也没有得到推广、没有实现工程化；回收行业的规模因而也没有发展起来，相应的市场也没有建立起来。目前，国内的油气回收设备及配套产品的供应商不到百家，具有生产场地条件的不超过 10 家。与国家环境保护政策法规要求的进度、政府对油气回收项目投入基金支持的力度及石油储运销企业对油气回收技术和产品需求的广度，存在很大的差距。油气回收行业管理到位难、技术创新难、难形成规模等因素，使得油气回收行业至今还徘徊在低水平、低层次的状态，油气回收行业的发展仍然十分缓慢。目前我国油气回收治理所采用的技术或设备还主要依靠进口，这些设备不但价钱昂贵，而且容易存在水土不服的问题。

我国台湾和香港地区较早进行了油气排放的治理工作。我国台湾从 1993 年开始引进加油站油气回收系统。目前，台湾岛上 95%以上的加油站安装了第一阶段和第二阶段油气回收系统。我国香港特别行政区于 1999 年制定《空气污染管制（油站）（汽体回收）规例》，规定油站安装系统，以回收运油车卸油进地下储油缸时所释放的挥发性有机化合物（第一阶段油气回收系统）。为进一步管制油站释放的挥发性有机化合物，香港特区政府于 2004 年修订上述规例，规定自 2005 年 10 月 31 日起，油站必须安装系统，回收车辆加油时释放的挥发性有机化合物（第二阶段油气回收系统）。至今，香港地区所有油站已安装了第一阶段及第二阶段油气回收系统。

5.1.2.3 我国汽油油气排放控制采用的基本技术

依据我国出台的三项油气排放控制国家标准《储油库大气污染物排放标准》（GB 20950—2007）、《汽油运输大气污染物排放标准》（GB 20951—2007）、《加油站大气污染物排放标准》（GB 20952—2007），我国目前在油品储运销环节的油气排放控制还主要集中在对汽油的油气排放控制方面。汽油出厂后在城市中至少要经过 4 次装卸，储运销工艺流程如图 5-1-5 所示，包括储油库收油、储油库发油、油罐车卸油和加油站给汽车油箱加油。炼油厂储罐通过管道、铁路罐车和油罐汽车将汽油送到城市储罐，油罐汽车从城市储罐将汽油送到加油站等用户。我国主要是铁路罐车、管道等方式将汽油从炼厂储罐运送到储油库，再用油罐汽车从储油库送到加油站；在国外也有用大型油罐汽车从炼厂或城市以外的储油库长途运送到加油站或周转储油库。

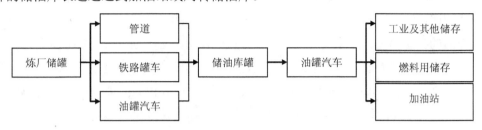

图 5-1-5　汽油储运销工艺流程

油气排放控制根据以上储运销三个环节，也可分为三类，即储油库储存和收发油过程中的油气回收、加油站卸油和加油过程中的油气回收，以及汽油运输过程中的油气回收。

（1）储油库的油气排放控制

储油库油气排放主要来源是储油罐和发油台。储油罐又分为固定顶罐和浮顶罐，固定顶罐一般是指放置在地面上、容积较大、顶盖是固定的储油罐，来自固定顶罐的两种主要排放（在工业上称损失）是呼吸损失和工作损失。呼吸损失是由于温度和大气压力变化引起蒸气的膨胀和收缩而产生的蒸气排出，与蒸气压、罐径、蒸气空间高度、环境温度、涂层因子、小直径罐调节因子有关。装料和卸料联合产生的损失被称为工作损失，主要与蒸气压、周转因子有关。固定顶罐的平均排放因子可近似表示为每吨汽油 1.18 kg。GB 20950—2007 要求储罐采用浮顶罐清洁生产工艺或专用回收处理装置，浮顶罐应满足相应的排放限值和技术要求；发油采用底部装车、密闭收集和进入处理装置回收，密闭收集系统任何泄漏点的浓度不得超过限值要求，处理装置排放浓度应满足标准的限值要求。

储油库油气回收控制措施如表 5-1-6 所示。

表 5-1-6　储油库油气回收控制措施

区域	编号	控制措施
浮顶灌	1	采用液体镶嵌式、双封式、机械式鞋形等高效密封方式
	2	浮盘以下所有可开启设施不能漏气
	3	先进的密闭量油方式
	4	排放检测口
	5	浮顶罐检查维修测量记录
处理装置	6	油气回收处理装置
	7	油气密闭收集系统
	8	底部装油系统
	9	采用 4″装油和油气回收接口
	10	排放口距基面高度不应低于 4 m
	11	装置进、出口设置永久采样位置、检测平台和采样接头

储油库所用到的浮顶罐分为外浮顶罐和内浮顶罐两种，储存汽油多采用内浮顶罐。与固定顶罐相比，浮顶罐的油气蒸发损失大量减少，但仍然有一些排放，主要为停滞损失和液面下降后的黏湿损失。停滞损失是因为罐外风的作用，与风速有关。黏湿损失又称抽料损失，是黏附于罐壁的油品暴露于大气蒸发造成的，与汽油平均通过量、黏附因子、罐径有关。内浮顶罐的平均排放因子可以近似表示为每吨汽油 0.12 kg。浮顶罐比固定顶罐减少90%以上的油气排放，其中主要是装车过程中的油气损失减少比较明显。

发油台给油罐汽车装油时，油罐车罐内空间的油气就被排入大气中。储油库给油罐车装油有两种装油方式，一种是顶部发油方式，使用鹤管将油从油罐车罐体上部将油装入，其中又分为泼洒式装油和浸没式装油两种。泼洒式装油是鹤管口在罐口直接将油泼入罐底，产生大量油气蒸发。浸没式装油是鹤管口距罐底很近的高度，大部分过程位于液面下装油，油气蒸发量少很多。另一种是底部装油。底部装油不仅很好地解决了密闭问题，还有其他方面的益处。其一，比顶部装油更安全。底部装油扰动较少，不容易发生静电。顶部装油方式极易形成喷溅，埃索石油公司对油罐车静电事故的分析表明，其中59%出现在喷溅装油，而由顶部装油引起包括喷溅在内的静电事故占静电事故的82%。其二，不需要在罐顶操作，操作方便安全。其三，底部装油可较容易改成大口径发油系统，对于多仓罐可以四五个接头同时装油，装油速度明显加快，而且解决了管内流速过快带来的危险。

按照 GB 20950—2007 的规定，储油库还应建设油气处理装置，油气处理装置是将回收、收集到的油气通过吸收、吸附或冷凝等工艺中的一种或两种方法使油气从气态转变为液态进行回收利用从而减少油气污染的装置，即我们俗称的油气后处理过程。常用到的油气处理方法有油气间接回收处理（活性炭吸附方法、吸收剂吸收方法）和油气直接回收处理（冷凝的方法、膜分离方法）等。一些常用到的技术方法简介如下。

1）吸附法

吸附法是将储运过程中产生的含烃气体通过充填吸附剂的吸附器，其中的烃类被吸附剂吸附。吸附过程在常温常压下进行，吸附剂达到一定的饱和度后，需进行再生，吸附剂再生可以采用蒸汽再生或减压再生，再生过程中脱附出的油气再用油品进行吸收。吸附法的回收效率很高，即使对低浓度含烃气体仍具有很强的吸附能力。因此，吸附法特别适用于排放标准要求严格，用其他回收方法难以达到要求的含烃气体处理过程，常作为深度净化手段或最终控制手段。目前吸附剂一般选用活性炭。吸附法的最大优点就是可以通过改变吸附和再生运行的工作条件来控制出口气体中油气的浓度。缺点是工艺复杂、吸附床层易产生高温热点。三苯易使活性炭失活；失活活性炭的处理也存在二次污染等问题。活性炭吸附法油气回收装置，是欧美现在流行的技术，其最大的特点是，通过改变装置运行条件，可控制出口气体中烃的浓度，达到不同的排放标准要求。通常情况下，每回收 1 L 汽油须消耗 0.15～0.2 kW·h。但是，常用的活性炭均达不到其吸附和脱附的性能，用于吸附油气的活性炭是专门制造的非一般的活性炭，目前我国大规模应用还需要进口。

2）吸收法

吸收法是将储运过程产生的含烃气体进入吸收塔，吸收剂与油气逆流接触，油气被吸收下来，吸收了油气的富吸收剂再经过解吸过程，解吸出来的油气再用油品进行吸收。吸收法分为常温吸收法和变温吸收法：常温吸收法在常温下吸收，减压解吸；变温吸收法在低温下吸收，加热解吸。变温吸收流程自 1983 年开发至今，在世界范围内已有不少应用。常温吸收法是美国 20 世纪 70 年代、欧洲 20 世纪 80 年代较为流行的装置。但吸收法最大的缺点是，排放的净化气体中烃含量比较高，回收效率较低。因此，随着环保要求的提高，自 90 年代以来吸收法已逐渐由其他方法所取代。

3）冷凝法

冷凝式油气回收技术发展已有多年，相关技术已经比较完善。美国机械工程师协会（American Society of Mechanical Engineers，ASME）评选出的 20 世纪十大工程成就中，制冷技术名列第七。油气冷凝工艺原理是将储运过程中产生的含烃气体，通过低温冷凝冷却，其中的油气被冷凝下来，使油气各种组分温度低于凝点从气态变为液态，实现回收利用。一般多采用多级连续冷却的方法。根据净化气体中烃的含量要求不同，冷凝温度通常在 $-70 \sim -170\,^{\circ}\mathrm{C}$。制冷至 $-73\,^{\circ}\mathrm{C}$，典型的油气回收率在 90%～95%。冷凝至 $-95\,^{\circ}\mathrm{C}$，出口气体的非甲烷总烃浓度 $\leqslant 35\ \mathrm{g/m^3}$。冷凝法工艺流程比较简单，但由于在低温下操作，对于制冷设备及装置选用的制造材料要求比较严格，操作要求、能耗及投资都比较高。目前，冷凝式油气回收处理设备的关键技术成熟，回收效益远大于能耗支出，能够直接回收得到汽油油品。冷凝法油气回收装置耗电量为 $0.2 \sim 0.3\ \mathrm{kW \cdot h/m^3}$ 油气，用电与活性炭吸附法持平或稍高。由于目前制冷工艺的不断发展，采用机械制冷手段可以将温度降至 $-110\,^{\circ}\mathrm{C}$。而装置系统内的冷量再利用，可以大幅度降低能耗。国产化冷凝法装置的销售价格约为活性炭吸附法的 1/2。

4）膜分离法油气回收技术

气体膜分离技术是一种基于溶解扩散机理的新型气体分离技术，其分离的推动力是气体各组分在膜两侧的分压差，利用气体各组分通过膜时的渗透速率的不同来进行气体分离。有机蒸汽分离膜为溶解选择性控制，有机蒸汽在膜内的溶解度大，渗透速率快，从而实现与小分子的分离。膜分离法的工艺相对简单，但初期投资费用高。液环压缩机和膜组件是该技术的核心设备。压缩机防爆性能要求极高，只有德国和美国的少数公司能够生产。压缩过程压力在 3.5 bar，存在着安全隐患，因此有的国家明令禁止使用膜分离方法回收油气。膜及组件需进口，国内尚不能生产，膜的使用寿命认定为 10 年，国内尚无法得出确切的结论。

上述四种油气回收技术的比较如下。

1）从设备运转的安全角度来看，冷凝法是最理想的方法，温度越低，油气产生的安全隐患可能性越小。吸附方法存在吸附床层高温热点问题，膜分离法存在压缩机压缩油气易爆的安全隐患。

2）从工艺的复杂程度来看，冷凝法是最简单的工艺，只要通过压缩机制冷，在蒸发器内冷媒换热，将油气温度降到设定的温度，就会达到预期的效果。其他方法工艺复杂，给控制带来难度，还有二次处理带来的其他问题。

3）从回收的产品来看，冷凝法是唯一的可直接见到回收的汽油，并立刻可以使用。直观了当，便于对装置的运行情况进行评价。其他方法均通过吸收的方式回收油气，需要进行二次分离处理，无直接的产品出现。

4）从装置的投资来看，冷凝法的所有设备可以国产化，费用低廉，同样规模的装置比吸附法低 30%，比膜分离法低 50%。吸附法和膜分离法的主体设备需要进口。

5）从运行成本来看，冷凝法电力消耗比吸附法稍高，与膜分离法大体持平。

6）从尾气排放的达标情况来看，冷凝法、吸附法和膜分离法都可以达到 35 g/m^3 的欧盟标准（也是 GB 20950—2007 要求）的要求，吸收法无法达到该标准。特别应该指出的是，冷凝法排放的尾气中，不含有苯系物。而其他方法尚有少量的苯系物排放。

此外，油气处理还有直接燃烧法。这种方法是将储运过程中产生的含烃气体直接氧化燃烧，燃烧产生的二氧化碳、水和空气作为处理后的净化气体直接排放。该工艺流程仅作为一种控制油气排放的处理措施，其不能回收油品，也没有经济效益。

（2）加油站的油气排放控制

加油站的油气排放来源主要是地下油罐和汽车油箱的"大呼吸"和"小呼吸"。地下油罐"大呼吸"，即在收进或发出油品时，随着液相的油进入油罐，油罐内液体体积的增加，将气相的油蒸气置换，并使油蒸气排放到大气中。"小呼吸"则是因昼夜气温升降变化，油品液体体积和油气气体体积随气温变化热胀冷缩，当体积胀大时，将油蒸气排挤出油罐。即使油罐发完油、油船舱和槽车罐卸完油、汽车油箱内的油使用完，容器内的油蒸气仍然存在，因为在油液减少、空气补进的过程中，油分子继续蒸发、浓度逐渐饱和。在下一次进油时，空容器内的油蒸气还会重复"呼出"而进入大气环境。

汽车油箱的"大呼吸"是在加油站加油时，随着液相的汽油进入油箱，油箱内液体体积的增加，将气相的油气置换排放到大气中。"小呼吸"是"在环境温度和大气压发生变化时，会产生一种'呼吸作用'，当环境温度升高或大气压下降时，汽油箱中的汽油蒸气通过大气口排出汽油箱（如油箱盖上的通风口、化油器上的外平衡口）；当环境温度下降或大气压升高，或汽油被使用掉时，汽油箱中会形成真空，外界空气通过通大气口进入油箱，释放油箱中的真空。在这种'呼吸过程'中，碳氢化合物（HC）被排到空气中，形成大气污染和能源的浪费"。一般来说，不论是地下油罐还是汽车油箱，"大呼吸"排放量远远超过"小呼吸"的排放量。对加油站系统，GB 20950—2007 要求所有产生油气的部位都实施密闭，并提出了密闭的具体要求。

欧美等国在加油站的油气回收治理过程中，根据控制对象的不同，提出了加油站油气回收"第一阶段"（国内俗称"一次油气回收"）、"第二阶段"（国内俗称"二次油气回收"）的概念。《加油站大气污染物排放标准》（GB 20952—2007）中提到的"卸油油气回收系统，将油罐汽车卸汽油时产生的油气，通过密闭方式收集进入油罐汽车罐内的系统"即为国外所指的第一阶段的油气排放控制要求；"加油油气回收系统，将给汽车油箱加汽油时产生的油气，通过密闭方式收集进入埋地油罐内的系统"，即为国外所指的第二阶段的油气排放控制要求。另外，GB 20952—2007 要求的"油气排放处理装置"，国内俗称为"三次油气回收系统"。

加油站油气回收控制措施如表 5-1-7 所示。

表 5-1-7　加油站油气回收控制措施

区域	编号	控 制 措 施
卸油区 （第一阶段）	1	油气回收 4″快速接头、截流阀、帽盖
	2	卸油防溢油措施
	3	所有油气管线排放口应设置通气阀（P/V）
	4	浸没式卸油方式
	5	具有测漏功能的电子式液位计
加油区 （第二阶段）	6	回收型加油枪
	7	加油机软管应配备拉断截止阀
	8	真空泵
其他	9	油气回收系统检测接头
	10	油气回收管线坡度不应小于 1%
	11	油气管线尺寸由设计单位按国家标准设计
	12	配备油气回收在线监测系统
	13	配备油气后处理装置

加油站第一阶段油气回收的关键技术是 P/V 阀和管线连接设备。P/V 阀是在油气管线排放口设置的通气阀（压力真空阀），P/V 阀与过去的呼吸阀完全不一样，要求正压大于 748 Pa 和负压大于 1 993 Pa。所有排气管必须安装 P/V 阀，排气管数量根据满足呼吸及安装布局需要而定。卸油和回气采用自封式快速接头，并安装阀门保证双重密闭，应考虑在油气接口采用自动截流阀。每个汽油储罐要安装溢油截止阀，以保证在卸油时不发生串油甚至溢油。

加油站第二阶段油气回收的关键技术是回收型加油枪和真空泵组成的回收系统。国外有十几种型号的回收系统，美国产品居多，回收系统的型号包括 HEALY、Hasstech、Hirt、OPW、Franklin、Gilbarco、Tokheim、Catlow、Wayne、N.P 和 Elaflex 等产品。其中，回收型加油枪以美国 OPW、HEALY、EMCO 公司的产品为主，德国产品有 N.P 和 Elaflex。真空泵主要有电子式、带有变频功能的电子式、喷流式和涡流式。所有产品都经过 CARB 或 TÜV 认证，认证时间大多在 1984—1988 年，认证时可能需要在现场连续检测数月至一年，回收系统要保证能够有效回收 95% 的逸散油气。图 5-1-6 所示为某公司生产的加油站油气回收典型零部件。

（a）P/V 阀　　　　　　（b）集中式油气回收泵　　　　（c）油气回收反向同轴式胶管

图 5-1-6　加油站油气回收典型零部件

回收型加油枪的不同之处在于采用内外两个同轴枪管，内枪管负责加油，外枪管负责在加油的同时收集产生的油气，两种加油枪的比较如图 5-1-7 所示。回收型加油枪后面连接同轴软管、适配器以及一个连接储油罐的油气回程管线。

（a）普通型加油枪　　　　　　　　　（b）回收型加油枪

图 5-1-7　普通型加油枪和回收型加油枪

加油油气回程的动力最早采用自然平衡系统，靠加油枪与汽车油箱口密封产生的压力以及油罐中燃料被导出时产生的真空，迫使汽车油箱中置换出的油气返回到油罐，但因为环境温度的影响或油气遇到某种阻力及各连接部位密封不严可能发生漏气等，使得回收效率较低。真空辅助系统可以较好解决这一问题。真空辅助系统是指利用真空泵辅助建立平衡系统，利用真空泵连续不断吸气，产生真空，从而将与汽油等量的油气吸入油罐。当加油枪不一定全部都在使用时，真空泵多吸入的空气将打破汽油与油气的平衡置换，有可能会产生多余的油气。为了解决这个问题，油气回收系统一般需要采用控制系统，根据加油量大小调节真空泵的吸气量，使汽油和油气二者置换量保持平衡。加油站二次油气回收系统根据配置抽吸油气的真空泵不同，又可分为集中式和分散式两种。

分散式油气回收系统是指真空泵分散安装在每台加油机内，根据真空泵流量的大小和控制方式的不同，可以一泵一枪，也可以进行组合。与集中式相比，分散式油气回收系统的优点是便于实现加油机在不同加油站之间的调换，缺点是受加油机内空间的限制，真空泵不容易安装。分散式油气回收系统如图 5-1-8 所示。

集中式油气回收系统是指真空泵或真空泵组集中安装在罐区，可以实现一泵多枪。真空泵或真空泵组集中安装在罐区，不受加油机内空间的限制。远离加油机服务场所，噪声低。由于真空泵集中提供动力，而加油枪不会同时加油，与分散式相比可以减少泵的数量，因而可以节省成本。集中式油气回收系统的缺点是当多条加油枪同时工作时，真空泵由于功率不够而未能产生足够的真空，导致油气不能及时回收而泄漏到大气中去。集中式油气回收系统如图 5-1-9 所示。

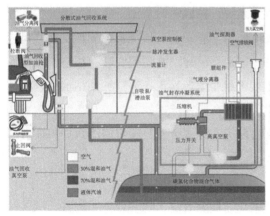
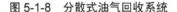

图 5-1-8　分散式油气回收系统

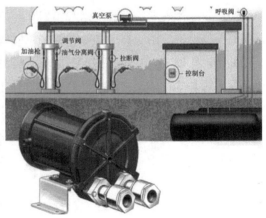

图 5-1-9　集中式油气回收系统

1997 年，美国国会通过了在美国销售的汽车必须有油气回收功能的法案后，美国开始出现了具有油气回收功能的汽车。随着此类汽车保有量的增加，原有油气回收系统运行时出现了问题。当具有油气回收功能的汽车在加油时，汽车本身的油气回收功能在加油过程中回收油气，同时原有加油机上的油气回收系统也在回收油气，这种情况出现时就会在油箱内形成负压，导致油枪"跳枪"，不能完成加油过程。针对此问题，CARB 出台了新的标准，即 ORVR，具有可识别车载油气回收功能的油气回收系统。实现 ORVR 标准的真空辅助式油气回收系统依照其工作原理大致可分为两类。

1）在加油枪上增加一个压力传感器，当加油过程中感知到车辆具有车载油气回收功能时，关闭从汽车油箱回收油气的功能，改为从油箱外回收空气，并控制回收空气的比例，实现油罐压力的平衡；当加油车辆不具有车载油气回收功能时，保持原有功能，从而满足 CARB ORVR 标准。

2）在加油机上加装电子板和变速电机方式的油气回收产品（如 VaporVac、WayneVac 等）。这类油气回收产品面对具有车载油气回收功能的车辆时，汽车油箱的油气被车载油气回收功能回收，加油机油气回收功能将按原有比例回收空气，原有比例的空气进入油罐后与汽油混合将出现体积的膨胀，从而出现污染物的排放。针对这种情况，这类油气回收设备厂商无法简单地通过更换油枪来解决问题，所以研发了后处理装置，将原来的排放部分通过冷凝和膜处理法变成汽油回收到油罐，使油罐压力达到平衡。由于 GB 20952—2007 要求的气液比为 1.0～1.2，有可能在实际使用过程中，出现多余油气的现象，因此，GB 20952—2007 规定，满足一定条件的加油站还需要安装更高技术水平的油气后处理装置，如配置油气封存冷凝系统或膜分离系统的油气后处理设备。

2000 年，加州发现即使使用并定期检测一阶段和二阶段油气回收系统，油气的泄漏仍然较难控制，环境持续恶化。因此加州环保署制定更加严格的标准即加强性油气回收系统（EVR），要求州内加油站必须安装站内在线监测系统，在线实时监测一级和二级油气回收系统的工作情况。由于我国加油站的油气回收可能也会存在与美国类似的问题，而且可能会更严重，因此 GB 17952—2005 要求，满足一定条件的加油站需要安装在线监测系统。但目前我国加油站安装在线监测系统的工作正处于起步阶段，正在进行加油站油气回收基本控制系统与在线监测系统的技术匹配示范工作，正在研究掌握控制系统与在线监测系统之间的相互关系及效果。另外，如何对在线监测系统本身进行监督和将监测数据用在管理上的研究也在开展中。

（3）油罐车的油气排放控制

油罐车的油气排放主要来自油罐汽车的泄漏点，泄漏程度又随罐体的牢固性、减压阀安装、罐车启动时罐内压力、汽油蒸气压、油气浓度而变化。油罐车的油气排放量并不与运输途中所用时间成正比。油罐车有罐体、阀门、快接头、连接部分、人孔、通气阀、管线等，都有可能成为油气和汽油的泄漏点。油罐车直接与系统回收有关的技术主要有以下几方面：①与加油站油气回收连接口有匹配的并能保证良好密闭的快接自封阀；②罐体在运送油气时应密闭并安装压力/真空阀、溢流截止阀；③与储油库底部装车相匹配的具有良好密闭性的汽油和油气快接自封阀。图 5-1-10 为国外先进的具有油气回收系统的油罐车，

图 5-1-11 为国产的安装油气回收系统的油罐车。

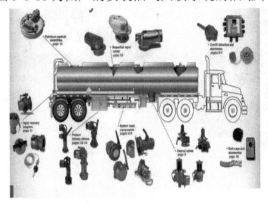

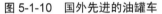

图 5-1-10　国外先进的油罐车　　　　图 5-1-11　国产油罐车

　　油罐车本身并没有直接将油气回收的技术，但油罐车是系统回收技术方案中不可缺少的关键一环，油罐车将加油站产生的油气运送到储油库集中处理，使加油站以最简单、低成本、稳定运行和安全的方法处理了非常难处理的污染源，油罐车的油气泄漏直接影响了加油站油气回收的效果，不但达不到原预计的环境效果，而且影响了整个油气回收系统的经济效益。对于汽油运输系统，GB 20951—2007 要求油罐车必须具备密闭的油气回收系统，以及满足与回收系统有关的技术要求。

　　油罐车在具体进行油气回收系统安装改造时，为了和储油库、加油站装卸油方式相配套，需改为底部装卸油系统，加装油气回收管线、防溢流探头、气动底阀等。常用到的控制油罐车油气排放的阀门有如下几种。

　　1）气动底阀：安装于罐体底部，可替代传统的上装式加油进行下装加油，使工作人员操作更加简便、节时、安全环保。阀体上设计了切断槽，在油罐车发生意外时，切断槽断开，在不影响罐体密封的前提下将车底管路与罐体切断，有效防止罐内油料泄漏，从而保证油罐安全。

　　2）呼吸阀：又称压力/真空阀、通气阀、机械呼吸阀等，可调节罐体内外压差，使罐内外气体相通。

　　3）防溢流探头：防止液体爆满外泄而提前报警，安装在容器罐的顶部人孔盖上，当装油油位达到警示限位时，传感器将自动报警断闸。

　　油罐车通过卸油管路卸油的同时，加油站油罐中的油气通过油气回收管线回到油罐车中。同时，各种接头的可靠密封又保证了油罐车在往返运输过程中油气的不泄漏，从而使油罐车能将油气带回油库进行处理，达到油气回收的目的。图 5-1-12 为常用到的油罐车油气回收措施需要安装的一些零部件。

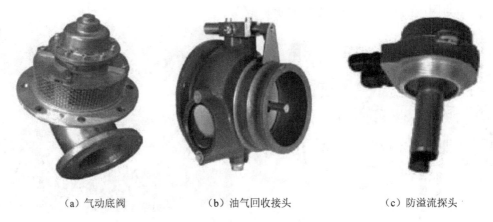

（a）气动底阀　　　　　　　（b）油气回收接头　　　　　　　（c）防溢流探头

图 5-1-12　常用油罐车油气回收零部件

（4）码头原油、成品油油气排放控制

近年来，我国生态环境保护部门、交通运输部门对港口码头原油、成品油收发也提出了油气污染控制的要求，舟山港等也开始了油气回收系统的建设。码头油气回收系统主要由油气收集装置、船岸安全装置、油气输送装置、自动控制系统和油气处理装置等组成，以下进行简单介绍，具体可查阅相关标准和技术文献。

1）油气收集装置：一般采用输气臂或软管，油气收集装置管道公称直径 150 mm 及以上时宜采用输气臂，输气臂应与对应的输油臂的驱动模式和安全模式配置一致。输气臂或软管应采取绝缘措施。油气收集装置的进气端连接法兰应设置符合相关标准要求的销钉孔，收集油气的输气臂应满足设计船型、潮差、漂移范围等要求，油气收集装置对接船舶油气排口的进气端头管道应按照规定标志涂色。

2）船岸安全装置：应在进气端、出气端之间的管道上按照油气回收操作顺序要求安装压力变送器、氧含量分析仪、压力真空阀、紧急排放口、调节阀、紧急切断阀、气液分离器、温度变送器、防轰爆型阻火器等管件以及惰性气体管道接入点。船岸安全装置的油气浓度、含氧量、压力、温度、流量等监测信号以及紧急切断阀、压力/真空释放阀、气液分离器、防轰爆型阻火器和惰性气体管道等工作状态信号应与油气回收总控系统通信和联锁，船岸安全装置可根据要求具有采集其他保障装置安全的信号功能。船岸安全装置应在进气端压力传感器与切断阀之间布置排气管，排气管顶端应设置压力/真空释放阀和电动卸载阀，并符合相关标准规定。

3）油气输送装置：油气输送管路、法兰、附件和垫圈应与处理的油气介质性质、压力等相适应并采取防腐措施。码头平台区多个油气输送管道汇总时，在汇总管道前端的每个输送管道应加装止回阀和阻火器，根部应设置紧急切断阀。水平安装的油气输送管道应坡向油气回收装置。油气输送装置装设风机的抽气风量不小于装船体积流量的 1.25 倍，气相空间压力应满足船舶安全和油气回收装置进口压力的要求，且不应大于设定的真空释放阀的释放能力。风机的电机应采用与爆炸危险区域等级要求一致的整机防爆引风机。回收的油气应根据货物品种设置密闭储罐或其他容器，储罐或其他容器容积不应小于一次装船作业的最大回收液体、气体产生量。

码头油气回收系统应设置集中自动控制系统，所属各装置应具有独立的自动控制功能和现场人工手动操作功能；船舱溢油信号应与码头装船控制系统联系，并应通过装船控制系统与油气回收设施总控联系。

码头油气处理装置常采用吸收、吸附、冷凝、膜法等工艺将油气变成液体进行回收，码头处理原油挥发产生的油气时，应根据油气品种采取脱硫等预处理措施。如无法进行有效处理，回收的油品可利用热值焚烧或采用火炬消除。

5.1.3　油品储运销 VOCs 测算的意义

近年来，随着我国人民生活水平的提高和机动车保有量的快速增长，各种成品油消费量也持续升高。根据生态环境部发布的《中国机动车环境管理年报（2019）》，2010—2018年，全国汽油消费量呈明显的上升趋势，由 7 175.0 万 t 增加到 12 644.5 万 t，年增长幅度达到了 7.3%。各种油品由于存在一定的蒸发性（油气是汽油，蒸发性较强），因此在炼制、储运、销售及应用过程中，会有一部分较轻的液态组分汽化挥发出来。初步估算，若没有油气回收设施，我国仅汽油的油气排放每年就可达百万吨，造成巨大的资源浪费和环境污染，也损害了人民群众的身体健康。

鉴于以上原因，"十三五"期间，我国已将 VOCs 的污染控制作为下一阶段环境空气污染治理的重点之一，油品储运销环节 VOCs 排放是重要组成部分，摸清其排放底数可以为我国环境政策制定奠定基础。2007 年我国第一次污染源普查时未进行油品 VOCs 排放的测算，环保部门尚未掌握汽油储运销环节 VOCs 排放系数。2007 年我国颁布了《储油库大气污染物排放标准》《汽油运输大气污染物排放标准》和《加油站大气污染物排放标准》后，从 2008 年以后各地陆续对加油站、储油库和油罐车加装了油气污染治理设施，加油站、储油库和油罐车的 VOCs 排放出现了一些新的特点。储油库、油罐车和加油站在原油、成品油储存、运输和销售过程的 VOCs 排放系数与未加装油气污染治理设施时有很大不同。但对油品储运销过程油气回收治理工作调研发现，若不按照有关要求及时维修保养油气回收设施，随着使用年限增长，油气污染治理设备工作效率下降，有的甚至出现失效的状况，油气污染治理工作尚需进一步加强。因此，开展油品储运销环节 VOCs 排放系数的研究，对油品储运销环节 VOCs 排放污染进行调查核算和清单建立，作为移动源排放测算的重要组成部分，为我国生态环境管理部门下一步环境管理提供支持，对我国下一步油品储运销环节 VOCs 排放污染控制规划、环境保护管理部门制定有针对性、切实可行的环境管理政策具有积极的意义。油品储运销过程油气污染排放清单的建立，也为摸清油品在储运销过程中的排放环节、产生 VOCs 排放源的数量、结构和分布状况，掌握国家、区域、行业汽油 VOCs 污染物排放情况，从而建立健全相关基础信息数据库和环境统计平台，为进一步加强油气污染治理设备的监管、改善环境质量、防控环境风险和环境经济综合决策提供基本依据。

5.2   排放量测算方法

5.2.1   国内外测算方法简介

5.2.1.1   理论方法

油品蒸发量核算非常复杂，蒸发量与蒸发速率往往受多种内在和外在因素的影响，如油温变化、罐内蒸汽压、油罐顶壁同液面间体积大小、油罐罐顶泄漏情况以及气象条件如风速、风频、外界温度、运输条件、静置时间等。原理上，在气、液两相共存的储油容器中，要使气、液两相之间达到动态平衡，气相本身必须首先处于平衡状态，也就是说气体空间的各部分的温度、压力及油气的浓度必须均匀一致，只有这时气相中才不存在传质现象。现实生活中，由于油品在容器中静止储存的时间不够长，以及大气温度昼夜变化等因素的影响，气体空间的温度分布和油气浓度分布很难达到均匀一致，因而始终存在着油气的质量传递。根据造成油气迁移的驱动力，油气蒸发可表现为分子扩散、热扩散和强迫对流等多种形式，任一时可起主导作用的传质方式将随着储存环境、作业条件等因素而变化。20 世纪 40 年代，以苏联瓦廖夫斯基、契尔尼金为代表，在理论分析的基础上建立了评价油品蒸发损耗量的数学模型（瓦廖夫斯基-契尔尼金方法），公式如下。

$$\Delta M_y = \left[v_1 \left(1 - C_{y1} \right) \frac{P_1}{T_1} - v_2 \left(1 - C_{y2} \right) \frac{P_2}{P_1} \right] \frac{\overline{C_y}}{1 - \overline{C_y}} \frac{\mu_y}{R}$$

式中：状态 1 为气体空间昼夜最低温度时；状态 2 为气体空间昼夜最高温度时；T_1 和 T_2 分别为气体空间的日最低和最高温度；μ_y 为油品的饱和蒸汽压；C_y 为油品蒸汽的饱和浓度；P 为气体空间绝对压力。

瓦廖夫斯基-契尔尼金方法适用于任何操作和设备条件下的固定顶罐的排放总量计算，但是计算参数受到各种因素的影响，确定较为困难，需要采用近似值求解。在此方法的基础上，需要掌握储罐类型及气象参数、物料性质等不同的计算参数特点，才可以推导出相应的定量方法。因此，在实际计算过程中，将影响油品蒸发的参数固化，计算成驱动油品蒸发的油气排放因子，然后乘以周转量、周转次数等因素，从而求出油品蒸发量的近似解。

从储罐内油品蒸发机理来看，储罐蒸发损耗的影响因素有液体的真实蒸气压、储罐内的温度变化、储罐的气体空间、储罐直径、储罐进出油料的次数、储罐状况和储罐类型等，其基本原理如下所示。

1）液体的真实蒸气压：真实蒸气压影响损耗率是因为它是导致蒸发的基本动力。真实蒸气压对固定顶储罐的呼吸损耗率产生影响至少有两种途径——饱和浓度扩散及对流因素。

2）储罐内的温度变化：大气和太阳照射的热量引起储罐内部温度的变化，容易造成罐的气体空间的呼吸。白天，热流经罐顶和上层罐壁使体积膨胀。单纯的热效应在同一期间因罐内烃的蒸发而加强。热量的输入也会使液面温度上升并加速蒸发。在晚间，相反的过程使油气收缩并造成空气进罐。大气和太阳的热量也能导致气体空间里的强制对流，这种对流促进了液体表面的蒸发和烃蒸气的扩散。

3）储罐的气体空间：气体空间的体积往往直接与油罐的留空高度成正比。固定顶罐耐水，留空高度越大，体积就会越大，呼吸就会越多，损耗就会越大。

4）储罐直径：储罐直径对气体空间体积和液面条件有影响，从而影响向气体空间的传热量，如直径的增大会减少液面温度的上升，从而减少呼吸损耗。假设罐高度不变，则总的呼吸损耗率的增量小于与罐容（直径）成正比的数字。

5）储罐进出油料的次数：减少储罐中油品周转次数可减少油品的蒸发损耗。油品的周转导致大呼吸损耗；次数越多，呼吸的次数就越多，呼吸的总量就越多。在条件允许时，应尽可能地减少储罐油品的周转次数。

6）储罐状况：储罐开口及附件不严密，罐壁有腐蚀，储罐涂色不符合要求，对损耗均有影响。如果储罐有多个开口，会因风或热的作用形成压差，造成空气通过一些开口形成稳定流动，造成大量的油蒸气外逸。油罐的液面状况也严重影响着油品的蒸发损耗。如果液面相对平静，浓度梯度相对稳定，蒸发就不太剧烈；如果液面存在波动，或者界面上有扰动，使得界面附近的浓度层不断更新，蒸发就会变得剧烈。

7）储罐类型：储罐的类型是影响油品蒸发损耗的重要因素。储罐的类型对于蒸发损耗的影响，主要在于气体空间的大小和设备的耐压能力等。在设计和使用时尽量减少油气空间，能够有效地减少蒸发损耗。如果设备的耐压能力较大，储罐通过呼吸阀所进行的呼吸次数将会减少，从而减少呼吸损耗。国内外的试验和实测均证明，与拱顶油罐相比。采用内浮顶罐或外浮顶罐储存蒸气压较高的轻质油品，可以降低损耗 85%～95%，这是由储罐的结构形式决定的。

除苏联对油品蒸发进行过大量的研究外，自 20 世纪 40 年代起美国各石油公司、研究机构、环保部门等就已经研究具体的油品蒸发损耗问题。美国石油学会（American Petroleum Institute，API）于 1953 年就组织了蒸发损耗测定委员会，对蒸发损耗进行了集中的研究，并将研究成果从 1957 年开始陆续向外通报（API Bulletin），如 API Bulletin 2512、2513、2514、2414（A）、2516、2517、2518、2521 等。日本化学会于 1971 年在环境专门委员会内成立碳氢化合物小委员会，集中对油品蒸发损耗及对大气污染等相关方面进行研究。欧洲石油行业协会（CONCAWE）也进行了大量的蒸发试验研究，给出了欧洲地区加油站卸油、储存到给汽车油箱加油的排放系数。

我国也比较重视油品蒸发损耗问题的探索研究。早在 20 世纪 60 年代初，就有高校对立式锥顶罐汽油蒸发损耗机理进行分析研究，探讨气体空间浓度分布规律。1965 年，又在兰州等生产现场对地上立式锥顶汽油罐的蒸发损耗和铁路油罐车的装车损耗进行了试验研究。1980 年和 1985 年相继对矿场原油蒸发损耗与商业油库汽油蒸发损耗进行了大范围的现场测试，弄清了在我国自然环境和现有技术水平条件下油品储运销过程中各个环节的蒸发损耗率，并以此为主要依据制定了《散装液态石油产品损耗》。

经过国内外众多专家学者和油品炼制、经营企业、主管部门多年的研究结果和经验总结，目前开发了多种用于计算油品储运销环节 VOCs 排放系数的方法，有标准、清单指南推荐系数、国内外的各种经验公式和半经验公式等，如美国石油学会和西方石油学会的经验公式、日本资源能源厅方法、欧盟排放系数方法和中国的《散装液态石油产品损耗》估算方法等；EPA、我国中石化系统也编制了相应的半理论半经验计算公式。

5.2.1.2 经验方法

我国油品储运销环节 VOCs 排放系数选取或排放清单核算，有一种可参考的方法是我国国标、相关清单编制指南等推荐的系数，也被称为经验方法。该方法以大量的实验数据为基础，通过统计分析整理得到包含主要影响因子的系数、经验公式或图表。利用该方法制定的排放系数考虑因素较少，如只给出了单位周转量的排放系数，如周转量不发生变化，结果不发生变化。当产品结构经过较大调整、工艺发生巨大变化、所处环境明显不同时，排放总量与经验值相比则存在较大的偏差。该方法一般用于估算较长时间范围的排放量，结果忽略了气象条件和操作条件的随机变化影响，计算精度差，适用于宏观测算。排放系数一般也是由大型组织和机构根据自身掌握的大量实际数据总结得到，应用局限性大，其制定往往与当时的技术水平、储罐结构特点、油品性质等有密切的关系，且排放系数法除了包含储罐蒸发损耗的无组织排放外，还包含企业长期生产过程中其他部位的泄漏、损耗量。

（1）《散装液态石油产品损耗》制定的平均系数法

我国于 1989 年制定的《散装液态石油产品损耗》规定了散装液态石油产品的接卸、储存、运输（含铁路、公路、水路运输）、零售的损耗，适用于市场用车用汽油、灯用煤油、柴油和润滑油，但不包括航空汽油、喷气燃料、液化气和其他军用油料。该标准中制定的系数是经过大量的统计数据得出的经验损耗率，综合了固定储罐和浮顶罐的各种排放来源，将 VOCs 排放系数按照储罐类型、地域、季节、油品类型进行了划分，制定了油品在储运销各个环节的排放系数（有的合并处理）分别查存储损耗率表和卸车损耗率表得出。如表 5-2-1～表 5-2-8 所示。这种方法的优点是计算快速、简便，主要缺点划分比较粗，年代较早，随着技术的进步，其制定的排放系数明显偏高。

表 5-2-1　存储损耗率　　　　　单位：%

| 地区 | 立式金属罐 | | | 隐蔽罐、浮顶罐 |
| | 汽油 | | 其他油 | 不分油品、季节 |
	春冬季	夏秋季	部分季节	
A 类	0.11	0.21		
B 类	0.05	0.12	0.01	0.01
C 类	0.03	0.09		

注：卧式罐的存储损耗率可以忽略不计。

表 5-2-2　海拔高度修正损耗率

海拔高度/m	增加损耗/%
1 001～2 000	21
2 001～3 000	37
3 001～4 000	55
4 001 以上	76

表 5-2-3　装车（船）损耗率　　　　　单位：%

| 地区 | 汽油 | | | 其他油 |
	铁路罐车	汽车、罐车	油轮、油驳	不分容器
A 类	0.17	0.10		
B 类	0.13	0.08	0.07	0.01
C 类	0.08	0.05		

表 5-2-4　卸车（船）损耗率　　　　　单位：%

| 地区 | 汽油 | | 煤、柴油 | 润滑油 |
	浮顶罐	其他罐	不分罐型	
A 类		0.23		
B 类	0.01	0.20	0.05	0.04
C 类		0.13		

表 5-2-5   输转损耗率   单位：%

地区	汽油				其他油
	春冬季		夏秋季		不分季节、罐型
	浮顶罐	其他罐	浮顶罐	其他罐	
A 类		0.15		0.22	
B 类	0.01	0.12	0.01	0.18	0.01
C 类		0.06		0.12	

表 5-2-6   灌桶损耗率   单位：%

油品	汽油	其他油
损耗率	0.18	0.01

表 5-2-7   零售损耗率   单位：%

零售方式	加油机付油			量提付油	称重付油
油品	汽油	煤油	柴油	煤油	润滑油
损耗率	0.29	0.12	0.08	0.16	0.47

表 5-2-8   运输损耗率   单位：%

运输方式	水运			铁路运输			公路运输	
行驶里程/km	500 以下	501～1 500	1 501 以上	500 以下	501～1 500	1 501 以上	50 以下	50 以上
油品名称	汽油	0.24	0.28	0.36	0.16	0.24	0.30	0.01	每增加 50 km 增加 0.01，不足 50 km 按 50 km 计算
	其他油	0.15			0.12				

注：水运在途九天以上，自超过日起，按同类油品立式金属的存储损耗率和超过天数折算。

（2）《大气挥发性有机物源排放清单编制技术指南（试行）》推荐系数

2014 年生态环境部发布了《大气挥发性有机物源排放清单编制技术指南（试行）》，用于指导城市、城市群及区域开展大气挥发性有机物源排放清单编制工作。《大气挥发性有机物源排放清单编制技术指南（试行）》区分了 VOCs 的五大类排放源：生物质燃烧源、化石燃料燃烧源、工艺过程源、溶剂使用源、移动源，考虑到不同行业所用燃料或原料类型、工业过程、处理技术等不同，依此对每大类排放源进一步细化。其中，油品储运销过程属于工艺过程源，具体分类和推荐系数如表 5-2-9 和表 5-2-10 所示。

表 5-2-9　该技术指南石油化工业油品储运销过程分类

第一级	第二级	第三级	第四级
工艺过程源	石油化工业	油品运输	原油、汽油
		油品储存	原油、汽油
		加油站	汽油、柴油

表 5-2-10　该技术指南油品储运销过程排放系数　　　　单位：g/kg 油品

过程	油品	排放系数
油品存储	原油	0.123
	汽油	0.156
油品运输	原油	1.603 6
	汽油	1.603 6
加油站	汽油/柴油	3.243

该技术指南中的计算方法侧重于产品种类数量的排查。以不同产品产量为基数乘以经验排放系数得出 VOCs 排放量，优点在于针对不同产品都有单独的排放系数（目前系数表涵盖范围不足），并且统计简单，易于用一个经验系数核算排放量，适合于大范围的环境普查；缺点在于忽略了工艺及原材料带来的区别，而且由于石化行业产品种类数量基数大，副产品较多，会导致经验系数的缺失，目前《大气挥发性有机物源排放清单编制技术指南（试行）》附件中的经验系数较少，急需进一步补充。

（3）《城市大气污染物排放清单编制技术手册》推荐系数

2017 年 4 月，在生态环境部的支持下，清华大学组织相关科研力量开发了《城市大气污染物排放清单编制技术手册》，为地方相关部门开发本地的大气污染物排放清单提供指导。该技术手册是对生态环境部已发布的排放清单技术指南的总结和提升，规范了指南间交叉重叠内容，并填补了缺失排放源和污染物的排放清单编制技术方法，从排放源分类分级与编码体系、城市排放清单表征技术、活动水平数据收集和排放系数获取、高时空分辨率清单技术等环节切入，构建了一个科学、规范、实用的城市排放清单编制技术体系。该技术手册将我国人为大气污染源分为化石燃料固定燃烧源、工艺工程源、移动源、溶剂使用源、农业源、扬尘源、生物质燃烧源、储存运输、废弃物处理源和其他排放源十大类，并针对污染物产生机理和排放特征的差异，按照部门/行业、燃料/产品、燃烧/工艺技术以及末端控制技术将每类排放源分为四级，其中第三级排放源重点识别排放量大、受燃烧/工艺技术影响显著的排放源，对于排放量受燃烧/工艺影响不大的燃料和产品，则第三级层面不再细分，在第二级下直接建立第四级分类。本章油品储运销排放系数分在了存储和运输一级分类下，第二级分类包括原油、汽油、柴油、天然气等油气产品的存储、运输以及加油站销售过程，第三级排放源不再细分，第四级分类包括加油站的一次、二次及三次油气回收和无油气回收的情况。该技术推荐的排放系数如表 5-2-11 所示。

表 5-2-11　该技术手册推荐油品储运销排放系数　　　单位：g/kg 油品

油品	排放系数	备注
天然气输送	2.60	部分技术
原油储存	0.12	部分技术
原油运输	1.60	部分技术
汽油储存	0.16	部分技术
汽油运输	1.60	部分技术
柴油储存	0.05	部分技术
柴油运输	0.05	部分技术
汽油加油站	3.24	部分技术
柴油加油站	0.08	部分技术

（4）美国石油协会计算公式

美国石油协会推荐的计算公式适用于计算固定顶罐、浮顶罐储存原油、汽油和其他挥发性有机溶剂大呼吸、小呼吸损耗估算，该经验公式如下所示。

固定顶罐年大呼吸损耗：

$$F = 5.8 \times 10^{-6} PVK_T$$

浮顶罐年大呼吸损耗：

$$W = 1.37 \times 10^{-4} Q / D$$

固定顶罐年小呼吸损耗：

$$L_y = 1.70 K \times 10^{-3} D^{1.73} H^{0.51} T^{0.5} F_p K_e [P / (760 - P)]^{0.68}$$

浮顶罐年小呼吸损耗：

$$L_{yf} = 1.665 K_f D^{1.5} V_w K_s K_c F_p [P / (760 - P)]^{0.68}$$

式中：Q 为泵送液体入罐量，t；V 为泵送液体入罐体积，m³；H 为储罐内油品高度，m；T 为每日最高与最低温度变化的年平均值，℃；P 为大量物料状态的平均蒸气压，Pa；K_T 为周转系数；K_f 为储罐结构系数；V_w 为平均风速，m/s；K_s 为密封系数；K_c 为储存物料系数；K_e 为油品挥发校正系数；F_p 为涂层系数。

API 推荐的计算方法是通过对大量实验数据进行统计分析而得出的公式，且在此过程中均以美国自身情况为基础，其气候条件、地理环境、罐体特性、操作、管理水平、控制技术等均可能与我国有一定差异。从 API 推荐方法的计算过程能够看出，该方法在计算过程中考虑了诸如温度、压力、风速、储罐尺寸、密封参数、储罐配件装置、转运次数等诸多因素对呼吸损耗量的影响，但主要集中在储罐构造和环境方面，而有关储存液体特性方面系数取值粗糙，例如拱顶罐排放系数的取值和浮顶罐物料系数的取值仅分为原油与其他有机液体两种。此外，该公式是 1952 年美国各石油公司在实测数据的基础上建立的，无论是测试手段、气候条件还是油品特性都存在一定的局限性，因此会存在估算误差。我国文献研究表明，尽管该公式适用于固定顶和浮顶储罐及多种有机液体，估算过程中也考虑了诸多影响因素，部分难以获得的数据也列出了相应的排放因子和系数。但由于该方法现有数据库仅适合美国储罐及其常见化学品的特点，在其他国家和地区直接使用则计算结果精度较差，在我国的适用性差和局限性大。

此类方法还包括北京、上海等地市自行制定的石化行业 VOCs 排放量计算方法中推荐的经验公式等，在此不一一赘述，有兴趣的请参阅当地生态环境保护部门发布的文件资料。

5.2.1.3　半经验半理论方法

油品储运销环节 VOCs 排放系数核算和排放清单建立另一种可参考的方法为半经验半理论方法，此类方法有 EPA 在排放清单编制指南中（AP-42）推荐的方法、我国的《石油库节能设计导则》（SH/T 3002—2000）中推荐的计算公式，此外还有中石化系统采用的计算公式。此类方法在理想气体状态方程的基础上，通过理论分析建立计算方程式，计算过程综合考虑了各种影响因素，其中部分参数需要借助实验数据或经验值来确定，其推导过程比较严谨，计算结果精度高，可用于单个储罐 VOCs 蒸发损耗的计算。

（1）中石化系统采用的计算公式

中石化系统采用的计算公式可用于固定顶罐、浮顶罐和拱顶罐储存原油、汽油及挥发性有机溶剂时的年大呼吸蒸发排放量和年小呼吸蒸发排放量的估算。

年大呼吸蒸发排放量计算公式如下两式所示。

1）固定顶罐

$$L_{DW} = 4.35 \times 10^{-5} P V_{\mathrm{L}} V K_{\mathrm{T}} K_{\mathrm{E}}$$

式中：L_{DW} 为拱顶罐年大呼吸蒸发排放量，kg/a；P 为储罐内平均温度下液体的真实蒸气压，Pa；V_{L} 为液体入罐量，m³/a；V 为储存油品的平均重量，t/m³；K_{T} 为周转系数；K_{E} 为校正系数。

2）浮顶罐

$$L_{FW} = \frac{4 \times Q \times C \times V}{D}$$

式中：L_{FW} 为浮顶罐和内浮顶罐年大呼吸蒸发排放量，m³；Q 为平均输油量，m³；C 为管壁黏附系数；V 为储存油品的平均重量，t；D 为储罐直径，m。

年小呼吸蒸发排放量计算公式如下两式所示。

1）固定顶罐

$$L_{DS} = 12.751 \times 10^{-3} K_E (\frac{P}{760-P})^{0.68} VD^{1.73} H^{0.51} T^{0.5} F_p C$$

式中：L_{DS} 为固定顶罐年小呼吸蒸发排放量，m³；H 为储罐平均留空高度，m；T 为日环境温度变化平均值，℃；F_P 为涂料系数；C 为小直径储罐的修正系数。

2）浮顶罐

$$L_{FS} = Kv^n P_t DM_V K_s K_c E_F$$

式中：L_{FS} 为浮顶罐年小呼吸蒸发排放量，m³；K 为修正系数；V 为罐外平均风速，m/s；N 为与密封有关的风速指数；P_t 为蒸气压函数；M_v 为油气平均分子量，mol/m³；K_s 为密封系数；K_c 为油品系数；E_F 为二次密封系数。

中石化系统公式是基于我国石化企业生产运行的实际情况，通过严谨的理论计算与推导证明，并借鉴了国内外权威计算公式而形成的储罐排放核算方法，计算结果较为精确。然而，该方法计算过程较为复杂，部分参数取值较难，而且储罐存储液体排放因子只包括汽油和原油两类，缺少其他原油产品及有机物的相关系数。该公式还有待进一步完善，以提高该种方式的实用性。

（2）《石油库节能设计导则》推荐方法

《石油库节能设计导则》是由中国石油化工集团公司主编、原国家石油和化学工业局于 2000 年批准发布的行业标准，适用于新建和改、扩建石油库有关节能的工程设计。《石油库节能设计导则》附录中所列的计算公式适用于拱顶储罐、浮顶储罐、内浮顶储罐储存原油、汽油及其他轻质油品时的年大呼吸损耗及年小呼吸损耗的估算。在计算油罐内油品蒸发损耗时，其采用的计算公式如下所示。

固定顶罐大呼吸损耗：

$$L_{DW} = K_T K_1 \frac{P_y}{(690-4\mu_y)K} V_1$$

式中：V_1 为泵送液体入罐量；K_T 为周转次数；K_1 为油品系数；P_y 为油品平均温度下的蒸气压；μ_y 为油蒸气摩尔质量；K 为单位换算常数，$K=51.6$。

浮顶罐大呼吸损耗：

$$L_W = \frac{4Q_1 C \rho_y}{D}$$

式中：Q_1 为油罐年周转量；D 为罐体直径；ρ_y 为油品密度；C 为油罐壁的黏附系数。

固定顶罐小呼吸损耗：

$$L_{DS} = 0.024 K_2 K_3 (\frac{P}{P_a - P})^{0.68} D^{1.73} H^{0.51} \Delta T^{0.5} F_P C_1$$

式中：P 为油罐内油品本体温度下的蒸气压；P_a 为当地大气压；ΔT 为大气温度的平均日温差；F_P 为涂料系数；K_2 为单位换算系数，$K_2 = 3.05$；K_3 为油品系数；C_1 为小直径油罐修正系数。

浮顶罐小呼吸损耗：

$$L_s = K_4 (K_5 F_T \mathrm{D} + K_f)\ P^* M_v K_c$$

式中：K_4、K_5 为单位换算系数；F_T 为密封损耗系数；K_f 为浮盘附件总损耗系数；P^* 为蒸气压函数，量纲一；M_v 为油气摩尔质量；K_c 为油气系数。

中石化公式和《石油库节能设计导则》两种经验公式均为中石化系统主编推出的半经验半理论公式，是基于中国自身情况，以理想气体状态方程为基础，通过理论分析而提出的经验计算公式，借鉴了 EPA AP-42 中推荐的计算公式的思路，部分参数借助了实验数据或经验参数，推导过程严谨，可信度较高，其中《石油库节能设计导则》推荐方法对罐型分类更准确，计算精度较高，适用范围也广，但计算中用到的油品、化学品的物性数据和储罐的设计数据也较多，当物性数据和储罐的设计数据不全时，会给计算工作带来较大的困难，且计算过程较复杂，缺乏相应的计算软件，限制了《石油库节能设计导则》推荐方法的应用。

（3）EPA AP-42 推荐方法

EPA AP-42 中 5.2 节"成品油运输和销售"以及第 7 部分"有机液体储罐"详细介绍了推荐的油品储运销过程 VOCs 排放系数的计算方法（将在下一节中详细介绍）。该方法计算精度高、适用面广，适用于各类油品和化学品，且考虑因素全面，包括储罐的地理位置、气象条件、罐体（类型、构造、边缘密封、夹层等）以及存储化学品的物理、化学性质等，参数选取附表、化学品的物性数据表都较为详尽，可用现有的排放因子、系数（默认值）代替无法获得的数据，在世界上更具有权威性。文献研究表明，该方法用于我国石化企业油罐 VOCs 蒸发损耗的估算也有较好的有效性和可靠性，但此方法中应用的全部是美国单位标准体系，而不是我们常用的国标现有数据，但这一问题容易克服。故在油品储运销 VOCs 蒸发损耗估算时，越来越多的研究者采取了 EPA 推荐的方法，但其中的气象参数、地理信息以及汽油等物料信息则需要通过建立我国的气象数据库和油料物性参数获取。

（4）《挥发性有机物排污收费试点办法》推荐方法

《挥发性有机物排污收费试点办法》为我国财政部、国家发展改革委、环境保护部于

2015 年颁布的挥发性有机物排污收费管理办法，涵盖了各行业直接向大气中排放 VOCs 的各种源项和每个排放口，内容全面。其中 VOCs 的计算方法更侧重于对各排放源项的排查，主要分为有组织和无组织两个部分。工艺源有组织排放计算方法为针对不同的生产工艺过程以产品总量为基数乘以经验排放系数得出 VOCs 排放量，这种计算方法的优点在于对不同工艺都有单独的排放系数，缺点在于忽略了相同工艺下不同原料、不同产品所带来的区别。无组织排放部分包括密封点、废水处理、装卸过程、储罐及冷却水循环的无组织排放。密封点无组织排放是对不同行业的设备、不同密封件、不同介质流给出排放系数进行核算。石化行业储罐蒸发损耗和装卸损耗则根据周转油量、储罐及储存液体数据等，参考了 EPA AP-42 中推荐的方法进行计算。

（5）《石化行业 VOCs 污染源排查工作指南》推荐方法

《石化行业 VOCs 污染源排查工作指南》是环境保护部 2015 年为贯彻落实《石化行业挥发性有机物综合整治方案》（环发〔2014〕177 号）的相关要求，大力推进石化行业挥发性有机物的管理控制，开展 VOCs 污染源排查而颁布的工作指南技术方法，对于储罐 VOCs 蒸发损耗和装卸损耗也借鉴了 EPA AP-42 中推荐的方法，考虑了油气回收效率、处理效率等对 VOCs 排放的影响，在此不再赘述。

5.2.2　排放量测算范围和技术路线

核算油品储运销过程 VOCs 排放量，首先需要考虑的是核算范围，范围不同，得到的结果可能差异性较大。考虑与移动源使用相关的主要为成品油，因此在本章主要介绍用于移动源的成品油储运销过程中的 VOCs 排放清单估算方法。主要的储运销过程包括对外营业的储油库、加油站和油罐车。对于储油库，考虑的是位于城市周边主要给加油站供油的末端储罐库，未考虑从炼油厂储罐到各级中转储油库的排放。另外，位于城市周边的储油库一般使用油罐车给加油站供油，运输距离较短（一般小于 50 km），本章也暂未考虑长途运输、船舶运输和铁路罐车运输的 VOCs 排放问题，需待相关研究进一步成熟后进行完善。成品油从末端储运库到加油站的油品储运销 VOCs 排放环节如图 5-2-1 所示，其中储油库包括收油、储油和发油排放，油罐车为运输排放，加油站包括卸油、储油和加油排放。油码头各种油品储油、装油和卸油过程，以及非对外营业的储油库和加油站暂未考虑。另外，本章也暂未进行航空煤油、天然气、液化石油气、燃料油等特殊移动源所用燃料由于存储、装卸和运输等过程的 VOCs 排放量估算。

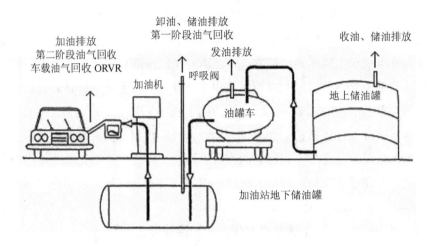

图 5-2-1　汽油储运销 VOCs 排放环节

本次油品储运销环节 VOCs 排放普查范围如表 5-2-12 所示。

表 5-2-12　本次油品储运销环节 VOCs 排放普查范围

移动源分类				排放来源	污染物指标
第一级分类	第二级分类	第三级分类	第四级分类		
油品储运销	储油库	仓储过程 收发油过程	汽油 柴油	GB 20950—2007 实施前 GB 20950—2007 实施前	蒸发排放	VOCs
	加油站	仓储过程 卸油过程 加油过程	汽油 柴油	GB 20952—2007 实施前 GB 20952—2007 实施后 （一阶段、二阶段、油气处理装置及油气回收在线监控系统安装情况等）	蒸发排放	VOCs
	油罐车	运输过程	汽油 柴油	GB 20951—2007 实施前 GB 20951—2007 实施后	蒸发排放	VOCs

　　成品油在储运销环节（储油库、油罐车、加油站）产生的 VOCs 排放计算，主要是研究获得汽油和柴油在各个过程的 VOCs 排放系数（以下简称"排放系数"），以及油品周转量/运输量/销售量（以下简称"周转量"）进行计算，如下式所示。

$$E = Y \times EF$$

式中：Y 为油品周转量，t；EF 为排放系数，kg/t 燃油。

　　对于汽油来说，由于我国目前大部分储油库、加油站和油罐车已安装了油气污染治理设施，油气得到了一定程度的回收，因此在具体测算汽油相关排放量时，需要考虑油气回收效率的问题，不然不符合我国目前油品储运销过程 VOCs 排放的管理现状和实际排放。

对于汽油来说，油品储运销环节 VOCs 排放系数为未安装油气回收系统时油气排放因子和安装油气回收系统后油气回收效率的乘积测算获取，公式如下。

$$EF = ef \times (1 - \delta)$$

式中：ef 为未采取油气排放控制措施时的汽油储运销环节油气排放因子，kg/t 燃油；δ 为各个环节的油气回收效率，%。

油品储运销环节 VOCs 排放量测算技术路线如图 5-2-2 所示。

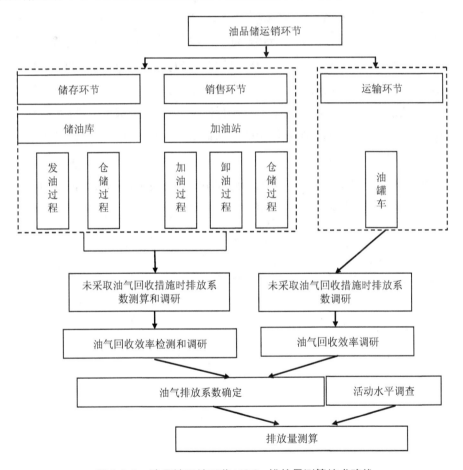

图 5-2-2　油品储运销环节 VOCs 排放量测算技术路线

在具体测算过程中，由于时间、人力、物力等诸多方面的限制，可以依据考虑的重点问题、环节有针对性地进行排放量的测算。本章考虑汽油由于蒸气压较高、蒸发性强，且我国目前和下一阶段油气排放控制的重点是汽油 VOCs 排放，故将重点研究测算汽油 VOCs

的排放系数，对柴油的排放系数获取方法只做一般性的介绍。汽、柴油排放系数可以依据上节介绍的方法直接选取或测算，对于油气回收效率则主要参考现状调研、研究测量或大量的文献，才有可能获取真实可信的实际排放系数。

对于单个储油库、加油站和油罐车的活动水平获取来说，则需要了解储油库、加油站和油罐车油品周转的基本信息以及油气回收装置的具体安装运行情况。对于某地油品储运销过程 VOCs 排放量的估算来说，则需要知道辖区内储运库、加油站名单、总库容、吞吐量、油气回收装置建设和运行情况以及油罐车数量、装有油气回收系统的油罐车数量以及油品运输量等指标。原则上，储油库、加油站、油罐车、油码头等基本信息（数量、状态、收发汽油量等）应由企业填报普查表获取。

对于储油库储罐及发油过程的 VOCs 排放状况测算来说，调查获取的指标包括汽油和柴油各个储罐的罐容、型式、汽油周转量、油气回收处理装置及运行情况等。对于加油站 VOCs 排放状况测算来说，调查获取的指标包括汽油和柴油在加油站卸油、存储以及加油过程的基本情况，具体指标包括汽、柴油总罐容、销售量、油气回收、处理装置安装（一次、二次、后处理装置、在线监测系统）及运行情况等。对于油罐车 VOCs 排放状况测算来说，调查的指标包括油罐车的保有量、油品运输量、装卸方式、运输距离以及油气回收改造油罐车数量、维护保养情况等。

对于柴油来说，由于其蒸发性与汽油相比较小，我国目前尚未对柴油 VOCs 提出管控要求，故本章未考虑柴油的油气回收效率。

5.3　排放量测算参数获取方法

　　EPA AP-42 中推荐的方法由于精确度高，又给出了经验系数的大量参考范围，计算方便，因此在国际上得到了广泛应用，我国一些相关 VOCs 排放量测算也采用了该种方法。故本章将重点介绍该种方法在油品储运销过程挥发性有机物测算的应用，涉及的内容包括 AP-42 中 5.2 节"成品油运输和销售"以及第 7 部分"有机液体储罐"。油气排放因子计算主要包括储油库、加油站储罐的呼吸损失以及储油库、加油站在装卸环节的油气排放因子测算。如前所述，用于存储油品的储罐有内浮顶罐、固定顶罐和浮顶罐。蒸发损耗严重的是固定顶罐。固定顶罐一般是指置在地面上、容积较大、顶盖是固定的储油罐。浮顶罐分为外浮顶罐和内浮顶罐两种，浮顶罐虽然比固定顶罐的蒸发损失大量减少，但仍有一些排放，主要为停滞损失和液面下降后的黏湿损失。成品油基本上是常温、低压散装储存，储罐 VOCs 的排放包括有组织排放和无组织排放，以无组织排放为主，如固定顶罐通过附件、密封等排放节点产生的 VOCs 直接排入大气，属于无组织排放；浮顶罐产生的 VOCs，如来自挂壁、附件、边缘密封等排放节点的损耗均为无组织排放。本章将以 EPA AP-42 方法为例，重点对涉及的固定顶罐、浮顶罐不同形式的排放系数计算所需要的参数和计算方法进行详细介绍。

5.3.1　存储过程油气排放系数计算

5.3.1.1　固定顶罐

　　固定顶罐可分为垂直固定顶罐和水平固定顶罐，如图 5-3-1 和图 5-3-2 所示（储罐结构示意图来自网络）。此类储罐由圆柱体外壳和固定顶组成，罐顶主要有锥形和拱形。在现有储罐设计类型中，垂直固定顶罐的建设费用最低，也是最常见的储罐类型之一，但容易受温度、压力和液面高度等的变化而产生大量的 VOCs 排放。

　　水平固定顶罐又分为地上式和地埋式，通常容积较小，能够承受较高的正压和负压，安装、搬运和拆迁方便。地埋式储罐主要应用于加油站。

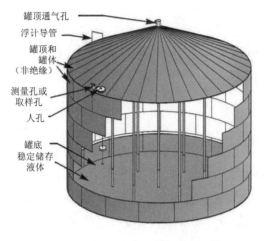

图 5-3-1　垂直固定顶罐

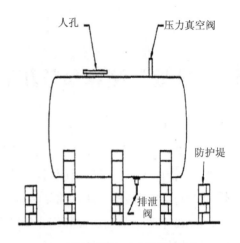

图 5-3-2　水平固定顶罐

　　固定顶罐储存排放分为"小呼吸"（静置排放）和"大呼吸"（工作排放）。"大呼吸"损耗也称动态损耗，分为两部分：一部分是当油罐在收油时，油液位不断上升，罐内气体受到压缩而使压力升高，呼吸阀打开，混合气体随着液面的不断升高而排出罐外造成的损耗；另一部分是当油罐在发油时，由于液位不断下降，使气体空间的容积不断增大，压力减小，当压力下降到呼吸阀的控制值时，呼吸阀打开，油罐吸入空气，使得气体空间的油品蒸气浓度下降，促使油面进一步蒸发，在结束发油后，罐内压力又逐渐上升，直至向罐外呼出气体造成损耗。影响大呼吸损耗的因素主要有如下几点。

　　①油品性质：油品密度小，轻质馏分越多，损耗越大；蒸气压越高，损失越高；沸点越低，损失越大。

　　②收发油速度：进油、出油速度越快，损耗越大。

　　③罐内压力等级：常压敞口罐大呼吸损失最大。油罐耐压越高，呼吸损失越小。

　　④油罐周转次数：油罐周转次数越多，则大呼吸损失越大。

　　此外大呼吸还与油罐所处地理位置、大气温度、风向、风力及油品管理水平等诸多因素有关。

　　小呼吸是指固定顶罐在无收发作业时，由于储存物料气相空间温度的昼夜变化而引起的 VOCs 蒸发排放。"小呼吸"损耗也称静态损耗。固定顶罐在没有收发作业、静态储油时，罐内气体空间充满了油气和空气的混合气体。日出后，随着大气温度上升和太阳辐射增强，罐内混合气体和油面温度上升，混合气体体积膨胀且油品蒸发加剧，从而使气体空间压力上升，当罐内压力超过呼吸阀的控制正压，压力阀打开，油气混合气体呼出罐外。下午，随着大气温度的降低和太阳辐射的减弱，罐内温度也随之下降，混合气体体积收缩，压力降低，当气体空间压力低于呼吸阀控制负压时，真空阀开启，吸入空气，促使油品加速蒸发，新蒸发的油气又将随次日的呼气逸出罐外。这种油罐静态储油时，由于昼夜温度变化引起油罐呼吸而造成的油品损耗就称为"小呼吸"损耗。"小呼吸"的影响因素如下。

①化学品性质：化学品密度越小，蒸气压越高，沸点越低，损耗越大。

②储罐所处地区气象条件：日照强度愈大，温度高，小呼吸损耗愈大。我国北方地区的汽油小呼吸年损耗率低于南方地区。昼夜温差变化愈大，小呼吸损耗愈大。

③储罐尺寸：储罐越大，储液的蒸发面积越大，小呼吸损耗越大。

④大气压：大气压越高，小呼吸损耗越小；大气压越低，小呼吸损耗越大。

⑤储罐充装率：当储罐满装时，气体空间小，小呼吸损耗小。

⑥储罐颜色：储罐外表涂料颜色对罐内液体温度影响很大，进而影响呼吸损耗。颜色越深，吸热能力越强，小呼吸损耗越大。

此外，"小呼吸"排放水平还与油品性质如沸点、蒸气压、组分含量及油品管理水平等因素有关。

因此，EPA AP-42 中计算固定顶罐产生的油气排放 L_T 也分为两部分：静置损耗 L_S 和工作损耗 L_W，如下式所示。

$$L_T = L_S + L_W$$

（1）静置损耗 L_S

静置损耗 L_S 是指由于罐体气相空间呼吸导致的储存气相损耗。对于静置损耗 L_S，采用以下公式计算。

$$L_S = 365 V_V \times W_V \times K_E \times K_S$$

式中：L_S 为静置损耗（地下卧式罐的 L_S 取 0）；V_V 为气相空间容积；W_V 为储藏气相密度；K_E 为气相空间膨胀因子，量纲一；K_S 为排放蒸气饱和因子，量纲一。

立式罐气相空间容积 V_V 通过以下公式计算。

$$V_V = \frac{\pi}{4} D^2 H_{VO}$$

式中：V_V 为气相空间容积；D 为储罐直径；H_{VO} 为气相空间高度。

卧式罐气相空间容积 V_V 通过以下公式计算。

$$V_V = \frac{\pi}{4} D_E^2 H_{VO}$$

式中：V_V 为固定顶罐蒸汽空间体积；H_{VO} 为气相空间高度（$H_{VO}=\pi D/8$）；D_E 为卧式罐有效直径。

综合以上两式，静置损耗可化为以下公式。

$$L_S = 365 K_E \left(\frac{\pi}{4} D^2 \right) H_{VO} K_S W_V$$

气相空间膨胀因子 K_E 的计算依赖于罐中液体的特性和呼吸阀的设置。若已知储罐位置、罐体颜色和状况，K_E 由如下公式计算。

$$K_E = \frac{\Delta T_V}{T_{LA}} + \frac{\Delta P_V - \Delta P_B}{P_A - P_{VA}} > 0$$

式中：ΔT_V 为日蒸汽温度范围，°R；ΔP_V 为日蒸汽压范围；ΔP_B 为呼吸阀压力设定范围；P_A 为大气压力；P_{VA} 为日平均液体表面温度下的蒸气压；T_{LA} 为日平均液体表面温度，°R。

对于日蒸汽温度范围 ΔT_V，计算方法如下：

$$\Delta T_V = 0.72 \Delta T_A + 0.028 \alpha I$$

式中：ΔT_V 为日蒸汽温度范围，°R；ΔT_A 为日环境温度范围，°R；α 为罐漆太阳能吸收率，量纲一，如表 5-3-1 所示；I 为太阳辐射强度，Btu/ft^2 · d。

表 5-3-1　罐漆太阳能吸收率　　　　　　　　　　单位：%

罐漆颜色	罐漆状况	
	好	差
银白色（高光）	0.39	0.49
银白色（散射）	0.6	0.68
铝罐	0.1	0.15
米黄/乳色	0.35	0.49
黑色	0.97	0.97
棕色	0.58	0.67
淡灰色	0.54	0.63
中灰色	0.68	0.74
绿色	0.89	0.91
红色	0.89	0.91
锈色	0.38	0.5
茶色	0.43	0.55
白色	0.17	0.34

日蒸气压范围 ΔP_V 由下式计算：

$$\Delta P_V = \frac{0.50 B P_{VA} \Delta T_V}{T_{LA}^2}$$

式中：ΔP_V 为日蒸气压范围；B 为蒸气压公式中的常数，°R；P_{VA} 为日最高液体表面温度下的平均蒸气压；T_{LA} 为日平均液体表面温度，°R；ΔT_V 为日蒸汽温度范围，°R。

呼吸阀压力范围 ΔP_B 计算方法如下。

$$\Delta P_\mathrm{B}=P_\mathrm{BP}-P_\mathrm{BV}$$

式中：ΔP_B 为呼吸阀压力设定范围，psig；P_BP 为呼吸阀压力设定；P_BV 为呼吸阀真空设定。

如果固定顶罐是螺栓固定或铆接的，其中罐顶和罐体是非密封的，则不管是否有呼吸阀，都设定 $\Delta P_\mathrm{B}=0$。

日环境温度范围 ΔT_A 计算公式为。

$$\Delta T_\mathrm{A}=T_\mathrm{AX}-T_\mathrm{AN}$$

式中：ΔT_A 为日环境温度范围，°R；T_AX 为日最大环境温度，°R；T_AN 为日最小环境温度，°R。

气相空间高度 H_VO 是罐径气相空间的高度，这一空间等于固定顶罐的气相空间包括穹顶和锥顶的空间。H_VO 计算公式如下所示。

$$H_\mathrm{VO}=H_\mathrm{s}-H_\mathrm{L}+H_\mathrm{RO}$$

式中：H_VO 为气相空间高度；H_S 为罐体高度；H_L 为液体高度；H_RO 为罐顶计量高度。

对于锥顶罐，顶罐计量高度 H_RO 计算方法如下。

$$H_\mathrm{RO}=1/3H_\mathrm{R}$$

式中：H_RO 为罐顶计量高度；H_R 为罐顶高度。

H_R 采用以下公式计算。

$$H_\mathrm{R}=S_\mathrm{R}R_\mathrm{S}$$

式中：S_R 为罐锥顶斜率，如果未知，则使用标准值 0.062 5；R_S 为罐壳半径。

对于穹顶罐，罐顶计量高度 H_RO 计算方法为。

$$H_\mathrm{RO}=H_\mathrm{R}\left[\frac{1}{2}+\frac{1}{6}\left[\frac{H_\mathrm{R}}{R_\mathrm{S}}\right]^2\right]$$

式中：H_RO 为罐顶计量高度；R_S 为罐壳半径；H_R 为罐顶高度。

采用以下公式计算。

$$H_\mathrm{R}=R_\mathrm{R}-(R_\mathrm{R}^2-R_\mathrm{S}^2)^{0.5}$$

式中：R_R 为罐穹顶半径，R_R 的值一般介于 $0.8D\sim1.2D$，如果 R_R 未知，则可用罐体直径代替；R_S 为罐壳半径。

排放蒸汽空间饱和因子 K_S 计算公式如下。

$$K_\mathrm{s}=\frac{1}{1+0.053P_\mathrm{VA}H_\mathrm{VO}}$$

式中：K_S 为排放蒸汽空间饱和因子，量纲一；P_VA 为日平均液面温度下的饱和蒸气压；H_VO 为气相空间高度。

储藏气相密度 W_V 计算公式如下。

$$W_V = \frac{M_V P_{VA}}{R T_{LA}}$$

式中：W_V 为气相密度；M_V 为气相分子质量；R 为理想气体状态常数，10.741 lb/lb-mol・ft・°R；P_{VA} 为日平均液面温度下的饱和蒸气压；T_{LA} 为日平均液体表面温度，°R，取年均实际储存温度，如无该数据，则可用下式计算。

$$T_{LA} = 0.44 T_{AA} + 0.56 T_B + 0.007\,9 \alpha I$$

式中：T_{LA} 为日平均液体表面温度，°R；T_{AA} 为日平均环境温度；T_B 为储液主体温度；α 为罐漆太阳能吸收率，量纲一；I 为太阳辐射强度，Btu/ft^2・d。

日平均环境温度 T_{AA} 的计算公式如下所示。

$$T_{AA} = \left(\frac{T_{AX} + T_{AN}}{2} \right)$$

式中：T_{AA} 为日平均环境温度，°R；T_{AX} 为日最高环境温度；T_{AN} 为日最低环境温度。

储液主体温度 T_B 的计算公式如下。

$$T_B = T_{AA} + 6\alpha - 1$$

式中：T_B 为储液主体温度；T_{AA} 为日平均环境温度；α 为罐漆太阳能吸收率，量纲一。

对于特定的石油液体储料的日平均液体表面蒸气压，可通过以下公式计算。

$$P_{VA} = \exp\left[A - \left(\frac{B}{T_{LA}} \right) \right]$$

式中：A 为蒸气压公式中的常数，量纲一；B 为蒸气压公式中的常数；T_{LA} 为日平均液体表面温度，°R；P_{VA} 为日平均液体表面蒸气压，psia。

对于成品油，系数 A、B 计算公式为

$$A = 15.64 - 1.854 S^{0.5} - (0.8742 - 0.3280 S^{0.5})\ \ln\,(RVP)$$

$$B = 8\,742 - 1\,042 S^{0.5} - (1\,049 - 179.4 S^{0.5})\ \ln\,(RVP)$$

式中：RVP 为雷德蒸气压，psi；S 为 10%蒸发量下 ASTM 蒸馏曲线斜率，℉/vol%。

S 的计算公式如下所示。

$$S = \frac{15\%馏出温度 - 5\%馏出温度}{15 - 5}$$

（2）工作损耗 L_W

工作损耗 L_W 与装料或卸料时所储蒸汽的排放有关。固定顶罐的工作损耗计算如下。

$$L_W = \frac{5.614}{R T_{LA}} M_V P_{VA} Q K_B K_N K_P$$

式中：L_W 为工作损耗；M_V 为气相分子量；P_{VA} 为真实蒸气压；Q 为年周转量；K_P 为工作损耗产品因子，量纲一；对于成品油，有机液体 $K_P=1$；K_N 为工作排放周转（饱和）因子，量纲一，与周转数 N 有关。

周转数 N 用下式进行计算：

$$N = Q/V$$

式中：Q 为年周转量；V 为储罐最大储存容积，如果最大储存容积未知，取公称容积的 0.85 倍。

当周转数 $N>36$ 时：

$$K_N = (180+N)/6N$$

当周转数 $N\leqslant36$ 时：

$$K_N = 1$$

K_B 呼吸阀工作校正因子计算方法如下。

当 $K_N\left[\dfrac{P_{BP}+P_A}{P_I+P_A}\right]>1.0$ 时：

$$K_B = \left[\frac{\dfrac{P_I+P_A}{K_N}-P_{VA}}{P_{BP}+P_A-P_{VA}}\right]$$

当 $K_N\left[\dfrac{P_{BP}+P_A}{P_I+P_A}\right]<1.0$ 时：

$$K_B = 1$$

式中：K_B 为呼吸阀校正因子，量纲一；P_I 为正常工况条件下气相空间压力，P_I 是一个实际压力（表压），如果处在大气压下（不是真空或处在稳定压力下），P_I 为 0；P_A 为大气压；K_N 为工作排放周转（饱和）因子，量纲一，见上；P_{VA} 为日平均液面温度下的蒸气压；P_{BP} 为呼吸阀压力设定。

5.3.1.2 浮顶罐

浮顶罐又分为内浮顶罐和外浮顶罐。典型外浮顶罐由敞开式钢质圆柱体外壳和浮动在液体表面的浮顶组成，如图 5-3-3 和图 5-3-4 所示（图片来源于网络）。浮动顶由盖板、边缘密封系统和舱面附件组成，主要分为浮舱式和双盘式。目前，内浮顶罐常用的浮盘为双盘式，有双层板式和浮筒式，双层板式浮盘油气空间最小。外浮顶罐常用的浮盘类型为浮舱式。由于浮顶与液面间气体空间很小，外浮顶罐可以有效减少蒸发损耗。但浮顶直接暴露于大气中，储存物容易被雨雪和灰尘沾污，故外浮顶罐多用于储存原油，较少用于储存成品油和化工原料。此类储罐的排放源包括浮顶与罐壁间的环形空间，以及与大气相通的舱面附件、提取储存液体时黏附在罐壁上的液体蒸发产生损耗等。

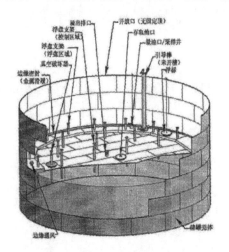

图 5-3-3　外浮顶罐结构（浮盘式）

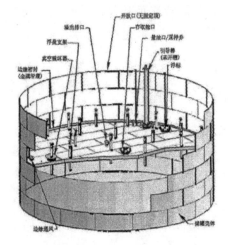

图 5-3-4　外浮顶罐结构（双盘式）

　　内浮顶罐由固定顶罐加装内附顶构成，如图 5-3-5 所示（图片来源于网络），浮盘结构和作用与外浮顶罐相同，挡舱面属具数量少得多。此类储罐兼有固定顶罐和外浮顶罐的优点，既可以降低蒸发损耗，又保证了储存液体不被沾污，因此广泛用于储存汽油等成品油。此类储罐的排放源包括：浮动顶与储罐壁间的环形空间以及浮顶上与大气相通的装置通道、提取储存液体时黏附在罐壁上的液体蒸发发生的损耗、浮顶接缝（如果未采用焊接封顶）等。

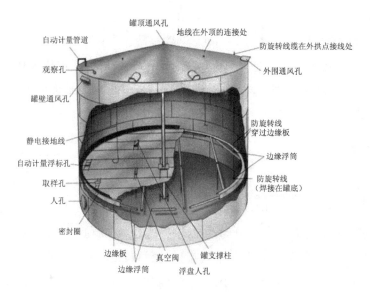

图 5-3-5　内浮顶罐结构

　　浮顶罐油品上的油气空间很小，不存在像固定顶罐那样大量的"大呼吸"排放。浮顶罐的蒸发损耗主要来自：①浮顶与罐壁间的环形空间以及浮顶上其他有可能与大气相通的蒸发空间。②由于罐中液体抽出时黏附在罐壁上的液体蒸发而产生的损耗；当浮顶位于储罐底部时，损耗机理同固定顶罐浮顶与罐壁连接处的渗透损耗。③静止储存损耗：浮顶罐静止储存时，液体蒸汽会通过密封件与浮顶及罐壁间的间隙泄漏出去，而环境风速会加剧这种损耗。当密封件与浮顶及罐壁之间的配合不良时，会导致更大的损耗。④作业损耗：储罐收料时，如果液面与浮顶之间有一定的空间，这时随着液面不断升高，浮顶以下的气体空间被压缩，储罐内部的蒸汽通过各种通道正常和不正常地迅速排出储罐；储罐发料进行到罐的底部使得液面与浮顶之间存在较大空间时，由于在发料过程中蒸发落后于气体空间的膨胀，蒸气分压下降，一定量的空气从各种渠道正常和不正常地进入储罐以维持总压力达到大气压力，此时储罐中气体空间的蒸汽浓度大大降低，则又导致储液汽化量增加，使气体空间的蒸汽浓度达到新的平衡。当储液体积超过气体空间的容量时，则导致部分油气排出罐外。对于需要支柱支撑外顶的内浮顶罐，还有一部分液体黏附在支柱的外表面而蒸发。这种蒸发损耗也为作业损耗。影响作业损耗的主要因素有储存液体的品质、罐壁的粗糙程度、储罐的结构尺寸、年周转量、周转次数、支柱个数等。外浮顶罐的边缘密封损耗是指有机蒸汽通过密封部件与浮顶及罐壁之间的间隙排入大气而造成的损耗，风会加剧此类损耗。而内浮顶罐由于固定顶的存在，避免了这种损耗。浮盘附件装置主要包括存取口、支撑柱井、真空破坏器、边缘放空管和浮顶支腿等，均可能造成无组织排放。浮盘密封损耗是指通过浮盘表面接缝造成的损耗，如果采用焊接式浮盘，则不会产生此类损耗。

　　综上所述，浮顶罐 VOCs 的排放主要包括边缘密封、浮盘附件、浮盘盘缝、挂壁损耗等几方面。边缘密封位于浮盘与罐壁之间，可以防止浮盘与罐壁摩擦，同时减少 VOCs 泄漏排放。自然风力和有机液体的真实蒸气压对边缘密封 VOCs 排放影响较大。浮盘常见的开口附件（人孔、计量井等）都是 VOCs 排放源。外浮顶罐的浮盘通常为浮舱式，大多是焊接成形，因此没有盘缝损耗。内浮顶罐的非接触型浮盘通常是螺栓连接或铆接，存有缝隙，在内浮顶盖板的下部存在一定高度的油气空间，部分 VOCs 通过盘缝排放至浮盘上方的气相空间。随着浮盘的升降，部分液体会滞留在罐壁及浮盘支撑柱上，造成挂壁损耗，直到罐体再次充满液体，暴露面再次被覆盖时，挂壁损耗才会停止。

　　因此，EPA AP-42 中对于浮顶罐总 VOCs 损失 L_T 也分为四部分进行计算：边缘密封损失 L_R、挂壁损失 L_{WD}、浮盘附件损失 L_F 和浮盘缝隙损失 L_D（只考虑螺栓连接式的浮盘或浮顶浮盘缝隙损耗），用公式表示为

$$L_T = L_R + L_{WD} + L_F + L_D$$

（1）边缘密封损失 L_R

边缘密封损失 L_R 采用下式计算：

$$L_R = K_{Ra} + K_{Rb}V^n DP^* M_v K_c$$

式中：L_R 为边缘密封损失；K_{Ra} 为零风速边缘密封损失因子；K_{Rb} 为有风时边缘密封损失因子；N 为密封相关风速指数（量纲一），K_{Ra}、K_{Rb} 和 n 取值方法，EPAAP-42 推荐如表 5-5-21 所示；V 为罐点平均环境风速；P^* 为蒸气压函数（量纲一），用下式计算；D 为罐体直径；M_v 为气相分子质量；K_C 为产品因子，原油取 0.4，其他挥发性有机液体取 1。

表 5-3-2　边缘密封损失因子

罐体类型	密封形式	K_{Ra}	K_{Rb}	n
		（lb-mol/ft·a）	（lb-mol/（mph）n-ft·a）	
密封	机械密封	5.8	0.3	2.1
	机械密封+边缘靴型	1.6	0.3	1.6
	机械密封+边缘刮板	0.6	0.4	1
	液态镶嵌式密封	1.6	0.3	1.5
	液态镶嵌式密封+挡雨板	0.7	0.3	1.2
	液态镶嵌式密封+边缘刮板	0.4	0.6	0.3
	气态镶嵌式密封	6.7	0.2	4
	气态镶嵌式密封+挡雨板	3.3	0.1	3
	气态镶嵌式密封+边缘刮板	2.2	0.003	4.3
铆接	机械鞋式密封			
	只有一级	10.8	0.4	2
	边缘靴板	9.2	0.2	1.9
	边缘刮板	1.1	0.4	1.5

注：上表中边缘密封损耗因子 K_{Ra}、K_{Rb}、n 只适用于 6.8 m/s 以下；对于非机械鞋式密封的一级边缘密封的损耗系数，在计算中默认为"气态镶嵌式密封"。

$$P^* = \frac{\dfrac{P_{VA}}{P_A}}{\left[1 + (1 - \dfrac{P_{VA}}{P_A})^{0.5}\right]^2}$$

式中：P_{VA} 为日平均液体表面蒸气压；P_A 为大气压。

如果是内浮顶或穹顶外浮顶罐，API 建议使用储液温度代替液体表面温度进行参数选取和计算。如果储液温度未知，API 建议使用表 5-3-3 中公式估算。

表 5-3-3　年平均储藏温度计算表

罐体颜色	年平均储藏温度（华氏度）
白	$T_{AA}+0$
铝	$T_{AA}+2.5$
灰	$T_{AA}+3.5$
黑	$T_{AA}+5.0$

注：T_{AA} 为年平均环境温度。

　　EPA AP-42 中介绍并配有各种密封形式的图解，对该方法应用于排放系数计算很有帮助。根据该方法的介绍，储罐一级密封分为机械靴式、液体充填密封、气体充填密封 3 种形式，分别如图 5-3-6～图 5-3-8 所示。

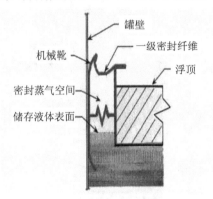

图 5-3-6　机械靴式一级密封

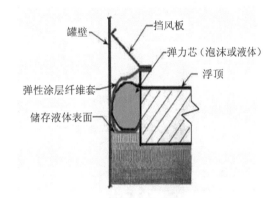

图 5-3-7　液体充填一级密封

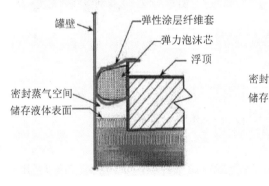

（a）气体密封形式 1

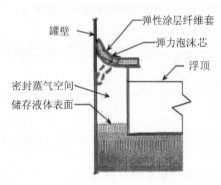

（b）气体密封形式 2

图 5-3-8　气体充填一级密封

　　二级密封分为边缘靴板和边缘刮板，可以与上面三种一级密封进行组合搭配，分别如图 5-3-9～图 5-3-12 所示。

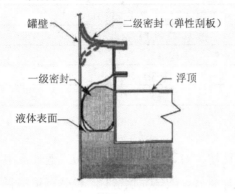

图 5-3-9　边缘刮板液体充填一级密封

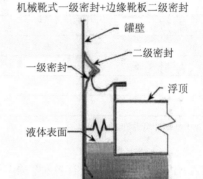

图 5-3-10　边缘靴板机械靴式一级密封

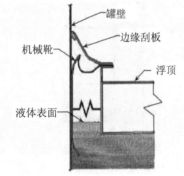

图 5-3-11　边缘刮板机械靴一级密封

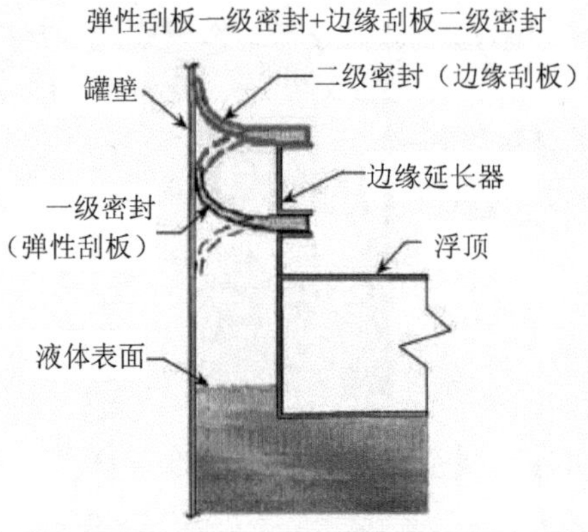

图 5-3-12　边缘刮板气体充填一级密封

（2）挂壁损失 L_{WD}

挂壁损失 L_{WD} 采用以下公式计算：

$$L_{WD} = \frac{(0.943)}{D} Q \times C_s \times W_L [1 + \frac{QN_cF_c}{D}]$$

式中：L_{WD} 为挂壁损失；Q 为年周转量；C_s 为罐体罐壁油垢因子，见表 5-3-4；W_L 为有机液体密度；D 为罐体直径；N_C 为固定顶支撑柱数量（对于自支撑固定浮顶或外浮顶罐，N_C=0），量纲一；F_C 为有效柱直径，取值为 1。

表 5-3-4　储罐罐壁油垢因子

介质	罐壁状况（bbl/1 000 ft²）		
	轻锈	中锈	重锈
汽油	0.001 5	0.007 5	0.15
原油	0.006	0.03	0.6
其他油品	0.001 5	0.007 5	0.15

注：储罐内壁平均 3 年以上（包括 3 年）除锈一次，为重锈；平均两年除锈一次，为中锈；平均每年除锈一次，为轻锈。

（3）浮盘附件损失 L_F

浮盘附件损失 L_F 采用以下公式计算。

$$L_F = F_F \times P^* \times M_V \times K_C$$

式中：L_F 为浮盘附件损失；F_F 为总浮盘附件损失因子；P、M_V、K_C 的定义与上面几个公式相同。

FF 的值可以由罐体实际参数中附件种类数（N_F）乘以每一种附件的损耗因子（K_F）算得。对于特定类型的附件，K_{Fi} 可由下式估算：

$$K_{Fi} = K_{Fai} + K_{Fbi}(K_v v)^{m_i}$$

式中：K_{Fi} 为特定类型浮盘附件损耗因子；K_{Fai} 为无风情况下特定类型浮盘附件损耗因子；K_{Fbi} 为有风情况下特定类型浮盘附件损耗因子，取值见表 5-3-5；m_i 为特定浮盘损耗因子，量纲一，取值范围见表 5-3-5；K_v 为附件风速修正因子，量纲一；v 为平均气压平均风速。

对于外浮顶罐，附件风速修正因子 $K_v=0.7$。对于内浮顶罐和穹顶外浮顶罐风速，其修正因子为 0，则公式演变为

$$K_{Fi} = K_{Fai}$$

表 5-3-5　浮顶罐浮盘附件损耗系数表

附件	状态	K_{Fa}/(lb-mol/a)	K_{Fb}/(lb-mol/(mph) n·a)	m_i
人孔	螺栓固定盖子，有密封件	1.6	0	0
人孔	无螺栓固定盖子，无密封件	36	5.9	1.2
人孔	无螺栓固定盖子，有密封件	31	5.2	1.3
计量井	螺栓固定盖子，有密封件	2.8	0	0
计量井	无螺栓固定盖子，无密封件	14	5.4	1.1
计量井	无螺栓固定盖子，有密封件	4.3	17	0.38
支柱井	内嵌式柱形滑盖，有密封件	33	—	—
支柱井	内嵌式柱形滑盖，无密封件	51	—	—
支柱井	管柱式滑盖，无密封件	31	—	—
支柱井	管柱式柔性纤维衬套密封	10	—	—

附件	状态	K_{Fa}/ (lb-mol/a)	K_{Fb}/ (lb-mol/(mph) n·a)	m_i
采样管或井	有槽管式滑盖/重加权，有密封件	0.47	0.02	0.97
采样管或井	有槽管式滑盖/重加权，无密封件	2.3	0	0
采样管或井	切膜纤维密封（开度10%）	12		
有槽导向柱	无密封件滑盖（不带浮球）	43	270	1.4
有槽导向柱	有密封件滑盖（不带浮球）	43	270	1.4
有槽导向柱	无密封件滑盖（带浮球）	31	36	2
有槽导向柱	有密封件滑盖（带浮球）	31	36	2
有槽导向柱	有密封件滑盖（带导杆刷）	41	48	1.4
有槽导向柱	有密封件滑盖（带导杆衬套）	11	46	1.4
有槽导向柱	有密封件滑盖（带导杆衬套及刷）	8.3	4.4	1.6
有槽导向柱	有密封件滑盖（带浮头和导杆刷）	21	7.9	1.8
有槽导向柱	有密封件滑盖（带浮头、衬套和刷）	11	9.9	0.89
无槽导向柱	无衬垫滑盖	31	150	1.4
无槽导向柱	无衬垫滑盖带导杆	25	2.2	2.1
无槽导向柱	衬套衬垫带滑盖	25	13	2.2
无槽导向柱	有衬垫滑盖带凸轮	14	3.7	0.78
无槽导向柱	有衬垫滑盖带衬套	8.6	12	0.81
真空阀	附重加权，未加密封件	7.8	0.01	4
真空阀	附重加权，加密封件	6.2	1.2	0.94
浮盘支腿浮筒区	可调式（浮筒区域）有密封件	1.3	0.08	0.65
浮盘支腿浮筒区	可调式（浮筒区域）无密封件	2	0.37	0.91
浮盘支腿浮筒区	可调式（浮筒区域），衬垫	1.2	0.14	0.65
浮盘支腿浮筒区	可调式-内浮顶浮盘	7.9		
浮盘支腿浮筒区	可调式，双层浮顶	0.82	0.53	0.14
浮盘支腿浮筒区	固定式	0	0	0
浮盘支腿中心区	可调式-内浮顶浮盘	7.9		
浮盘支腿中心区	可调式，双层浮顶	0.82	0.53	0.14
浮盘支腿中心区	固定式	0	0	0
浮盘支腿中心区	可调式（中心区域）有密封件	0.53	0.11	0.13
浮盘支腿中心区	可调式（中心区域）无密封件	0.82	0.53	0.14
浮盘支腿中心区	可调式（中心区域），衬垫	0.49	0.16	0.14
边缘通气孔	配重机械驱动机构，有密封件	0.71	0.1	1
边缘通气孔	配重机械驱动机构，无密封件	0.68	1.8	1
楼梯井	滑盖，有密封件	56		
楼梯井	滑盖，无密封件	98		
浮盘排水	—	1.2		

注：对于浮顶罐的浮盘附件损耗系数，由于我国目前的储罐设计制造和管理水平与美国有一定程度的差距，故在计算中选择各附件的最大损耗系数。

（4）浮盘缝隙损失 L_D

浮盘经焊接的内浮顶罐和外浮顶罐都没有盘缝损耗。由螺栓固定的内浮顶罐可能存在盘缝损耗，对于浮盘缝隙损失 L_D，采用如下公式进行测算。

$$L_D = K_D S_D D^2 P^* M_V K_C$$

式中：K_D 为盘缝损耗单位缝长因子，焊接盘为 0，螺栓固定盘取 0.14；S_D 为盘缝长度因子，为浮盘缝隙长度与浮盘面积的比值，系数选取如表 5-5-26 所示；D、P、M_V 和 K_C 的定义如上。

表 5-3-6　浮顶罐浮盘缝隙长度因子

序号	浮盘构造	浮盘缝隙长度系数
1	浮筒式浮盘	4.8
2	双层板式浮盘	0.8

注：表中的浮盘缝隙长度因子只适用于螺栓连接式浮盘，焊接式浮盘没有盘缝损耗；双层板式浮盘系数是根据我国典型 5 000 m³ 内浮顶罐的相关实测值和构造参数计算得出，浮筒式浮盘的盘缝损耗约是双层板式的 6 倍。

5.3.2　装卸过程油气排放系数计算

5.3.2.1　公路、铁路装载过程排放系数

对于油罐车/铁路罐车装卸油过程中产生的油气排放系数 $L_{过程}$，EPA AP-42 推荐按照理想气体方程的方法进行计算。

$$L_{过程} = C_0 \times S$$

$$C_0 = 1.20 \times 10^{-4} \times \frac{P_T \times M}{T + 273.15}$$

式中：C_0 为装载罐车气、液相处于平衡状态，将挥发物料看作理想气体下的物料密度，kg/m³；S 为油气饱和度，根据装卸油方式查表 5-3-7 获得；P_T 为油品蒸发压（绝压，KPa）；M 为油气的摩尔质量浓度，g/mol；T 为装卸油品温度，℃。

表 5-3-7　油气饱和度

操作方式		饱和因子 S
底部/液下装卸	新罐车或清洗后的罐车	0.5
	正常工况（普通）的罐车	0.6
	上次卸车采用油气平衡装置	1.0
喷溅式装卸	新罐车或清洗后的罐车	1.45
	正常工况（普通）的罐车	1.45
	上次卸车采用油气平衡装置	1.0

5.3.2.2　船舶装载损失排放因子

船舶装载损失排放因子装载不同油品可采用如下公式进行计算。

船舶装载原油时：

$$L_L = L_A + L_G$$

式中：L_A 为已有排放因子，kg/m^3，取值见表 5-3-8；L_G 为生成排放因子，kg/m^3，计算式见下式。

生成排放因子 L_G 采用下式进行计算：

$$L_G = (0.064 P_T - 0.42)\frac{MG}{RT}$$

式中：P_T 为温度 T 时装载原油的饱和蒸气压，kPa；M 为油气蒸气的分子量，g/mol；G 为油气蒸气增长因子 1.02，量纲一；T 为装载时油气蒸气温度，K；R 为理想气体常数。

表 5-3-8　装载原油时已有排放因子 L_A　　　　　单位：kg/m^3

船舱情况	上次装载	已有排放因子 L_A
未清洗	挥发性物质 [a]	0.103
装有压舱物	挥发性物质	0.055
清洗后/无油品蒸气	挥发性物质	0.040
任何状态	不挥发物质	0.040

注：a 指真实蒸气压大于 10 kPa 的物质。

船舶装载汽油的损失排放因子 L_L 见表 5-3-9。

表 5-3-9　船舶装载汽油时的损失排放因子 L_L　　　　　　单位：kg/m³

舱体情况	上次装载物	油轮/远洋驳船 [a]	驳船 [b]
未清洗	挥发性物质	0.315	0.465
装有压舱物	挥发性物质	0.205	驳船不压舱
清洗后	挥发性物质	0.180	无数据
无油品蒸气 [c]	挥发性物质	0.085	无数据
任何状态	不挥发物质	0.085	无数据
无油品蒸气	任何货物	无数据	0.245
典型总体状况 [d]	任何货物	0.215	0.410

注：a：远洋驳船（船舱深度 12.2 m）表现出排放水平与油轮相似。

b：驳船（船舱深度 3.0～3.7 m）则表现出更高的排放水平。

c：指从未装载挥发性液体，舱体内部没有 VOCs 蒸气。

d：基于测试船只中 41%的船舱未清洁、11%船舱进行了压舱、24%的船舱进行了清洁、24%为无蒸气。驳船中 76%为未清洁。

　　船舶装载汽油和原油以外的产品时，装载损失排放因子 L_L 可利用公路、铁路装载油品计算公式进行估算，对于其他油品饱和因子 S 取值可参见表 5-3-10。

表 5-3-10　船舶装载汽油和原油以外油品时的饱和因子 S

交通工具	操作方式	饱和因子 S
水运	轮船液下装载（国际）	0.2
	驳船液下装载（国内）	0.5

　　典型的公路及铁路装载特定情况下装载损耗排放因子 L_L 的取值参见表 5-3-11 和表 5-3-12。

表 5-3-11　铁路和公路装载损失排放因子 L_L　　　　　　单位：kg/m³

装载物料	底部/液下装载		喷溅装载	
	新罐车或清洗后的罐车	正常工况（普通）的罐车	新罐车或清洗后的罐车	正常工况（普通）的罐车
汽油	0.812	1.624	2.355	1.624
煤油	0.518	1.036	1.503	1.036
柴油	0.076	0.152	0.220	0.152
轻石脑油	1.137	2.275	3.298	2.275
重石脑油	0.426	0.851	1.234	0.851
原油	0.276	0.552	0.800	0.552
轻污油	0.559	1.118	1.621	1.118
重污油	0.362	0.724	1.049	0.724

注：基于设计或标准中雷德蒸气压最大值计算，装载温度取 25℃。

表 5-3-12　船舶装载损失排放因子 [a]　　　　　　　　　　　　　　　单位：kg/m³

排放源	汽油	原油	航空油（JP4）	航空煤油（普通）	燃料油（柴油）	渣油
远洋驳船	0.315（未清洗） 0.205（有压舱物） 0.180（清洗后）	0.073	0.060	0.000 63	0.000 55	0.000 004
驳船	0.465（未清洗） 0.180（清洗后）	0.12	0.15	0.001 6	0.001 4	0.000 011

注：a：排放因子基于 16℃油品获取，表中汽油的雷德蒸气压为 69 kPa。原油的雷德蒸气压为 34 kPa。

5.3.3　利用 EPA AP-42 方法计算的注意事项

EPA AP-42 推荐公式在计算时考虑到了储罐类型、排放类型、呼吸类型、气象条件和储液种类等因素的影响，利用 EPA AP-42 方法对计算所需的参数进行归纳，大致分为三类，如表 5-3-13 所示。

表 5-3-13　汽油存储、装卸过程 VOCs 排放系数测算所需参数表

分类	所需参数
气象参数	大气压、日平均最高环境温度、日平均最低环境温度、水平面太阳能总辐射、年平均风速等
油品参数	密度、油气摩尔分子质量、雷德蒸气压、5%馏出温度、15%馏出温度等
固定顶罐	容积、直径、罐壁/顶颜色、罐漆状况、呼吸阀压力/真空阀参数设定、平均储存温度、年周转量、罐体高度（立式）或长度（卧式）等
内/外浮顶罐	容积、直径、平均储存温度、年周转量、边缘密封选型、罐壁状况、浮盘附件选型和数量（浮盘人孔/计量井或检尺口/浮盘支腿/采样管或井/浮盘边缘通气孔/真空阀/固定顶支撑柱/浮盘排水管/楼梯井）、浮盘类型、浮盘构造、浮盘缝隙长度等

有研究显示，利用 EPA AP-42 方法计算结果精度较高，然而，由于该方法是在美国各石化企业的实测数据基础上建立的，其默认系数的取值不一定适合我国储罐 VOCs 排放核算的具体情况。在进行我国储罐 VOCs 排放量核算时，一方面可以现场调研和实测，获取公式计算所需要的各种参数和系数，用于建立起我国典型储罐 VOCs 排放清单；另一方面，可以进行公式的敏感性分析，从而抓住主要因素，以便在进行测算时进行重点考虑。总体来说，在利用 EPA AP-42 推荐的公式进行计算时，需要重点考虑以下几方面的因素。

（1）所在地的气象数据

气象数据如储罐所在地区的大气压、环境温度、太阳辐射强度以及风速是影响 VOCs 排放计算的关键参数，直接影响 VOCs 排放量计算结果的准确性。因此，利用 EPA AP-42 推荐公式计算我国石化储罐的 VOCs 排放量时，一定要将储罐所在（或附近）城市的气象

数据收集并按公式要求格式进行整理应用于计算中。否则，可能会造成计算结果与实际排放差异较大。

（2）存储介质物料参数

液体摩尔分子量、黏度、蒸气分子量、蒸气压数据或计算公式中的相关参数、雷氏蒸气压、石油馏分等是影响油品 VOCs 排放的另一个关键参数。不同油品之间，由于其物理性质以及各种表征参数的不同，VOCs 排放系数差异性很大。因此在计算各种油品的油气排放稀释时，最好调研一下本国、本地区公式计算所需油品参数。

（3）储罐结构参数

EPA AP-42 中，利用了较多储罐结构参数或需要依据储罐结构进行参数取值，如储罐的容积、罐体直径、平均储存温度、年周转量、边缘密封选型、罐壁状况、浮盘附件选型和数量等，只有对所进行的罐体进行详细了解，或对计算区域所用储罐细致调研，了解计算储罐的结构特征和关键结构参数，才能为更为精确地计算各类储罐的油气排放系数打下基础。

（4）公式换算

EPA AP-42 计算公式中各个参数的单位均是英制单位，如英尺、加仑等，模型计算输出的结果也是英制重量单位磅；而我国则统一使用公制单位，m、m³、t 等，在使用的时候如果不注意这些参数的单位则可能造成较大的人工误差。建议先将所有公式应用到的参数转化成英制单位进行测算，最后得到的结果再转化为公制单位，避免了多次转化、不同公式应用转化可能造成的转化误差。

5.3.4　油气回收效率估算方法

5.3.4.1　理论油气回收效率

《储油库大气污染物排放标准》《汽油运输大气污染物排放标准》《加油站大气污染物排放标准》规定了汽油在储运销过程进行油气回收应采取的措施和达到的指标限值。储油库典型的汽油油气回收排放控制措施主要是采用浮顶罐和底部装油方式，并采用后处理装置处理收集到的油气。油气处理装置是将收集到的油气通过吸收、吸附或冷凝等工艺中的一种或两种方法减少油气的污染，或使油气从气态转变为液态的过程，即我们俗称的油气后处理过程。常用到的方法有油气间接回收处理（活性炭吸附方法、吸收剂吸收方法）和油气直接回收处理（冷凝的方法、膜分离方法）等。对于原油和柴油尚未提出油气排放控制要求。理论上讲，当实施各项排放控制措施和稳定达标运行后，储油库总体油气回收效率可达 90% 以上。我国各地按照 GB 20950—2007 要求完成储油库油气污染治理的区域如表 5-3-14 所示。

表 5-3-14　储油库油气排放控制标准实施区域和日期

实施区域	实施日期
北京市、天津市、河北省设市城市及其他地区承担上述城市加油站汽油供应的储油库	2008 年 5 月 1 日
长江三角洲设市城市[1]和珠江三角洲设市城市[2]，及其他地区承担上述城市加油站汽油供应的储油库	2010 年 1 月 1 日
其他设市城市及承担相应城市加油站汽油供应的储油库	2012 年 1 月 1 日

注：1. 上海市、江苏省 8 个市、浙江省 7 个市，共 16 市。江苏省包括：南京市、苏州市、无锡市、常州市、镇江市、扬州市、泰州市、南通市；浙江省包括：杭州市、嘉兴市、湖州市、舟山市、绍兴市、宁波市、台州市。
2. 广州市、深圳市、珠海市、东莞市、中山市、江门市、佛山市、惠州市、肇庆市。

　　GB 20952—2007 中对汽油的油气排放控制要求主要参考了欧美等国家的油气排放经验。欧美等国在加油站的汽油油气回收治理过程中，根据控制对象的不同，提出了加油站油气回收"第一阶段"（国内俗称"一次油气回收"）、"第二阶段"（国内俗称"二次油气回收"）的概念。GB 20952—2007 中提到的"卸油油气回收系统，将油罐汽车卸汽油时产生的油气，通过密闭方式收集进入油罐汽车罐内的系统"，即为国外所指的第一阶段的油气排放控制要求；"加油油气回收系统，将给汽油油箱加汽油时产生的油气，通过密闭方式收集进入埋地油罐内的系统"，即为国外所指的第二阶段的油气排放控制要求。另外，GB 20952—2007 要求的"油气排放处理装置"，国内俗称"三次油气回收系统"，是指对于"二次油气回收"多回收到地下油罐的油气能够利用站内的油气排放处理装置进行处理，既节约了能源和保护环境，又防止了罐内压力过快增加，保证了罐体安全。同时，《加油站大气污染物排放标准》明确要求"设市城市建成区年汽油销量大于 8 000 t 的加油站、臭氧超标城市建成区年汽油销量大于 5 000 t 的加油站，以及其他由省级生态环境部门确定应安装在线监测系统的加油站"，以促进加油站油气回收系统的稳定达标运行。理论上讲，当加油站实施第一阶段油气回收控制措施和正常运行后，油气回收效率可达 45% 左右，当继续实施第一阶段油气回收控制措施并保证稳定达标运行后，可实现 90% 以上的油气回收效率。在一、二阶段稳定达标运行的基础上，当采用油气处理装置后油气回收效率可进一步提升。当油气回收在线监测系统稳定达标运行，可促进油气回收效率的提高。我国各地按照 GB 20952—2007 要求完成加油站油气污染治理的区域如表 5-3-15 和表 5-3-16 所示。

表 5-3-15　卸油油气排放控制标准实施区域和日期

实施区域	实施日期
北京市、天津市、河北省设市城市	2008 年 5 月 1 日
长江三角洲和珠江三角洲设市城市[注]	2010 年 1 月 1 日
其他设市城市	2012 年 1 月 1 日

注：长江三角洲地区包括上海市、江苏省 8 个市、浙江省 7 个市，共 16 市。江苏省 8 个市，包括：南京市、苏州市、无锡市、常州市、镇江市、扬州市、泰州市、南通市；浙江省 7 个市，包括：杭州市、嘉兴市、湖州市、舟山市、绍兴市、宁波市、台州市。珠江三角洲地区 9 个市，包括：广州市、深圳市、珠海市、东莞市、中山市、江门市、佛山市、惠州市、肇庆市。

表 5-3-16　储油、加油油气排放控制标准实施区域和日期

实施区域	实施日期
北京、天津全市范围，河北省设市城市建成区	2008 年 5 月 1 日
上海、广州全市范围，其他长江三角洲和珠江三角洲设市城市建成区，臭氧浓度监测超标城市建成区	2010 年 1 月 1 日
其他设市城市建成区	2015 年 1 月 1 日

《汽油运输大气污染物排放标准》规定，运输汽油的油罐车需加装油气回收系统，并采用底部装卸油方式。油罐车直接与系统回收有关的技术主要有以下几方面：①与加油站油气回收连接口匹配的并能保证良好密闭的快接自封阀；②罐体在运送油气时应密闭并安装压力/真空阀、溢流截止阀；③与储油库底部装车相匹配的具有良好密闭性的油气回收管线和油气快接自封阀。为了保证油气回收管线和各项阀门密闭不漏气，加装油气回收系统的油罐车要求每年进行一次系统密闭性的检查，从理论上讲，保持良好密闭性并正常操作的具有油气回收系统的油罐车，可实现 90%以上的油气回收效率。我国各地按照 GB 20952—2007 要求完成加油站油气污染治理的区域如表 5-3-17 所示。

表 5-3-17　油罐汽车油气排放控制标准实施区域和日期

实施区域	实施日期
北京市、天津市、河北省设市城市及其他地区承担上述城市汽油运送的油罐汽车	2008 年 5 月 1 日
长江三角洲和珠江三角洲设市城市[注]及其他地区承担上述城市汽油运送的油罐汽车	2010 年 1 月 1 日
其他设市城市及承担设市城市汽油运送的油罐汽车	2012 年 1 月 1 日

注：长江三角洲地区包括上海市、江苏省 8 个市、浙江省 7 个市，共 16 市。江苏省 8 个市，包括：南京市、苏州市、无锡市、常州市、镇江市、扬州市、泰州市、南通市；浙江省 7 个市，包括：杭州市、嘉兴市、湖州市、舟山市、绍兴市、宁波市、台州市。珠江三角洲地区 9 个市，包括：广州市、深圳市、珠海市、东莞市、中山市、江门市、佛山市、惠州市、肇庆市。

虽然理论上油品储运销过程的各项油气污染治理设施可以达到较高的油气回收效率，但实际运行过程中，油气污染治理设施在运行一段时间后，由于设备本身的老化、设定参数漂移、设备不及时维护甚至损坏等情况，实际的油气回收效率往往达不到理论的设计水平。如前所述，德国在加油站第二阶段油气回收设施安装后第二年的调研表明，加油站油气回收的效率已有很大降低。笔者通过前期在我国一些地市的调研也发现，由于各地对储油库、加油站和油罐车油气回收系统监管力度的不同，各地储油库、加油站和油罐车油气回收系统稳定达标运行情况差异性较大。

5.3.4.2　实际油气回收效率确定方法

　　确定油气污染治理设施油气回收效率最好的方法就是实测，美国、德国油气污染治理的历程比我国早，取得的治理经验也较为丰富，分别开发了确定油气污染治理设施系统油气回收效率的方法。北京市环境保护科学研究院在借鉴国外经验的基础上，对北京市加油站的相关油气回收效率也进行了探索研究。美国加州对加油站第一阶段油气回收设施油气回收效率检测的方法如图 5-3-13 所示，其基本思路是在油罐车给加油站地下油罐卸油时，将相关仪器设备（气体流量计、压力计、温度计）连接到卸油管路中，通过检测回到油罐车油罐中的油气量以及从加油站呼吸管排放的油气量，综合利用其他参数计算得到第一阶段的油气回收效率。

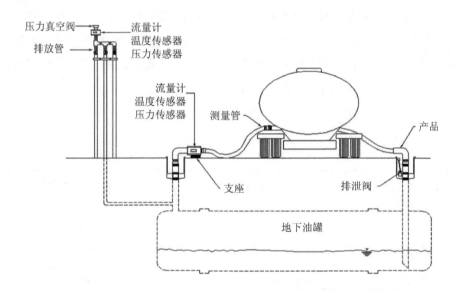

图 5-3-13　美国加州加油站第一阶段油气回收效率检测示意

　　美国加州对加油站第二阶段油气回收效率检测的基本原理是当给 100 辆车加油时（加州给出了 100 辆车选取的原则和方法，详见相关参考文献），测量以下几处的油气质量：①加油枪与车辆油箱接口处油气排放；②返回到油气回收管线的油气流量；③油罐排气管压力/真空阀（P/V 阀）油气排放；④油气后处理装置或其他辅助处理装置进出口的油气流量；⑤与压力有关的无组织排放。美国加州加油站第二阶段油气回收效率检测示意如图 5-3-14 所示，主要是通过测试这些点排放的 VOCs 质量流量，通过一定的方法计算油气回收系统加油时的油气回收效率。测算用到的测器包括氢火焰离子化检测仪（FID）、非色散红外气体分析仪（NDIR）、流量计、温度计、压力计等。

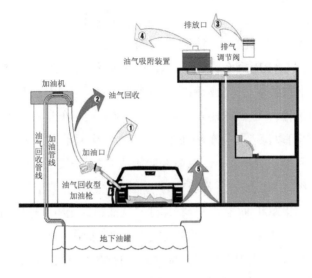

图 5-3-14　美国加州加油站第二阶段油气回收效率检测示意

欧洲标准化委员会以德国工程师协会（VDI）文件为基础，制定了欧盟法规《油气回收系统效率评估型式认证的测试方法》（EN 16321-1：2013），提出加油站第二阶段系统油气回收效率测试方法。该方法需要测试基础排放量和剩余排放量，基础排放量和剩余排放量分别指加油过程中关闭（或没有）和开启第二阶段油气回收系统时，向大气环境排放的油气质量平均值。图 5-3-15 是欧盟加油油气回收效率检测示意图，借助真空泵和专用收集罩等部件在油箱加油管处抽吸加油排放的 VOCs，并使用活性炭吸附 VOCs 进行称重。

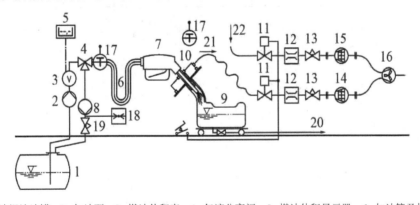

1. 汽油埋地油罐；2. 加油泵；3. 燃油体积表；4. 气液分离阀；5. 燃油体积显示器；6. 加油管及接头；

7. 加油枪；8. 油气回收泵；测试装置部分：9. 试验油箱；10. 油气收集罩；11. 两个同步的工作阀；

12. 气体流量计；13. 气体流量调节阀；14. 油气吸附炭罐；15. 空气吸附炭罐；16. 真空泵；17. 温度计；

18. 背压测量器；19. 背压控制阀；20. 返回油罐；21. 油气；22. 空气入口

图 5-3-15　欧盟加油油气回收效率检测示意

欧盟油气回收法规不要求加油站油罐系统保持密闭，认为加油站排气管真空/压力阀处的油气排放可以忽略不计，因此在研究加油排放因子时只测试汽车油箱口排放，欧盟加油油气回收效率测试方法比 CARB 简单易操作。此外，欧盟和 CARB 测试方法的油气收集罩不同，欧盟测试方法要求收集罩与试验油箱的模拟车身密合，但是社会车辆车身弧度不同，因此其只适合测试试验油箱。而 CARB 收集罩无法与试验油箱车身密合，测试结果比欧盟收集罩偏低 5%，但是其可以深入社会车辆油箱门以内，非常适合测试社会车辆加油排放。

北京市环境保护科学研究院在借鉴欧盟经验的基础上，开发了一台加油油气排放因子和油气回收效率测试系统，测试装置工作原理为"油气收集+活性炭吸附+天平称重"法。"油气收集"指通过油气收集罩和油气收集管将加油时从油箱口无组织排放的油气 100%收集变成有组织排放，便于吸附炭罐吸附，并要求收集罩的抽气操作既不加速汽油挥发，也不影响加油枪的油气回收；"活性炭吸附"指将前端收集来的 VOCs 吸附到油气吸附炭罐中，同时空气吸附炭罐采用相同的抽气量吸附加油站环境空气中的油气和水汽；"天平称重"指采用电子天平对炭罐工作前后的质量进行称重，计算油气吸附炭罐相对空气吸附炭罐增重的绝对增重，根据加油量计算加油 VOCs 排放因子，用防爆风机对炭罐进行脱附处理。北京市环境保护科学研究院利用该装置在冬夏季对北京市 100 辆左右的社会车辆进行了加油排放测试，测算了试验油箱在加油枪不同气液比（A/L）时的加油排放因子和油气回收效率（图 5-3-16），对气液比对加油油气排放因子和油气回收效率之间的关系进行了有益的探索。

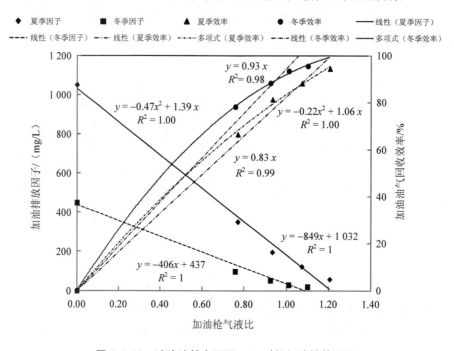

图 5-3-16　试验油箱在不同 A/L 时的加油排放因子

当无条件进行油气回收效率实测时，可以结合文献、实地调研走访、各地污染防治工作交流沟通以及实际油气回收系统运行指标的抽测、监测等不同的方式给出油气回收效率。值得注意的是，由于各地在经济技术水平、空气质量管控需求以及当地生态环境管理水平等方面都有所不同，油品储运销过程油气污染治理设施的实际运行效果各地差异较大，一个地区的经验、取值不一定可移植、替代到另一个地区油气回收效率的估算上。

5.3.5　活动水平参数获取方法

油品储运销过程 VOCs 排放量测算时，油品储运销过程涉及的油品周转量、运输量和销售量等指标是影响 VOCs 排放量核算的另一关键因素。除了尽可能地准确获取各种油品的周转量等核算需要的活动水平数据，还应尽可能地了解相关的油气污染治理设施的安装运行情况，从而为准确测算 VOCs 排放量打下基础。相关的信息除了文献调研、油品经营销售管理部门数据调取外，还可以实地走访油品经营销售部门获取。估算油品储运销过程的 VOCs 排放量所需的活动水平数据如表 5-3-18、表 5-3-19 和表 5-3-20 所示。

表 5-3-18　储油库油品周转及油气回收设施运行情况调查表

储油库油气回收情况							
指标名称	单位	原油		汽油		柴油	
	甲	1	2	3	4	5	6
储罐编码	—						
储罐罐容	m³						
年周转量	t						
顶罐结构	—	—	—	☐	☐		
装油方式	—	—	—	☐	☐		
油气处理方法	—	—	—	☐	☐		
在线监测系统	—	—	—	☐ 1 有 2 无	☐ 1 有 2 无		
油气回收装置年运行情况	小时	—	—			—	—

注：1. 有多个库区的按照库区逐个分别填报；
　　2. 储罐编码按顺序填写，可以增加列；
　　3. 油气回收治理技术顶罐结构分内浮顶灌、外浮顶灌、固定顶罐、压力罐及其他选择填报；
　　4. 装油方式分为底部装油和顶部装油；
　　5. 油气处理方法有吸附法、吸收法、冷凝法、膜分离法、组合方法等，或无（没有油气处理装置）；
　　6. 油气回收装置年运行小时填写油气回收装置年运行时间。

表 5-3-18 中各项指标意义介绍如下。

燃油类型：包括原油、汽油、柴油（包括生物柴油）。其中，原油指各种碳氢化合物的复杂混合物，通常呈暗褐色或者黑色液态，少数呈黄色、淡红色、淡褐色。汽油指由常减压装置蒸馏产出的直馏汽油组分、二次加工装置产出的汽油组分（如催化汽油、加氢裂化汽油、催化重整汽油、加氢精制后的焦化汽油等）及高辛烷值汽油组分，按一定比例调和后加入适量抗氧防胶剂、金属钝化剂，必要时加入适量的抗爆剂和甲基叔丁基醚（MTBE）等制成。柴油指由减压装置蒸馏产出的直馏柴油或经过精制的二次加工柴油组分（如催化裂化柴油、加氢裂化柴油、加氢精制后的焦化柴油等）按一定比例调和而成，供转速为每分钟 1 000 转以上的柴油机使用的柴油。

储罐罐容：指实际储油过程中单个储罐可储藏的最大油料容积，又叫有效容积。

年周转量：指储油库的一个储罐在一年时间内，由各种运输工具或管道实际完成入库的油品质量的总和。

储罐结构：包括内浮顶灌、外浮顶灌、固定顶罐。其中，内浮顶灌是指带罐顶的浮顶罐，储油罐内部具有一个漂浮在储液表面上的浮动顶盖，随着储液的输入输出而上下浮动；外浮顶灌是指储油罐的顶部是一个漂浮在储液表面上的浮动顶盖，油罐顶部结构随罐内储存液位的升降而升降，顶部活动；固定顶罐是指罐顶部结构与罐体采用焊接方式连接，顶部固定的储油罐，一般有拱顶和锥顶两种结构。

装油方式：包括底部装油和顶部装油。其中，底部装油是指从罐体的底部往罐内注油的装油方式，也叫下装装油方式，一般需要在罐体底部安装防溢漏系统、油气回收系统等结构；顶部装油是指从罐体上方的入孔往罐内注油的装油方式。

油气处理方法：包括吸附法、吸收法、冷凝法、膜分离法等。其中，吸附法是指利用固体吸附剂的物理吸附和化学吸附性能，去除油气的方法；吸收法是指利用选定的液体吸收剂吸收溶解或与吸收剂中的组分发生选择性化学反应，从而去除油气的方法；冷凝法是指利用物质在不同温度下具有不同饱和蒸气压这一物理性质，采用降低系统温度或提高系统压力的方法，使处于蒸汽状态的油气冷凝从而去除油气的方法；膜分离法是指利用特殊薄膜对液体中的某些成分进行选择性透过的方法，将浓度较高的油气通过薄膜分离出来。

在线监测系统：指在线监测油气回收过程中的压力、油气回收效率是否正常的系统。

表 5-3-19 中，主要指标具体解释如下。

储罐类型：包括地上储罐、覆土立式油罐、覆土卧式油罐 3 种。地上储罐是指在地面以上，露天建设的立式储罐和卧式储罐的统称；覆土立式油罐是指独立设置在用土掩埋的罐室或护体内的立式油品储罐；覆土卧式储罐是指采用直接覆土或埋地方式设置的卧式油罐，包括埋地卧式油罐，埋地卧式储罐是指采用直接覆土或罐池充沙（细土）方式埋设在地下，且罐内最高液面低于罐外 4 m 范围内地面的最低标高 0.2 m 的卧式储罐。

总罐容：指加油站同一燃料类型储罐设计容积之总和。

油气回收阶段：分为一阶段、二阶段，完成卸油油气回收系统改造的称为一阶段，完成储油和加油油气回收系统改造的称为二阶段。

排放处理装置：指针对加油油气回收系统部分排放的油气，通过采用吸附、吸收、冷凝、膜分离等方法对这部分排放的油气进行回收处理的装置。

在线监测系统：指在线实时监测加油油气回收过程中的加油枪气液比、油气回收系统的密闭性、油气回收管线液阻是否正常的系统。

表 5-3-19　加油站油品周转及油气回收设施运行情况调查表

加油站油气回收情况									
指标名称	汽油			柴油			其他（天然气、石油气等）		
	1			2			3		
罐体编号	1	2	⋯	1	2	⋯	1	2	⋯
储罐类型									
罐体罐容									
单罐周转量									
总罐容/m³									
总年销售量/t									
油气回收阶段（其余填写）	□ 1 一阶段　2 二阶段　3 无								
排放处理装置	□ 1 有　2 无								
在线监测系统	□ 1 有　2 无								
油气回收系统改造完成时间	□□□□年□□月								

说明：1. 多个加油站的按照加油站逐个分别填报，储罐编码按顺序填写，可以增加列；
　　　2. 燃油类型包括汽油、柴油（包括生物柴油）和其他（应尽可能详细填写，可增加列）；
　　　3. 油气回收阶段包括一阶段、二阶段，未进行任何油气回收改造的填"无"，如其他油品有油气污染治理设施也写明；
　　　4. 油气回收系统改造完成时间为最新一次进行油气回收系统安装、改造的时间。

表 5-3-20 中填报的主要指标具体解释如下。

年汽油运输总量：指企业在一年内所有油罐车运送所有标号汽油的总数量。

年柴油运输总量：指企业在一年内所有油罐车运送所有标号柴油（包括生物柴油）的总数量。

运油方式：指从上一油品来源到下一油品中转单位油品运输所采用的运输方式，包括油罐车、铁路罐车、轮船或管道运输等。

运油量：指采用某种运输方式运输的油品总量。

运输距离：指从上一油品来源到下一油品中转单位油品运输所经历的距离。

具有油气回收系统的油罐车数量：指企业完成油气回收系统改造的油罐车和新购置具有油气回收系统的油罐车数量之和。

定期进行油气回收系统检测的油罐车数量：指至少每年进行一次油气回收系统密闭性检测的油罐车数量之和。

在获取完相关数据后，可以与商务部门等油品经营主管部门发布的相关汇总数据进行比较判断所调研的储油库、加油站所填报油品周转量、油品销售量等指标的合理性，可与交通运输部门相关汇总数据比较判断汽油、柴油等油品运输总量（如有其他也尽量汇总）、油罐车的数量、具有油气回收系统的油罐车数量填报的合理性，也可根据经验判断、专家咨询等不同的方式判断填报数据的合理性。

表 5-3-20　油品运输企业油气回收情况调查表

运油种类		汽油			柴油			其他		
油品运输总量/t										
运油量细分	运油方式									
	运油量/t									
	运输距离/km									
油罐车数量/辆										
具有油气回收系统的油罐车数量/辆										
定期进行油气回收系统检测的油罐车数量/辆										

说明：1. 本表由辖区内从事油品运输企业填写，油品、运油方式按顺序填写，可以增加列；
　　　2. 本表指标中最多保留小数点后两位。

5.3.6　其他需要注意的问题

在利用 EPA AP-42 介绍的方法进行我国油品储罐大、小呼吸损耗测算的时候，方程中涉及的石油储罐类型、结构、油品参数等信息可通过调研方式获取我国权威部门统计汇总的相关数据，气象参数可以从国家气象局发布的地级城市气象站监测到的所需参数气象资料获取，对于没有地级城市气象资料的地市，则通过查阅相关文献，得到了近些年来所需的环境参数信息，然后依据地理位置、气象条件等类似参照了已有地市气象信息的数据。汽油的基本理化性质参数的选取可参照相关标准要求、油品抽样检测的油品理化参数。

对于罐型、罐体状态等参数的选取，一方面是《排污许可证申请与核发技术规范　石化工业》（HJ 853—2017）等文件中设定的罐型基本参数，对于没有的参数，参考了 EPA AP-42 中内浮顶罐默认参数，并参考了生态环境部环境工程评估中心编制的《第二次全国污染源普查工业污染源挥发性有机物有机液体储罐与装载源项产污系数核算方法建立实施方案》中的全国主要的罐型、罐体结果等参数，并经专家论证确定参数的选取。油气回收效率可通过在典型城市进行的一定样本量的测试（加油站、储油库），结果结合调研的方法综合进行获取。

对于加油站地下储罐排放估算来说，由于加油站的储罐罐容较小、年销售量对储油库来说偏小，对于单一加油站来说，储罐类型也较少，往往只有一两种罐体，因此在加油站储罐油气排放量估算时，可采取简便利用总罐容、总周转量的方式。

对于油品在运输过程的排放系数测算方法，相关的文献资料较少，也很少有相关的计算公式可以直接采用，一般只能通过文献调研的方式选取固定的系数，还有待进一步深入研究。如运输成品油过程中的油气排放，《散装液态石油产品损耗》中，假定各地区油罐车运输距离小于 50 km，则选取油气排放系数为 0.1 kg/t 运输量。

5.4 油品储运销过程 VOCs 测算不确定性评估

5.4.1 排放系数测算的不确定性评估

在利用相关方法进行油品储运销过程 VOCs 排放量测试时，气象参数可从国家气象局方面获取，国家气象局有各个地级城市气象站监测到的所需参数气象信息，对于没有地级城市气象资料的地市，可通过查阅相关文献，得到近些年来所需的环境参数信息，然后依据地理位置、气象条件等类似参照已有地市气象信息的数据，从而获得计算所需的气象信息。

排放系数测算中油品的基本理化性质参数的选取则是可以通过抽测选取，也可以参考相关文献资料。近年来，随着我国对环境保护工业的日益重视，也有不少检测机构对全国各地加油站销售的油品质量进行了大样本的抽测，这方面的数据也较多，可以通过合作、咨询等方式确定相关计算方法中所需的汽油理化参数。

几类参数选取的不确定度等级大致如表 5-4-1 所示。

表 5-4-1 汽油存储、装卸排放系数测算参数选取不确定度等级

选取参数	气象参数	油品参数	罐体参数
不确定等级	A	A	B

注：A 等级为基于大量测试、调查数据的统计值；

B 等级为基于少量测试、调查数据的统计值并经过评估；

C 等级为主要基于文献调研数据的估计值；

D 等级为主要通过相似性、内/外插值法模拟计算得到的估计值。

对于汽油运输过程的排放系数，这方面的研究资料较少，主要可通过文献调研的方式选取。

按照误差传递的不确定度判断方法，本章 VOCs 排放量测算时各类 VOCs 排放系数的不确定度如表 5-4-2 所示。

表 5-4-2　各类油品储运销过程 VOCs 排放系数不确定度等级

排放因子	汽油			柴油			原油
考虑环节	存储	销售	运输	存储	销售	运输	存储和装卸
不确定等级	B	B	C	C	C	C	C

注：A 等级为基于大量测试、调查数据的统计值；
　　B 等级为基于少量测试、调查数据的统计值并经过评估；
　　C 等级为主要基于文献调研数据的估计值；
　　D 等级为主要通过相似性、内/外插值法模拟计算得到的估计值。

5.4.2　活动水平的不确定性评估

为了准确获取各种油品的周转量等排放量测算需要的活动水平数据，本章设计了需要统计填报的相关调查表，需要填报的基本信息包括储运库、加油站名单、总库容、吞吐量、油气回收装置建设和运行情况以及油罐车数量、具有油气回收系统的油罐车数量以及油品运输量等指标。在获得调查表中的各项数据后，可通过现场调研数据填报指导、现场填报数据质量检查等不同的方式对填报的数据进行校核，也可通过专家咨询、权威管理部门调研、数据检索或文献调研等方式进行不确定度分析，如将相关数据统计汇总与各类统计年鉴的汇总结果进行纵横向对比等。各种渠道来源获得的活动水平相差较大，在测算时应尽量提高活动水平数据的精确度。

5.4.3　VOCs 排放量估算的不确定性评估

本章油品储运销过程 VOCs 排放量估算，未考虑油码头各种油品储油、装油和卸油过程以及非对外营业的储油库和加油站由于油品周转带来的 VOCs 排放，由于我国上述这些环节尚未实施油气污染控制措施要求，这方面的排放量也不容忽视。另外，也尚未考虑航空煤油、天然气、液化石油气、燃料油等其他移动源所用燃料由于存储、装卸和运输等过程的 VOCs 排放量。本节只对汽、柴油的特定储运销环节进行了 VOCs 排放量估算，未考虑全面的核算环节。读者在考虑油品储运销过程直观的 VOCs 排放量时应注意这个问题，有条件的地市、研究者也可以对油码头、油轮等的 VOCs 排放问题进行专门的研究试算，为全面摸清油品储运销过程 VOCs 排放量提供帮助。

不同油品的运输方式不同（船舶、铁路罐车、公路油罐车、管道运输、压力罐运输），排放系数有较大的差别，并且排放系数随着运输距离的远近不同差距也较大。本节仅给出了油罐车通过末端储油库通过陆地运输到较近加油站时运输过程的排放系数，对各种油品在各个中转环节的运输量、运输方式等未进行详细调研和排放量的核算。

核算油品储运销各环节 VOCs 排放的不确定度大致在[−93%，+117%]。

5.5 参考文献

[1] 国家质量监督检验检疫总局. 车用汽油：GB17930—2016 [S]. 北京：中国标准出版社，2016：12.

[2] 赵茜. 降低石油油气损耗研究[D/OL]. 西安：西安石油大学，2013：1-50[2013-11-20]. https://kns.cnki. net/KCMS/detail/detail.aspx?dbcode=CMFD&dbname=CMFD201501&filename=1015540456.nh&v= MzE0MjBGckNVUjdxZlpPVnVGQ33ZnVXJ2TVZGMjZHN2E4SHRYSnFaRWJQSVI4ZVgxTHV4WV M3RGgxVDNxVHJXTTE=.

[3] 辛梓弘. 工业企业储罐VOCs损耗估算及影响预测[D/OL]. 上海：上海师范大学，2006：21-23[2006-05-01]. https://kns.cnki.net/KCMS/detail/detail.aspx?dbcode=CMFD&dbname=CMFD0506&filename=2006151945. nh&v=MTMyNzJxcEViUElSOGVYMUx1eFlTN0RoMVQzcVRyVj00xRnJDVVI3cWZaT1Z1RkN2Y3 N09WMTI3R0xLOUg5akk=.

[4] 徐风跃. 油气蒸发损耗评价[D/OL]. 天津：天津大学，2008：36[2008-01-12]. https://kns.cnki.net/KCMS/ detail/detail.aspx?dbcode=CMFD&dbname=CMFD2011&filename=2010093589.nh&v=MTYwMTlNV jEyNkhyT3hIZFRFcHBFYlBJUjhl WDFMdXhZUzdEaDFUM3FUcldNMUZyQ1VSN3FmWk9WdUZDDd mdXNzc=.

[5] 中国石油化工总公司. 散装液态石油产品损耗：GB 11085—1989[S]. 北京：中国标准出版社，1989：2.

[6] 刘昭. 炼化企业挥发性有机物（VOCs）排放量核算研究[D/OL]. 青岛：中国石油大学（华东），2016：22[2016-05-01].https://kns.cnki.net/KCMS/detail/detail.aspx?dbcode=CMFD&dbname=CMFD201801 &filename=1018814408.nh&v=MjI2NTJUM3FUcldNMUZyQ1VSN3FmWk9WdUZDDdmhVN3pOVkYy NkZydTVHdFhNcDVFYlBJUjhlWDFMdXhZUzdEaDE=.

[7] 陈北平. 北京市油品蒸发损耗研究[D/OL]. 北京：北京交通大学，2008：18[2008-06-08]. https://kns. cnki.net/KCMS/detail/detail.aspx?dbcode=CMFD&dbname=CMFD2008&filename=2008078483.nh&v= MTQyNjFyQ1VSN3FmWk9WdUZDDdmhWTHpLVjEyN0ZyTy9GdFhFckpFYlBJUjhlWDFMdXhZUzdE aDFUM3FUcldNMUY=.

[8] 国家环境保护局. 大气污染物综合排放标准：GB16297—1996 [S]. 北京：中国标准出版社，1996：4.

[9] 北京市生态环境局. 加油站油气排放控制和限值：DB11/208—2019[S]. 北京：北京市生态环境局，2019：6.

[10] 北京市环境保护局.油罐车油气排放控制和限值：DB 11/207—2010[S]. 北京：北京市环境保护局，2010：4.

[11] 北京市环境保护局.储油库油气排放控制和限值：DB 11/206—2010[S]. 北京：北京市环境保护局，2010：4.

[12] 董振龙，王赫婧，庄思源，等. 储罐 VOCs 排放分析及减排策略[J]. 环境影响评估，2018，40（6）：16-24.

[13] 陆立群，伏晴艳，张明旭. 石化企业储罐无组织排放现状及定量方法比较[J]. 辽宁化工，2006，35（12）：728-731.

[14] 田雪峰. 对北京市 VOCs 源的研究[D/OL].北京：北京工业大学，2001：15[2001-06-01]. https://kns.cnki.net/KCMS/detail/detail.aspx?dbcode=CMFD&dbname=CMFD9904&filename=2001011902.nh&v= MDU0MzVUcldNMUZyQ1VSN3FmWk9WdUZDdmhXcnZNVjEyN0g3TzVIOWpNclpFYlBJUjhlWDFMdXZ6dEEaDFUM3E=.

[15] 张华东. 石化企业储罐呼吸损耗计算及比较分析[J]. 中国资源综合利用，2018，36（8）：186-190.

[16] 鲁君. 典型石化企业挥发性有机物排放测算及本地化排放系数研究[J]. 环境污染与防治，2017，29（6）：604-609.

[17] 林立，鲁君，何校初，等. 中美储罐呼吸排放量计算方法对比[J]. 化工环保，2012，32（2）：137-140.

[18] 史小春. 加油站油气排放控制效益分析[D/OL]. 上海：东华大学，2012：34[2012-02-22].https://kns.cnki.net/KCMS/detail/detail.aspx?dbcode=CMFD&dbname=CMFD2012& filename=1012312165.nh&v= MDc3NDlOREtxcEViUElSOGVYMUx1eFlTN0RoMVQzcVRyV00xRnJKDVVI3cWZaT1Z1RkNyea1U3ek9WRjSExDNUg=.

[19] 王卓. 化工企业 VOCs 检测及排放量核算研究[D/OL]. 青岛:.中国石油大学(华东)，2016：18 [2016-05-30]. https：//kns.cnki.net/KCMS/detail/detail.aspx？dbcode= CMFD&dbname =CMFD201801&filename= 1018703279.nh&v=MzEwNDZZUzdEaDFUM3FUcldNMUZyQ1VSN3FmWk9WdUZDcmtWTDNLVkYyNkZyUzRIZFBBMcHBFYlBJUjhlWDFMdXg=.

[20] 黄玉虎，常耀卿，任碧琪. 加油 VOCs 排放因子测试方法研究与应用[J]. 环境科学，2016，37（11）：4103-4109.

[21] California Air Resources Board. TP-201.2 Efficiency and emission factor for phase Ⅱ systems[R]. California，Sacramento，CA：CARB，2012.

[22] European Committee for Standardization． BS EN 16321-1-2013 Petrol vapor recovery during refueling of motor vehicles at service stations，Part 1：Test methods for the type approval efficiency assessment of petrol vapor recovery systems[S]．Brussels，Belgium：European Committee for Standardization，2013.

[23] 国家环境保护总局. 储油库大气污染物排放标准：GB 20950—2007 [S]. 北京：中国环境科学出版社，2007：6.

[24] 国家环境保护总局. 汽油运输大气污染物排放标准：GB 20951—2007 [S]. 北京：中国环境科学出版社，2007：6.

[25] 国家环境保护总局.加油站大气污染物排放标准：GB 20952—2007 [S]. 北京：中国环境科学出版社，2007：6.

[26] 国家统计局. 能源统计年鉴 2018[M]. 北京：中国统计出版社，2019：1-150.

[27] 环境保护部. 关于印发《石化行业 VOCs 污染源排查工作指南》及《石化企业泄漏检测与修复工作指南》的通知：环办〔2015〕104 号[R/OL]. （2015-11-17）[2015-11-18]. http://www.mee.gov.cn/gkml/hbb/bgt/201511/t20151124_317577.html.

[28] 财政部，国家发展改革委，环境保护部. 关于印发《挥发性有机物排污收费试点办法》的通知：财税〔2015〕71 号[R/OL]. （2015-06-18）[2015-11-18]. https://wenku. baidu.com/view/b8c7a76381c758f5f61f679e. html.

[29] US EPA. AP 42，Fifth Edition Compilation of Air Pollutant Emissions Factors，Volume 1：Stationary Point and Area Sources 1995[R]. Washington：US EPA，1995.

[30] 戴小平，徐骏. 有机溶剂储罐呼吸气的计算及防治措施[J]. 浙江化工，2010，41（7）：27-30.

[31] 国家石油和化学工业局. 石油库节能设计导则：SH/T 3002—2000[S]. 北京：中国石化出版社，2000：10.

[32] 龚奂彰，李霁恒，赵杰. 中美油罐 VOCs 排放核算公式参数敏感性研究[J]. 中国环境科学，2018，38（9）：3298-3304.

[33] 苏艳明. 石化企业储罐无组织排放 VOCs 的定量探讨[J]. 石油化工安全环保技术，2018，34（3）：56-60.

第 6 部分

总结和展望

6.1　总结

（1）针对移动源涉及面广、保有量大、活动水平统计难等特点，结合国际先进经验和国内实际情况，开发适用于我国的移动源排放清单编制方法，提出移动源分级分类方法，明确移动源活动水平和排放因子获取方法。移动源排放清单包括机动车、工程机械、农业机械、船舶、飞机、铁路内燃机车、油品储运销过程等排放清单，基本覆盖整个移动源。

（2）机动车排放量计算方法主要包括交通量算法、保有量算法、燃油消耗量算法。保有量算法国内普遍用于测算国家、区域和城市机动车排放量，但存在时空分辨率低等缺陷；交通量算法可用于道路等微观尺度的排放量计算，时空分辨率高，但存在交通量数据获取困难等缺点。燃油消耗量算法主要用于行驶里程和排放量校核。欧美等先进国家利用发动机台架测试、整车台架测试、车载排放测试等，建立机动车排放图谱或发动机图谱，开发基于 VSP 或扭矩-转速的排放因子模型。综合利用基本排放率、工况分布特征、VKT 分布特征生成基础排放因子，并进行劣化、冷启动、温度、湿度、海拔等参数修正，获取综合排放因子。充分利用现代信息化监管技术，借助车载诊断系统、卫星定位数据等，获取机动车年行驶里程等参数，显著提高了其科学性和代表性。

（3）非道路移动机械排放量计算方法主要包括动力法和燃油消耗法，国际上普遍采用动力法。以发动机台架测试数据作为基本排放因子，以车载排放测试对基本排放因子进行工况修正，建立基于工况的非道路移动机械排放因子模型。基于在线 ECU 和 GPS 监控数据、实际调查，建立非道路移动机械负载因子、年工作时间等数据库。

（4）船舶排放量计算方法主要包括燃油法和动力法，目前国际普遍采用基于 AIS 的动力法。以 EPA、欧盟、瑞典、洛杉矶港、国际清洁交通委员会等国际公开的船舶排放系数为基础，通过对比分析国外排放因子及我国船舶排放实测数据和船舶发动机台架数据，对排放因子进行修正。

（5）铁路内燃机车排放量测算方法主要包括燃油消耗量法、功率法。综合考虑我国实际情况和专家意见，铁路内燃机车排放量采用燃油消耗量法进行计算，该算法时空分辨率低，无法应用于空气质量模拟；排放因子结合文献调研和实际调查获取，其中不同制造年代、不同机型铁路内燃机车排放因子通过文献调研获取，内燃机车制造台数通过实际调查获取。

（6）民航飞机排放量采用全球统一的测算方法，排放因子结合文献调研和实际调查获取，其中每种工作模式下的燃油消耗和排放指数从 ICAO 的发动机排放数据库选取，LTO工况模式时间采用 ICAO 的标准起降时间，飞机等级比例分布采用实际调查数据。

（7）油品储运销过程排放量采用全球统一的测算方法。储油库、加油站排放因子主要参考 EPA AP-42 方法获取；运输过程排放因子参考原环境保护部发布的《大气挥发性有机物源排放清单编制技术指南（试行）》选取。为提高测算结果精度，开展油品储运销过程VOCs 排放量测算时，应着重以下参数的调研和获取：①综合调研我国汽油物性参数、油品存储储罐特点、状况；②气象参数数据库；③储油库、加油站和运输企业的基本信息、燃油周转量、销售量、运输量等；④各环节油气回收效率。

（8）结合数据质量评价方法和定量方法，确定移动源排放清单输入数据的概率密度分布函数；利用蒙特卡罗模拟方法将众多输入信息的不确定度传递演算至排放清单的不确定度。

6.2　展望

（1）开发法规移动源排放清单模型。目前国内研究人员大多利用国内外各种移动源排放模型编制移动源排放清单，如 MOVES、IVE、EMFAC、COPERT、NONROAD 等，由于国外车辆状况、循环工况、环境参数等与我国实际情况差距较大，应用这些模型存在较大的不确定性，且各种模型计算的移动源排放量差异较大，不具有可比性。因此，下一步建议开发国家层面的法规移动源排放清单模型，统一移动源排放清单编制方法、分级分类方法、数据类型和来源。

（2）扩大移动源排放模型中的污染物种类。由于排放测试方法的限制，目前移动源排放模型中的污染物主要包括 CO、HC、NO_x 和 PM，对 NH_3、HC 组分、PM 组分、温室气体（CO_2、CH_4、N_2O）基本不涉及，因此，下一步建议扩大移动源排放模型中的污染物种类，由常规污染物扩展至涵盖常规污染物、非常规污染物及温室气体，满足移动源污染防治精准化管理需求。

（3）完善高时空分辨率的移动源排放清单编制方法。移动源排放量测算逐渐由目前"自上而下"的中宏观排放清单编制方法转变为"自下而上"的微观排放清单编制方法。结合交通调查、遥感遥测、"两客一危"、卫星定位、手机导航、远程在线监控、船舶自动识别信息、航空动态信息等大数据多源融合，形成移动源活动水平数据库；结合实验室法规测试、远程在线监控、车载排放测试、遥感遥测、环保定期检验等大数据整合，构建移动源排放因子数据库。

（4）加强移动源排放清单的不确定性分析。移动源排放影响因素众多，不确定性来源也较多，应建立移动源排放清单不确定性分析模块，识别对排放结果影响较大的关键参数，降低排放清单的不确定性度，提升排放清单质量。

（5）发展多元化移动源排放量校核方法。随着高分辨率卫星遥感观测技术的迅速发展，综合交通空气质量监测网络的构建，未来将发展形成卫星观测、隧道和交通空气质量监测站反演等多元化移动源排放校核方法。